AT&T
11:56 AM
Photoshop
移动UI设计
从入门到精通
（第2版）
Back
汇学互联网营销学院　编著
U0247155

清华大学出版社
北　京

内 容 简 介

本书是一本介绍如何使用Photoshop软件进行移动UI设计的实例操作型教程，可以帮助UI设计爱好者，特别是手机APP设计人员提高UI设计能力。

本书从两条线帮助读者学习Photoshop移动UI设计：一条是案例线，通过对安卓界面、苹果界面、微软界面、影音游戏界面等UI案例讲解，帮助读者快速精通各类型的移动UI设计方法。另一条是技能线，介绍了Photoshop移动UI设计的核心技法：文字排版+页面布局+素材处理+色彩校正+界面构成+滤镜使用等，帮助读者快速掌握移动UI设计的精髓。

本书结构清晰、语言简洁、实例丰富、版式精美，适合Photoshop移动UI设计初、中级读者，以及UI设计工作者和爱好者阅读，同时也可以作为各类计算机培训中心、大中专院校和技工学校的辅导教材。

图书在版编目(CIP)数据

Photoshop移动UI设计从入门到精通/汇学互联网营销学院编著. —2版. —北京：清华大学出版社，2019
(2020.9重印)
ISBN 978-7-302-52801-2

Ⅰ. ①P… Ⅱ. ①汇… Ⅲ. ①移动电话机—人机界面—程序设计 ②图像处理软件 Ⅳ. ①TN929.53
②TP391.413

中国版本图书馆CIP数据核字(2019)第076995号

责任编辑： 杨作梅
装帧设计： 杨玉兰
责任校对： 周剑云
责任印制： 杨 艳
出版发行： 清华大学出版社
网 址：http://www.tup.com.cn，http://www.wqbook.com
地 址：北京清华大学学研大厦A座 邮 编：100084
社 总 机：010-62770175 邮 购：010-62786544
投稿与读者服务：010-62776969，c-service@tup.tsinghua.edu.cn
质量反馈：010-62772015，zhiliang@tup.tsinghua.edu.cn
印 装 者： 涿州汇美亿浓印刷有限公司
经 销： 全国新华书店
开 本： 185mm×260mm 印 张：22.5 字 数：547千字
版 次： 2017年6月第1版 2019年7月第2版 印 次：2020年9月第3次印刷
定 价： 88.00元

产品编号：080764-01

前 言

写作驱动

本书是初学者自学 Photoshop 移动 UI 设计的经典教程。全书从实用角度出发，全面、系统地讲解了 Photoshop 移动 UI 设计的方法，基本上涵盖了 Photoshop 全部工具、面板和菜单命令。书中在介绍软件功能的同时，还精心安排了 50 多个具有针对性的实例，帮助读者轻松掌握软件具体应用，以做到学用结合。本书全部实例都配有视频教学录像，详细演示案例制作过程。此外，还提供了用于查询软件的功能和实例的索引。

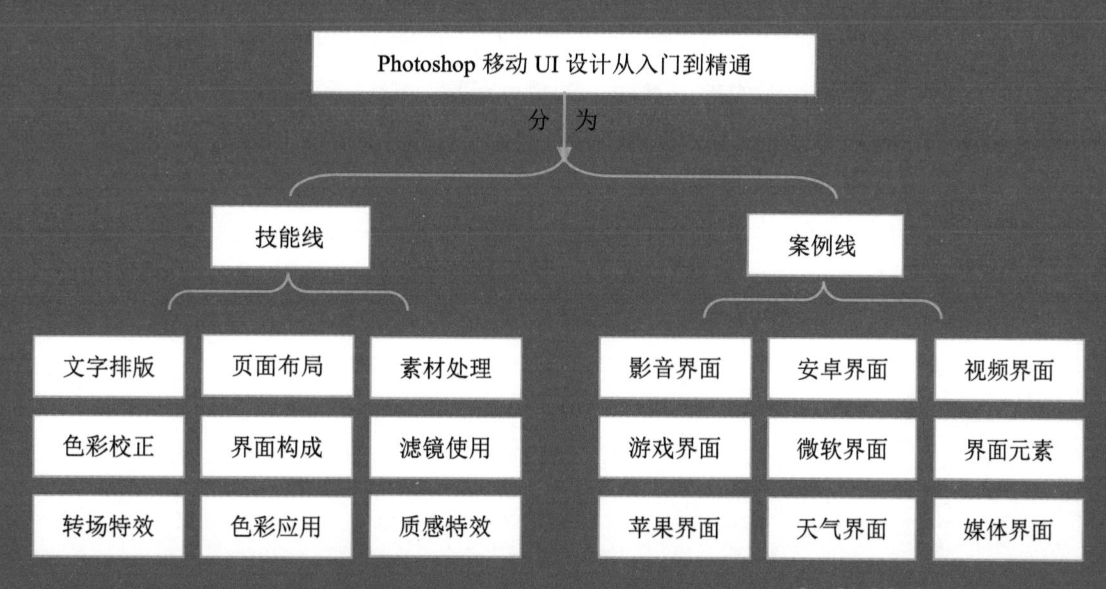

本书特色

- 58 个专家提醒奉送：作者在编写时，将平时工作中总结的各方面软件的实战技巧、设计经验等毫无保留地奉献给读者，不仅能够丰富和提高本书的含金量，更方便读者提升自身的实战技巧与经验，还能够提高读者的学习与工作效率，学有所成。
- 50 多个技能实例讲解：本书通过 50 多个技能实例来辅讲软件，帮助读者在实战演练中逐步掌握软件的核心技能，与同类书相比，读者可以省去学无用理论的时间，更能掌握超出同类书大量的实用技能和案例，让学习更高效。

- 260 分钟视频演示：本书的软件操作实例，全部录制了带语音讲解的视频，时间长度达 260 分钟（4 个多小时），重现书中所有实例操作，读者可以结合书本观看视频演示，让学习变得更加轻松。
- 200 多款素材效果奉献：本书赠送了 114 个素材文件和 87 个效果文件。其中素材包括商业素材、UI 素材、电影素材、天气预报素材、风景素材、美食素材、系统界面素材、系统按钮素材等供读者使用。
- 800 多张图片全程图解：本书采用了 800 多张图片对软件技术、实例进行讲解和效果展示，通过这些清晰的图片，让实例的内容变得更通俗易懂，读者可以快速领会，举一反三。

编著者售后

本书由汇学互联网营销学院编著，参与编写的人员有王碧清、刘胜璋、刘向东、刘松异、刘伟、卢博、周旭阳、袁淑敏、谭中阳、杨端阳、李四华、王力建、柏承能、刘桂花、柏松、谭贤、谭俊杰、徐茜、刘嫔、苏高、柏慧等人，在此表示感谢。由于作者知识水平有限，书中难免有疏漏之处，恳请广大读者批评、指正。

编　者

目 录 | CONTENTS

第 1 章 新手入门：移动 UI 设计常识

学习提示

什么是设计？什么是 UI？在 IT 界中经常会听到各种专业词汇，跨入这个行业，才知道 UI 是英文 User Interface（用户界面）的缩写。那么在学习 APP UI 设计之前，首先要了解什么是设计以及 APP UI 设计的一些基本平台、界面特点、制作流程、注意事项等，为后面的学习和制作 APP UI 设计打好基础。

本章重点导航

◎ 连接工具和人之间的界面
◎ 连接用户和手机之间的界面
◎ 移动 UI 设计特点
◎ 移动 UI 设计基础
◎ 苹果 iOS 系统
◎ 谷歌 Android 系统
◎ 微软 Windows Phone 系统
◎ 手机界面
◎ 平板界面
◎ 流程分析
◎ 注意事项

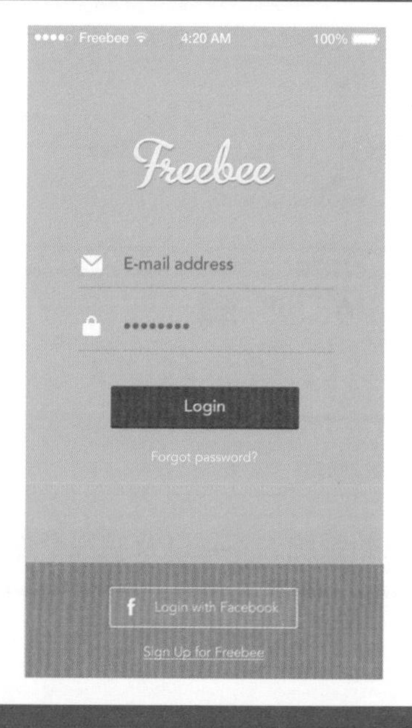

1.1 便捷生活：认识移动 UI 设计

设计就是把一种计划、规划、设想通过视觉形式表达出来的行为过程。简单地说，就是一种创造行为，一种解决问题的过程，其区别于其他艺术类的主要特征之一就是设计更具有独创性。

移动 UI 设计的相关知识，包括 UI 设计、移动 UI 的概念和特点、手机的界面特色以及不同移动 UI 的视觉效果等，只有认识并且了解移动 UI 设计的基本知识才能更好地设计出完美的 APP 产品。

1.1.1 连接工具和人之间的界面

UI 的原意是用户界面，是由英文 User Interface 翻译而来的，概括成一句话就是：人和工具之间的界面。这个界面实际上体现在生活中的每一个环节里，例如：电脑操作时鼠标与手就是这个界面；吃饭时筷子和饭碗就是这个界面；在景区旅游时路边的线路导览图就是这个界面。

在设计领域中，UI 可以分成硬件界面和软件界面两大类。本书主要讲述的是软件界面，介于用户与平板电脑、手机之间的一种移动 UI，也可以称之为特殊的或者是狭义的 UI 设计。

如图 1-1 所示，为热门的聊天社交类应用“微博”APP 的启动 UI 和主菜单 UI。

图 1-1　“微博”APP 的启动 UI 界面和主菜单 UI 界面

1.1.2 连接用户和手机、平板电脑之间的界面

APP 就是可以安装在手机上的软件，完善原始系统的不足以及实现个性化。

APP UI 是指移动 APP 的人机交互、操作逻辑、界面美观的整体设计。好的 APP UI 可以提升产品的个性和品位，为用户带来舒适、简单、自由的使用体验，同时也可以体现出 APP 产品的基本定位和特色。

如图 1-2 所示，为手机 APP UI 展示效果。

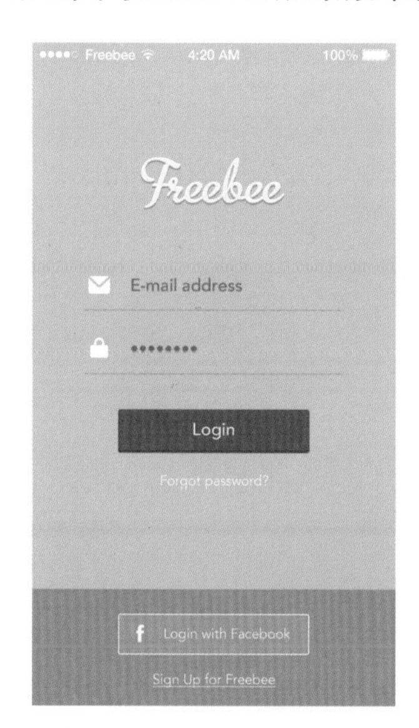

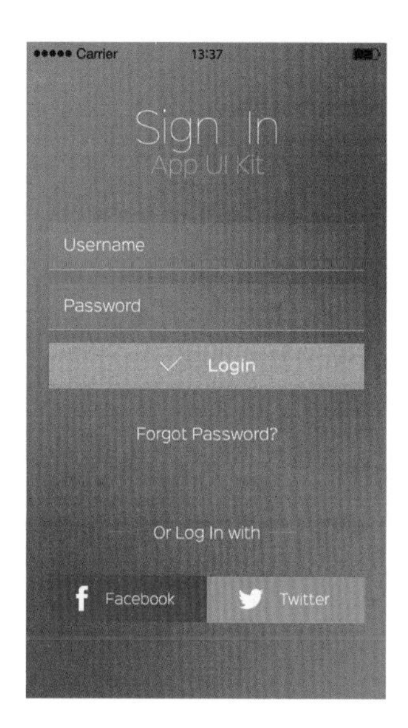

图 1-2　手机 APP UI 展示

如图 1-3 所示，为平板电脑中的 APP UI 展示效果。

图 1-3　平板电脑 APP UI 展示

1.1.3　移动 UI 设计特点

APP UI 就是将各类手机应用和 UI 设计结合起来，使其成为一个整体，且具备小巧轻便、通信便捷的特点。

- 小巧轻便：APP 可以内嵌到各种智能手机中，用户可以随身携带，随时随地打开这些

APP 以满足某些需求。另外，移动互联网的优势使用户可以通过各种 APP 快速沟通并获得资讯。如图 1-4 所示，为“手机淘宝”的 APP UI，用户通过手机即可获得各种生活资讯。

图 1-4　“手机淘宝”的 APP UI

- 通信便捷：移动 APP 使人们沟通变得更加方便，可以跨通信运营商、跨操作系统平台通过无线网络快速发送免费语音短信、视频、图片和文字。如图 1-5 所示，为“微信”APP 的 UI 界面，用户通过“摇一摇”“搜索号码”“附近的人”、扫二维码方式添加好友和关注公众平台，同时可以将内容分享给好友或朋友圈。

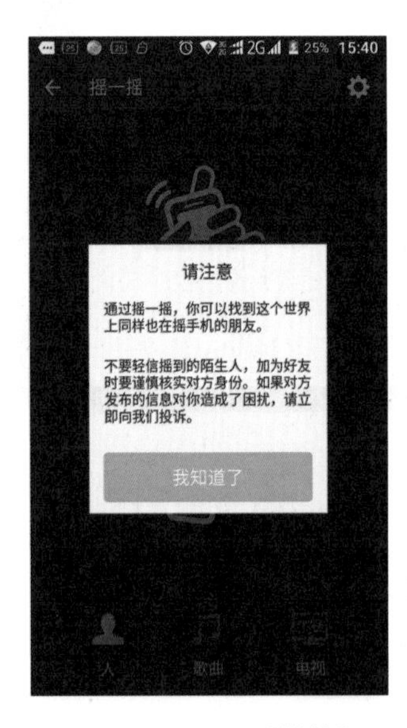

图 1-5　“微信”APP 的“摇一摇”相关界面

1.1.4 移动 UI 设计基础

随着科技的发展，现在智能手机的功能越来越多，而且越来越强大，甚至可以和电脑相媲美。

要设计出优秀的 APP UI，用户应该熟悉智能手机的界面构造。手机界面被分为几个标准的信息区域：状态栏、标题区、功能操作区、导航栏等。

如图 1-6 所示，为“微信”APP 的 UI 构成。

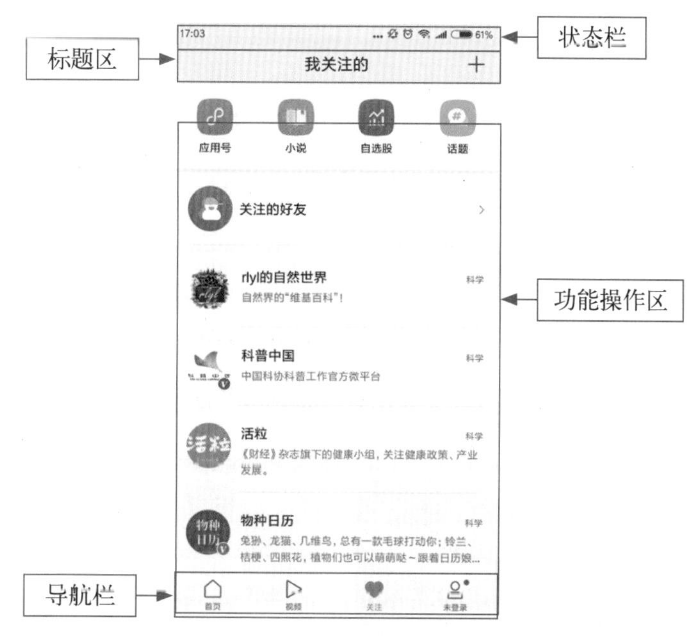

图 1-6 手机界面构成的基本单位

- 状态栏：用于显示手机目前运行状态及事件的区域，主要包括应用通知、手机状态、网络信号强度、运营商名称、电池电量、未处理事件和数量以及时间等要素。在 APP UI 设计过程中，状态栏并不是必须存在的元素，用户可依照交互需求进行取舍。
- 标题区：主要用于放置 APP 的 LOGO、名称、版本以及相关图文信息。
- 功能操作区：它是 APP 应用的核心部分，也是手机版面上面积最大的区域，通常包含有列表（list）、焦点（highlight）、滚动条（scroalbar）、图标（icon）等多种不同元素。在各个 APP 内部，不同层级的 UI 包含的元素可以相同也可以不同，用户可以根据实际情况进行合理搭配运用，如图 1-7 所示。
- 导航栏：也称之为公共导航区或软键盘区域，它是对 APP 的主要操作进行宏观操控的区域，可以出现在该 APP 的任何界面中，方便用户进行切换操作。

APP 运行在手机操作系统的软件环境中，其 UI 的设计应该是基于这个应用平台的整体风格，这样有利于产品外观的整合。

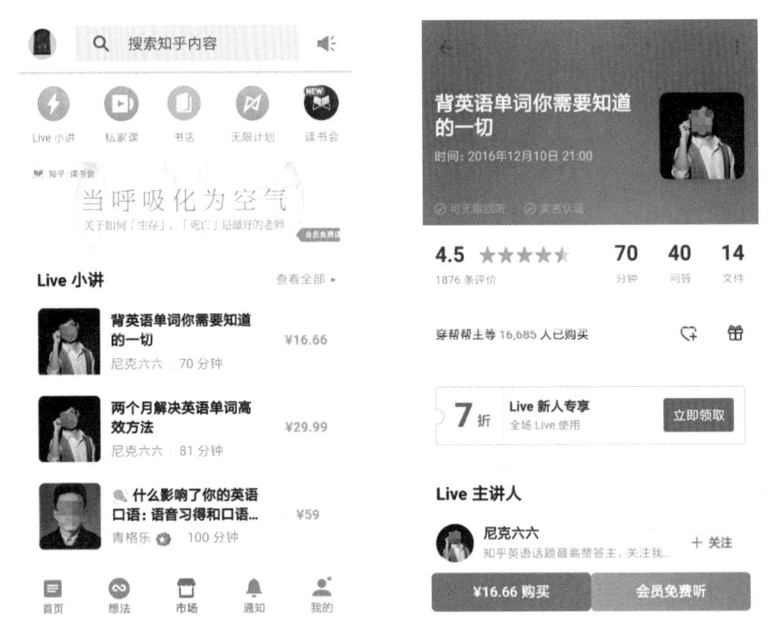

图 1-7　同一个 APP 中不同层级的 UI

手机界面效果的规范性包括以下两个方面，如图 1-8 所示。

图 1-8　手机界面效果的规范性内容

手机界面的整体性和一致性要基于手机系统视觉效果的和谐统一进行考虑，而手机界面效果个性化是基于软件本身的特征和用途进行考虑的。界面效果的个性化包括以下几个方面，如图 1-9 所示。

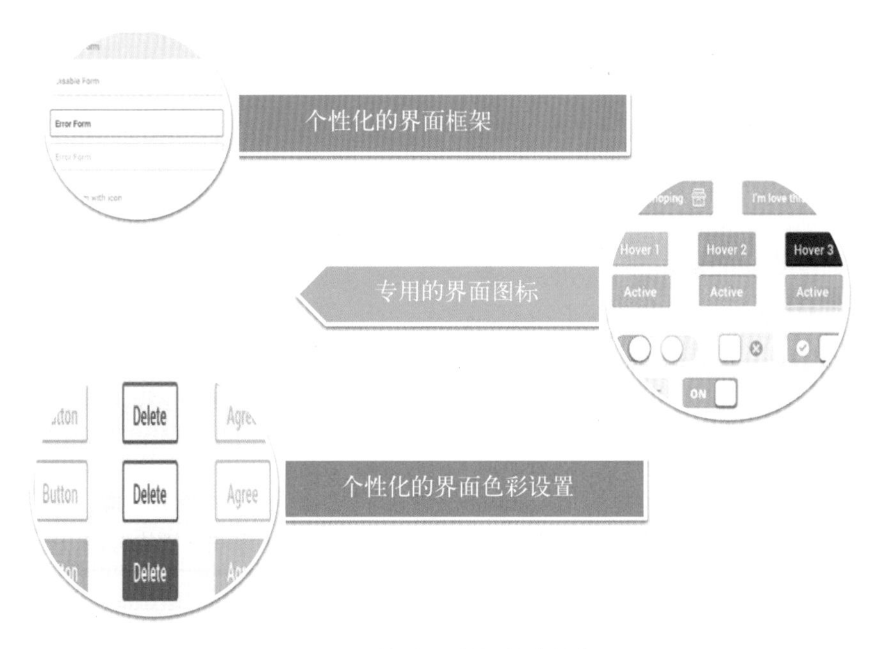

图 1-9　手机界面效果的个性化

1.2 主流系统：深入了解 UI 操作平台

在移动互联网时代，Android、iOS、Windows 等智能设备操作系统成为用户应用 APP 的基本入口，如图 1-10 所示。

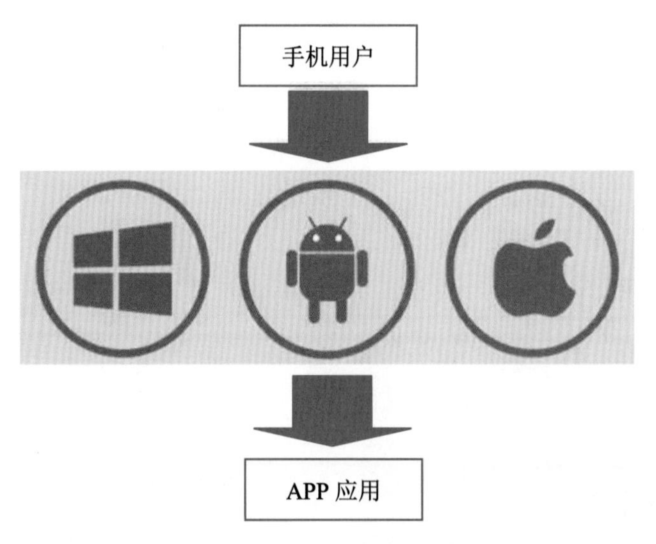

图 1-10　手机操作系统的地位

因此，用户除了要了解 APP UI 设计的基本思想外，还必须认识 Android、iOS、Windows

移动设备的3大主流系统，并熟悉移动设备的主流平台和设计的基本原则。

1.2.1 谷歌 Android 系统

Android是由Google基于Linux开发的一款移动操作系统。

在移动设备的操作系统领域，iOS和Android系统的竞争十分激烈，都希望占据更大的份额。目前，由于市面上存在众多的Android系统OEM厂商，因此Google的Android操作系统处在移动系统的领先位置，如图1-11所示。

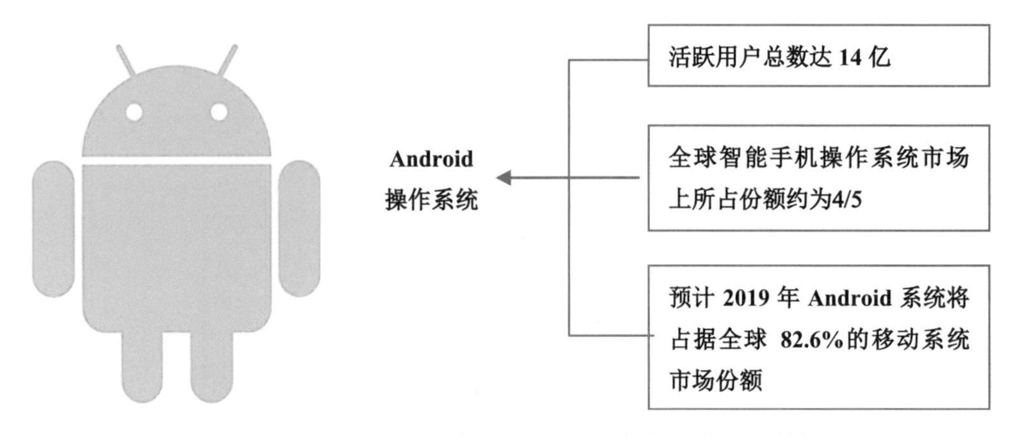

图1-11　Android操作系统占据了大部分的移动设备市场份额

Android操作系统的APP UI设计基本原则就是拥有实用的界面，设计者可以设计动画或者即时的音效，带给用户一种更加愉悦的体验，如图1-12所示。

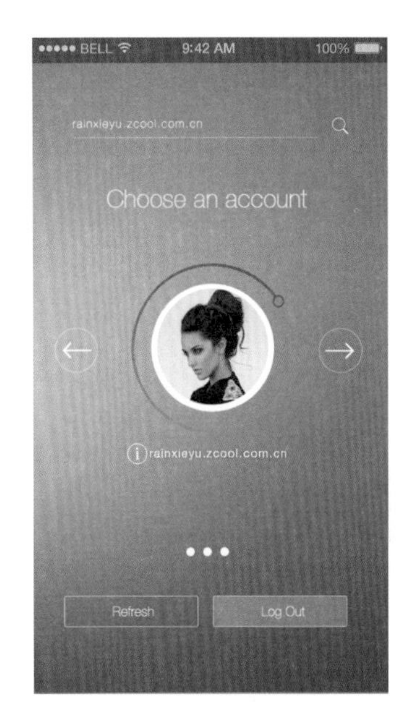

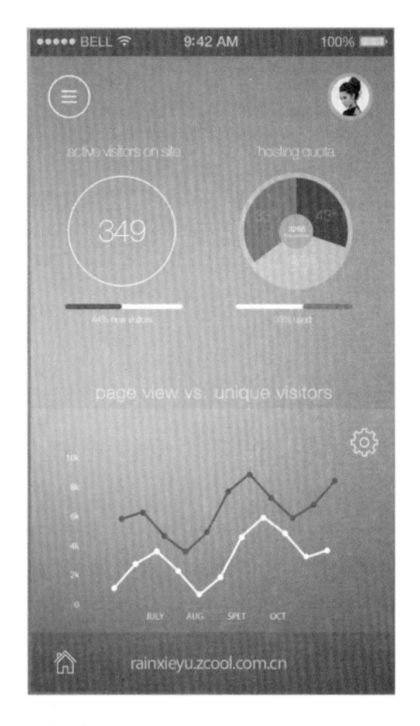

图1-12　APP UI设计中的动画效果

另外，Android 用户可以直接触屏操作 APP 中的对象，这样有助于降低用户完成任务时的认知难度，进一步提高用户对 APP 的满意度。例如，在“最美天气”APP 的 UI 界面中，用户可以通过滑动屏幕的方式，查看更多的天气资讯，如图 1-13 所示。

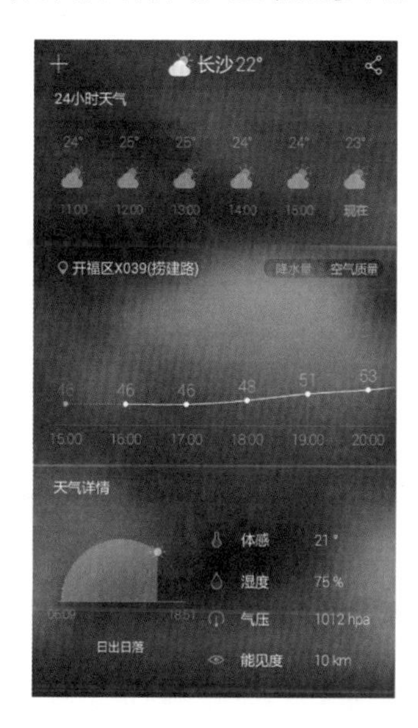

图 1-13　“最美天气”的 APP UI

在设计 Android 操作系统的 APP UI 时，设计者应尽量使用图片来表达信息，图片比文字更容易理解，而且更加吸引用户的注意力。例如，在“手机淘宝”APP 的 UI 中，采用了大量直观的图标菜单和图片展示列表，如图 1-14 所示。

图 1-14　“手机淘宝”的 APP UI

1.2.2 苹果iOS系统

iOS是由苹果公司开发的一种采用类UNIX内核的移动操作系统，最初的设计是给iPhone使用的，后来陆续套用到iPod Touch、iPad以及Apple TV等产品上。

- iPod Touch：一款由苹果公司推出的便携式移动产品。与iPhone相比，造型更加轻薄，彻底改变了人们的娱乐方式，如图1-15所示。

图1-15 iPod Touch

- iPad：苹果公司发布的平板电脑系列，能够提供浏览网站、收发电子邮件、观看电子书、播放音频或视频、玩游戏等功能，如图1-16所示。

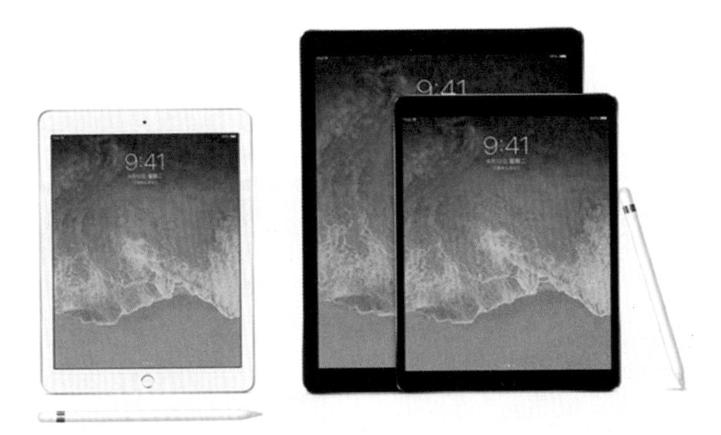

图1-16 iPad产品

- Apple TV：由苹果公司设计、营销和销售的数字多媒体播放机。

乔布斯在首次展示iPhone手机时说过："我们今天将创造历史。1984年Macintosh改变了计算机，2001年iPod改变了音乐产业，2007年iPhone要改变通信产业。"

如今，乔布斯的预言确实实现了，基于iOS系统的iPhone将智能手机推向了新的舞台，引发了移动互联网时代的信息爆发，改变了互联网行业的格局，如图1-17所示。

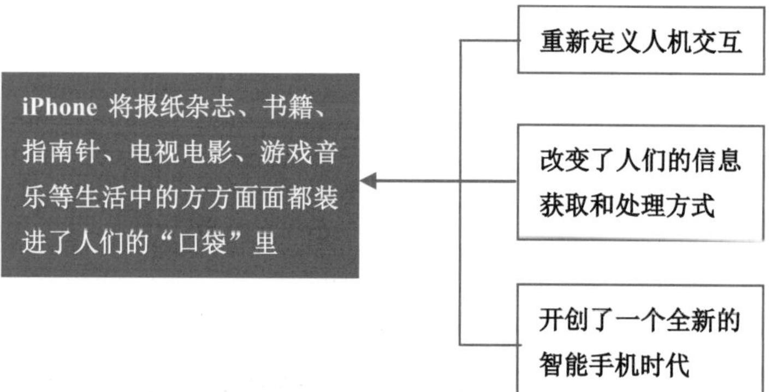

图 1-17　iPhone 对互联网行业的改变

对于 UI 设计者而言，iOS 操作系统带来了更多的开发平台。下面简单分析 iOS 操作系统 APP 应用的 UI 设计基本原则。

- 便捷的操作：iOS 操作系统中的 APP 应用通常具有圆润的轮廓和程式化的梯度，操作非常便捷，如图 1-18 所示。
- 清晰明朗的结构，便捷的导航控制：在设计 APP UI 时，应尽量将所有的导航操作都安排在一个分层格式中，使用户可以随时看到当前的位置，如图 1-19 所示。

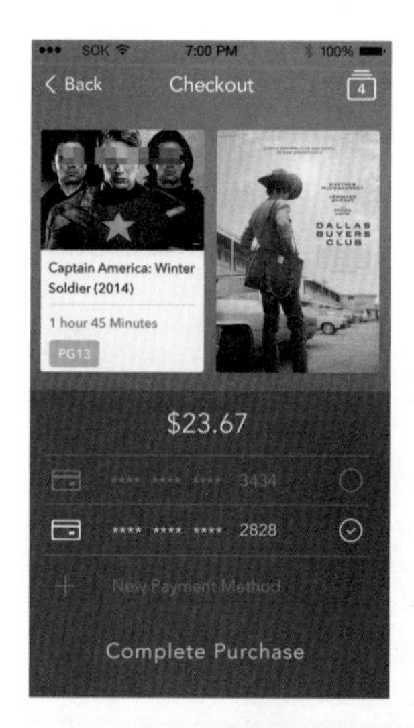

图 1-18　iPhone 的操作十分便捷

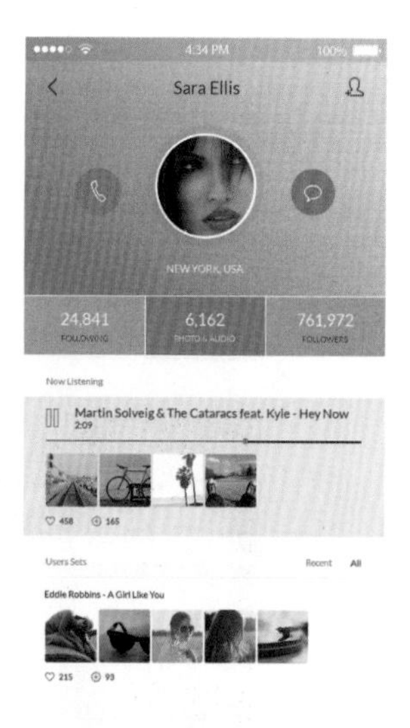

图 1-19　便捷的导航控制

专家指点

设计者应该在APP界面中提供当前界面标记和后退按钮。

- 当前界面标记：用户可以及时了解自己所处的位置，清楚每一个界面的主要功能和特点。
- 后退按钮：可以快速退出当前界面，返回APP主界面。

另外，苹果公司还推出了车载iOS系统，用户可以将iOS设备与车辆无缝结合，使用汽车的内置显示屏和控制键，或Siri免视功能与苹果移动设备实现互动，如图1-20所示。

图1-20　车载iOS系统界面

1.2.3　微软Windows Phone系统

Windows Phone（简称为WP）是微软于2010年10月21日正式发布的一款手机操作系统，如图1-21所示。

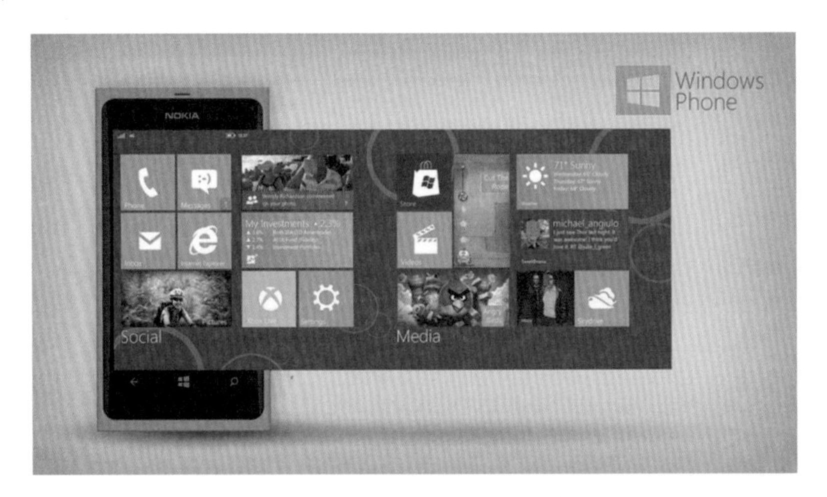

图1-21　Windows Phone系统

专家指点

Metro 是微软在 Windows Phone 中正式引入的一种界面设计语言，其设计风格优雅，可以令用户获取一个美观、快捷流畅的界面和大量可供使用的新应用程序。Metro 为用户带来了出色的触控体验，同时又可以使用鼠标、触控板和键盘工作。

Windows Phone 操作系统采用 Metro UI 的设计，并在系统中整合了 Xbox Live 游戏、Xbox Music 音乐与独特的视频体验，如图 1-22 所示。

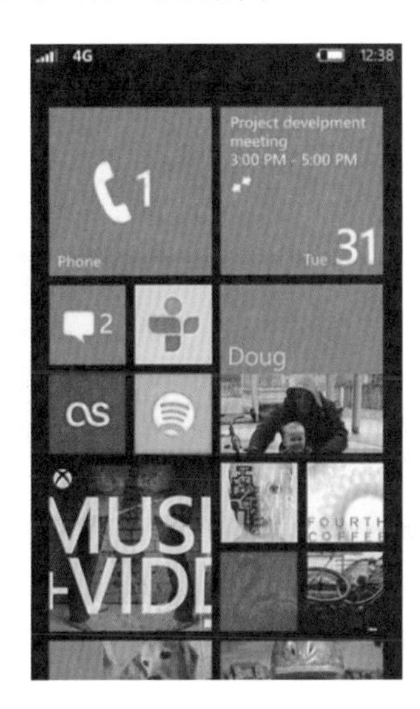

图 1-22　Windows Phone 8 系统

2015 年 5 月 14 日，微软正式宣布以 Windows 10 Mobile 作为新一代 Windows 10 手机版操作系统的正式名称，如图 1-23 所示。Windows Phone 8.1 则可以免费升级到 Windows 10 Mobile 版。

图 1-23　Windows 10 Mobile 系统

Windows 10 Mobile 操作系统的界面整洁干净，其独特的内容替换布局的设计理念更是让用户回到了内容本身，其设计原则应该是“光滑、快、现代”。

Windows 10 Mobile 操作系统的 Metro UI 是一种界面展示技术，和苹果的 iOS、谷歌的 Android 界面最大的区别在于：后两种都是以应用为主要呈现对象，而 Metro 界面强调的是信息本身，而不是冗余的界面元素。

另外，Metro UI 的主要特点是完全平面化、设计简约，没有像 iOS 一样采用渐变、浮雕等质感效果，这样可以营造出一种身临其境的视觉效果，如图 1-24 所示。

图 1-24　Windows 10 Mobile 系统的平板模式

Windows 操作系统不断挺进移动终端市场，试图打破人们与信息和 APP 之间的隔阂，提供优秀的“端到端”体验，适用于人们的工作、生活和娱乐的方方面面。

1.3 熟悉界面：了解手机与平板电脑界面

APP UI 是移动设备的操作系统、硬件与用户进行人机交互的窗口，设计界面时必须基于手机的物理特性和软件的应用特性进行合理的设计，界面设计者首先应对移动设备的常用界面有所了解。

1.3.1　手机界面

在智能手机中，通过结合“无线网络 +APP 应用”可以实现很多意想不到的功能，这些都为智能手机的流行和 APP UI 设计的发展奠定了一定的基础。

常用的手机界面主要分为以下 3 类。

1. Android 手机界面

Android 操作系统的手机品类繁多，其屏幕尺寸和分辨率却有着很大的差异。表 1-1 所示为 Android 智能手机常用的屏幕尺寸和分辨率。

表 1-1　Android 智能手机常用的屏幕尺寸和分辨率

屏幕尺寸	分 辨 率
2.8 英寸	640×480（VGA）
3.2 英寸	480×320（HVGA）
3.3 英寸	854×480（WVGA）
3.5 英寸	480×320（HVGA）
	800×480（WVGA）
	854×480（WVGA）
	960×640（DVGA）
3.7 英寸	800×480（WVGA）
	800×480（WVGA）
	960×540（qHD）
4.0 英寸	800×480（WVGA）
	854×480（WVGA）
	960×540（qHD）
	1136×640（HD）
4.2 英寸	960×540（qHD）
4.3 英寸	800×480（WVGA）
	960×640（qHD）
	960×540（qHD）
	1280×720（HD）
4.5 英寸	960×540（qHD）
	1280×720（HD）
	1920×1080（FHD）
4.7 英寸	1280×720（HD）
4.8 英寸	1280×720（HD）
5.0 英寸	480×800（WVGA）
	1024×768（XGA）
	1280×720（HD）
	1920×1080（FHD）
5.3 英寸	1280×800（WXGA）
	960×540（qHD）
6.0 英寸	1280×720（HD）
	2560×1600
7.0 英寸	1280×800（WXGA）
9.7 英寸	1024×768（XGA）
	2048×1536
10 英寸	1200×600
	2560×1600

例如，华为手机就是国内Android系统手机的代表。其中，华为P20的主屏尺寸为5.8英寸，主屏分辨率为2244×1080像素，搭载麒麟970处理器，提供6GB内存和128GB存储空间，3400毫安时电池以及2400万像素加AI防抖相机，如图1-25所示。

图1-25　华为P10

2. 苹果手机界面

以iPhone 6s Plus为例，其外观颜色有金色、银色、深空灰、玫瑰金等，屏幕采用高强度的Ion-X玻璃，支持4K视频摄录。

iPhone 6s Plus的主屏分辨率为1920×1080像素，屏幕像素密度为401ppi。iPhone 6s Plus在屏幕上的最大升级是加入了Force Touch压力感应触控（即3D Touch技术），使触屏手机的操作性进一步扩展，如图1-26所示。

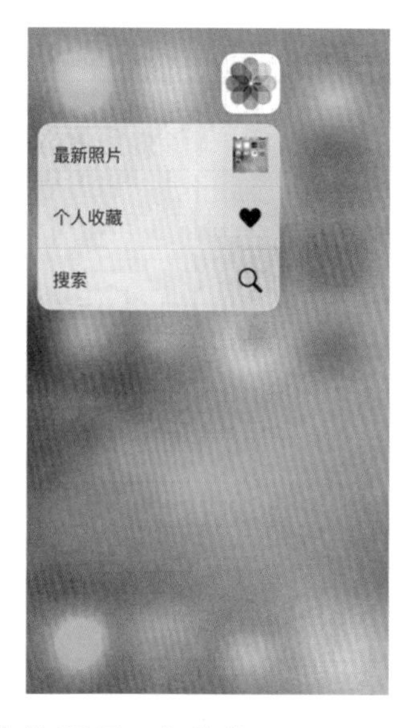

图1-26　iPhone 6s Plus中的3D Touch技术

专家指点

3D Touch 是一种屏幕压感技术，通过内置硬件和软件感受用户手指的力度，来实现不同层次的操作。用力按一个 APP 图标会弹出一层半透明菜单，里面包含了该 APP 应用下的一些快捷操作。

3. 微软手机界面

微软系统的手机除了采用特立独行的 Metro 用户界面，并搭配动态磁贴（Live Tiles）信息展示及告知系统等特色外，另一大特色就是具有无缝链接各类应用的“中心”（Hub），如图 1-27 所示。

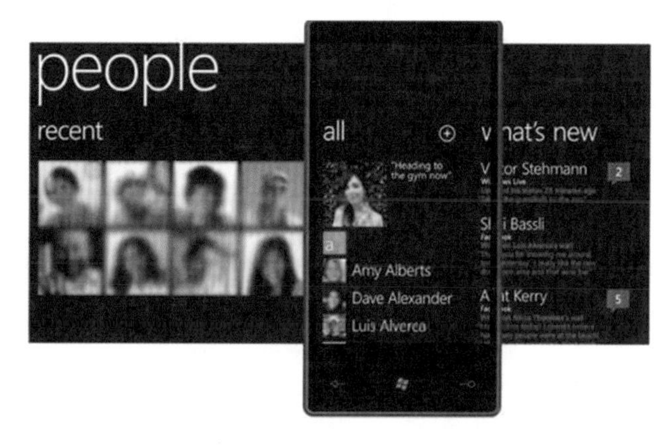

图 1-27 微软系统的“中心”（Hub）特色

1.3.2 平板电脑界面

平板电脑（Tablet Personal Computer，简称 Tablet PC、Flat PC、Tablet、Slates）又称为便携式电脑，是一种体积较小、方便携带的微型电脑，以触摸屏作为基本的输入设备，如图 1-28 所示。

图 1-28 平板电脑

平板电脑主要通过触摸屏进行操作，不需要主机、鼠标、键盘等配件，使用起来非常方便。作为一种小型、便捷的微型电脑，平板电脑受到了越来越多用户的喜爱，形成了一种新的产业格局。

如今，苹果iPad在平板电脑市场中占据了主导地位，另外一部分市场就是Android平板电脑的“天下”了。例如，华为、联想、小米、三星、戴尔、HTC等厂家均推出了Android平板电脑。图1-29所示为华为M5 Pro平板电脑。

华为平板 M5 Pro核心参数

- CPU型号　海思麒麟960
- CPU核数　八核+微智核i6
- 屏幕尺寸　10.8英寸
- 屏幕色彩　1600万色
- 分辨率　2560×1600
- 运行内存（RAM）　4GB（备注：可使用的内存容量小于此值，因为手机软件占用了部分空间）
- 存储容量（ROM）　64GB（备注：可使用的存储容量小于此值，因为手机软件占用了部分空间）
- 扩展支持　microSD
- 可扩展容量　256GB
- 电池容量　7500mAh（典型值）
- 主摄像头　1300万像素
- 副摄像头　800万像素

图1-29　华为M5 Pro平板电脑

专家指点

微软不甘落后，在2015年的世界移动通信大会（MWC 2015）上，首次展示了Windows 10统一平台战略的“代表作”：Windows 10通用应用（Windows10 Universal App，简称UWP）平台，如图1-30所示。

图1-30　Windows 10通用应用平台

通过UWP平台，使得任何一款应用都可以在所有安装了Windows 10操作系统的设备上运行，如平板电脑、智能手机、笔记本电脑、台式机、Xbox家用电视游戏机、HoloLens 3D全息眼镜、Surface Hub巨屏触控产品以及Raspberry Pi 2迷你电脑等，它们之间的连接不再有界限。

1.3.3 流程分析

APP UI 设计的基本工作流程包括分析、设计、调研、改进与验证 4 个阶段，具体流程如图 1-31 所示。

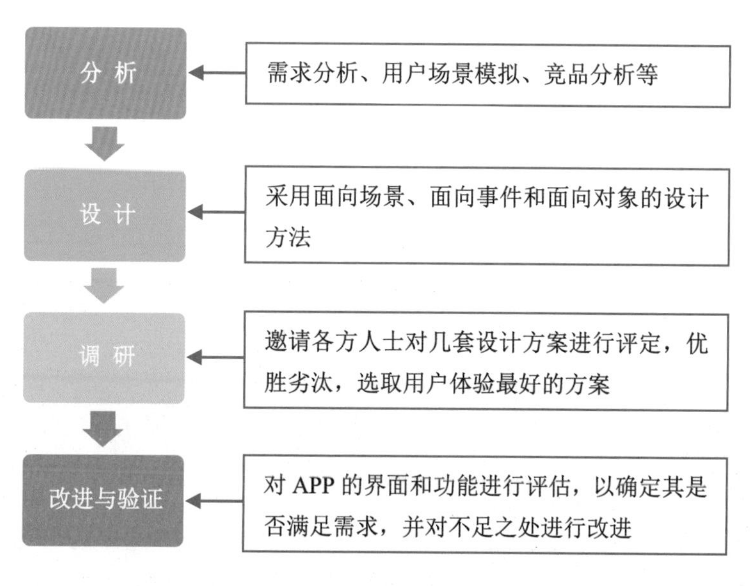

图 1-31 APP UI 的设计流程

1.3.4 注意事项

在设计 APP UI 的过程中，有很多需要注意的问题，如色彩、图案等。

1. 色彩的使用要点

对于 APP UI 设计者来说，色彩是最重要的因素，不同颜色代表不同的情绪，因此对色彩的使用应该和 APP 以及主题相契合。如图 1-32 所示，该 APP 的导航栏通过运用不同颜色的按钮来代表其激活状态，使用户快速获得自己所处的位置。

图 1-32 APP 导航栏的色彩设计

在APP UI的制作过程中，根据色彩的特性，可以通过调整其色相、明度以及纯度之间的对比关系，或通过各色彩间面积调和搭配出色彩斑斓、变化无穷的APP UI画面效果。

总之，让自己的APP UI更好看一些、更漂亮一些，这样就会在视觉上吸引用户，给APP带来更多的下载量。

2．图案的使用要点

在APP UI的图案设计过程中，每一个页面不要放入过多的内容，这样会让用户难以理解，操作也会显得更加烦琐。

例如，可以使用一些半透明效果的图案来作为播放器的控制栏，使用户在操作时也可以看到视频播放画面，如图1-33所示。

图1-33　半透明的播放器控制栏

第 2 章 掌控布局：移动 UI 设计的布局原则

学习提示

在设计移动 UI 时，布局主要是指对界面中的文字、图形或按钮等进行排版，使各类信息更加有条理、有次序、整齐，帮助用户快速找到自己想要的信息，提升产品的交互效率和信息的传递效率。

本章重点导航

- ◎ 竖向排列布局
- ◎ 横向排列布局
- ◎ 九宫格排列布局
- ◎ 弹出框式布局
- ◎ 热门标签布局
- ◎ 侧边栏式布局
- ◎ 陈列馆式布局
- ◎ 分段菜单式布局
- ◎ 点聚式布局
- ◎ 转盘式布局
- ◎ 导航栏置底式布局
- ◎ 磁贴状态式布局
- ◎ 超级菜单式布局
- ◎ 导航栏置顶式布局
- ◎ 界面幻灯片式布局
- ◎ 图表信息布局设计方法

2.1 初级布局：解析移动UI纵横布局

软件界面的设计师除了视觉本身以外，对于设计是否可以实现、大概以何种方式实现、规范可否被理解并且是否可执行、设计实现的性价比与时间比等维度都应有相当深的认识。

本小节将跟读者交流关于页面简单布局的一些相关知识，是初级阶段的UI设计方法。

2.1.1 竖向排列布局

由于手机屏幕大小有限，因此大部分的手机屏幕都采用竖屏列表显示，这样可以在有限的屏幕上显示更多的内容。

在竖排列表布局中，常用来展示功能目录、产品类别等并列元素，列表长度可以向下无限延伸，用户通过上下滑动屏幕可以查看更多内容，图2-1所示为竖排列表布局。

图2-1 竖排列表布局

2.1.2 横向排列布局

由于智能手机的屏幕分辨率有限，无法完全显示电脑中各种软件的工具栏，因此很多移动应用在工具栏区域采用横排方块的布局方式。

在元素数量较少的移动UI中，特别适合采用横排方块来进行布局，但这种方式需要用户进行主动探索，体验感一般，因此如果要展示更多的内容，最好采用竖排列表。

横排方块布局主要是横向展示各种并列元素，用户可以左右滑动手机屏幕或点击左右箭头按钮来查看更多内容。例如，大部分的新媒体平台中的“图片”版块就是采用横排方块布局，如图2-2所示，为横排方块布局。

图 2-2　横排方块布局

2.1.3　九宫格排列布局

九宫格最基本的表现其实就是一个 3 行 3 列的表格。目前，很多 UI 采用了九宫格的变体布局方式。图 2-3 所示为九宫格布局风格。

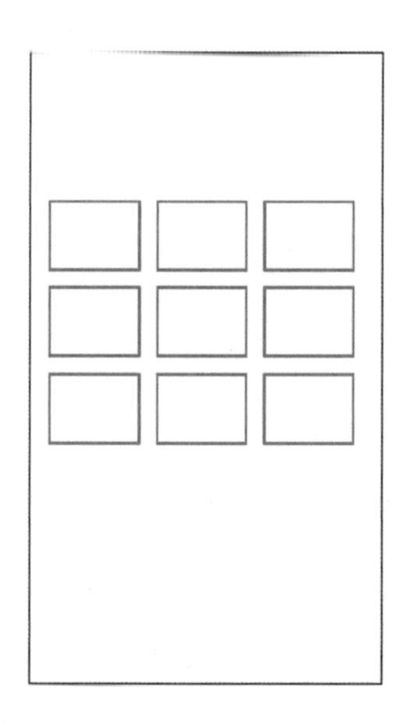

图 2-3　九宫格布局

2.2 高级布局：解析移动 UI 特殊布局

布局对 UI 设计有着很大的影响，本小节将为读者讲述一些界面特殊的布局方法。

2.2.1 弹出框式布局

在移动 UI 中，对话框通常是作为一种次要窗口，可以出现在界面的顶部、中间或底部等位置，其中包含了各种按钮和选项，通过它们可以完成特定的命令或任务，是一种常用的布局设计方式。

弹出框中可以隐藏很多内容，在用户需要的时候可以单击相应按钮将其显示出来，主要作用是节省手机的屏幕空间。在 Android 系统的移动设备中，很多菜单、单选框、多选框、对话框等都是采用弹出框的布局方式。图 2-4 所示为弹出框式布局。

图 2-4　弹出框式布局

2.2.2 热门标签布局

在移动 UI 设计中，搜索界面和分类界面通常会采用热门标签的布局方式，这种布局让页面更语义化，使各种移动设备能够更加完美地展示软件界面。图 2-5 所示为热门标签布局。

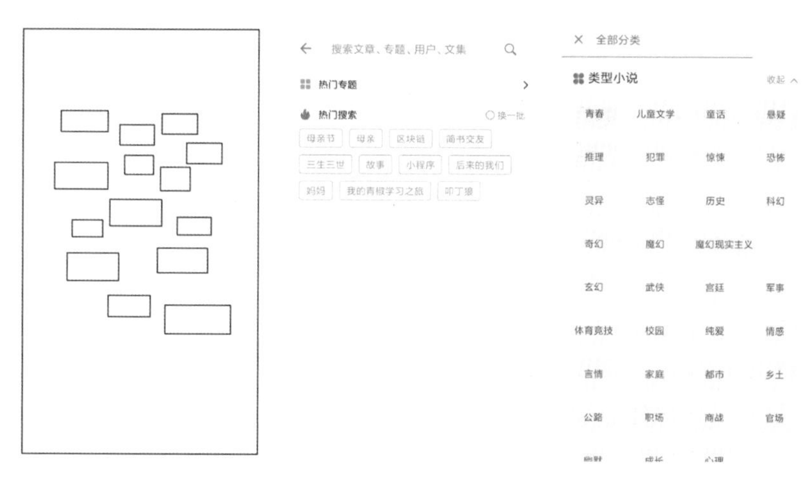

图 2-5　热门标签布局

2.2.3　侧边栏式布局

侧边栏式布局又可以称为抽屉式布局，它主要是将功能菜单放置在 APP 的两侧 (通常是左侧)。在操作时，用户就像打开一个抽屉一样，将界面从 APP 的侧边栏中抽出来，拉到手机屏幕中。例如，手机 QQ 的功能菜单就是采用的抽屉式布局。图 2-6 所示为抽屉式布局。

图 2-6　抽屉式布局

抽屉式布局最显著的优点就是可以通过纵向排列切换项解决栏目个数的问题，但是，这些“抽屉”中的栏目却不能和主体内容同时出现在屏幕上。

抽屉式布局分为以下两种模式。

(1) 列表式布局：例如，在“易企秀”的分类界面中，就是采用左侧抽屉列表式布局模式，用户可以在左侧的列表中选择 H5 种类，在右侧的列表中查看 H5 模板，如图 2-7 所示。

图 2-7　列表式布局模式

(2) 图标卡片式布局：例如，在简书的“简书会员”页面中，采用的就是图标卡片式布局模式，用户在“简书会员”里选择相应的会员后，即可点击“开通”按钮购买相应的会员，如图 2-8 所示。

图 2-8　图标卡片式布局

2.2.4　陈列馆式布局

陈列馆式布局又称为图式布局，主要是采用“图片 + 文字”的形式来排列 APP 中的各种元素。陈列馆式布局可以很好地展现实时内容。例如，很多新闻、照片以及餐厅 APP 等界面都采用了这种布局方法。

陈列馆式布局分为以下两种模式。

(1) 网格布局模式：大量的手机浏览器采用网格布局，虽然视觉效果比较普通，但其结构清晰、功能分布十分明朗，而且设计者也可以通过巧妙地处理网格来吸引用户目光。例如，联想手机中的“超级相册”APP 就采用网格布局模式来排列照片，如图 2-9 所示。

图 2-9　网格布局模式

(2) 轮盘布局模式：这种布局模式比较独特，用户可以使用手指来转动轮盘，以实现不同的功能，在很多抽检游戏 UI 中，都喜欢采用这种大转盘的布局模式。例如，建设银行手机银行的主界面也是采用轮盘布局模式，给用户带来耳目一新的感觉，如图 2-10 所示。

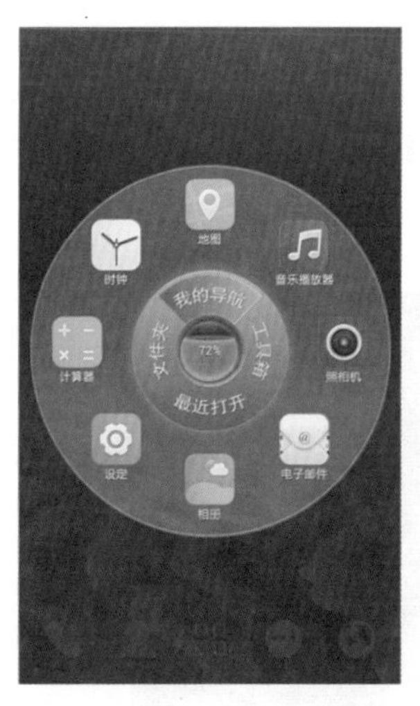

图 2-10　轮盘布局模式

2.2.5　分段菜单式布局

分段菜单式布局主要采用“文字 + 下拉箭头 Segment Control(段控制)”的方式来排列界面中的各种元素，设计者可以在某个按钮中隐藏更多的功能，使界面简约而不简单。

例如，在“大众点评”APP的电影/演出界面中，就安排了“品牌”“全城”“离我最近”以及“特色”4个分段菜单，单击相应的下拉箭头后，用户可以在展开的菜单中找到更多的功能，如图2-11所示。

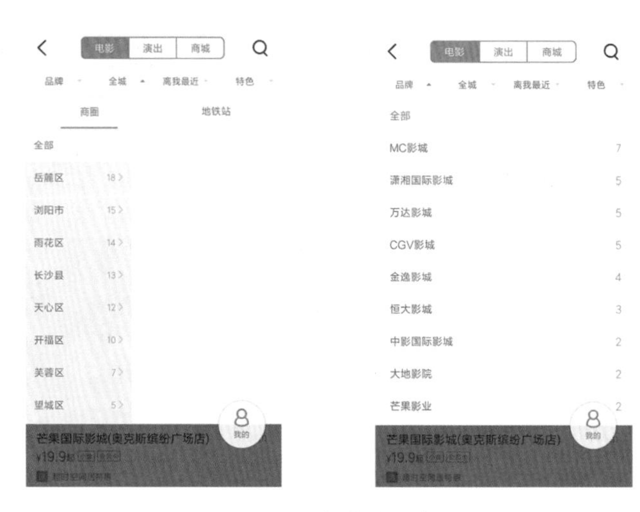

图2-11　分段菜单式布局

2.2.6　点聚式布局

点聚式布局又可以称为“扇形扩展式布局”，这种布局的展示方式比较灵活，而且可以带来更加开阔的界面效果。

在设计一些复杂的APP层级框架时，可以采用点聚式布局导航，将一些用户使用频率比较高的核心内容采用并列的导航放置在一个“点”中，例如易信与tumblr的客户端就是采用这种模式。图2-12所示为点聚式布局。

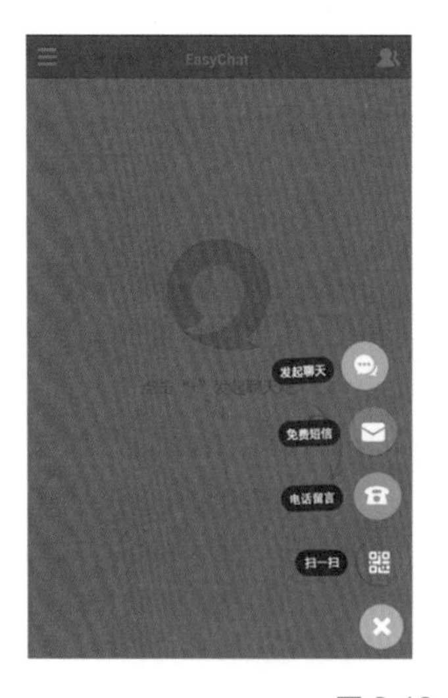

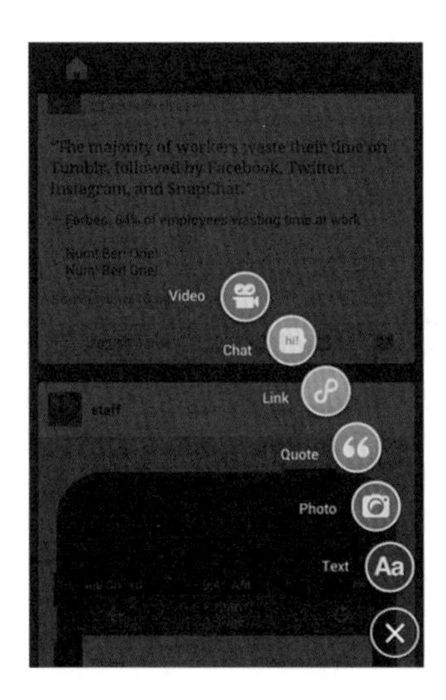

图2-12　点聚式布局

专家指点

点聚式布局的缺点也比较明显，首先是一些常用功能可能被隐藏起来，用户难以发觉。其次，这种布局模式对入口交互的功能可见性要求高，增加了设计的难度。

2.2.7 转盘式布局

转盘式布局又称为“走马灯式布局”，主要采用图片环绕在手机界面的四周，这种布局操作起来比较简单，而且方便用户单手进行操作，很多手机抽奖游戏常常运用这种布局模式。图 2-13 所示为转盘式布局。

图 2-13 转盘式布局

2.2.8 导航栏置底式布局

导航栏置底式布局的设计比较方便，而且适合单手操作，很多 APP 设计师都十分青睐这种布局模式，如“微信”“微博”“斗鱼”等手机客户端都是采用这种方式。

例如，在手机斗鱼 APP 的界面底部，就有“直播”“视频”“关注”“鱼吧”以及“发现”5 个导航按钮，方便用户快捷操作。用户可以点击不同按钮切换至相应的页面，操作十分方便，功能分布也比较明确，如图 2-14 所示。

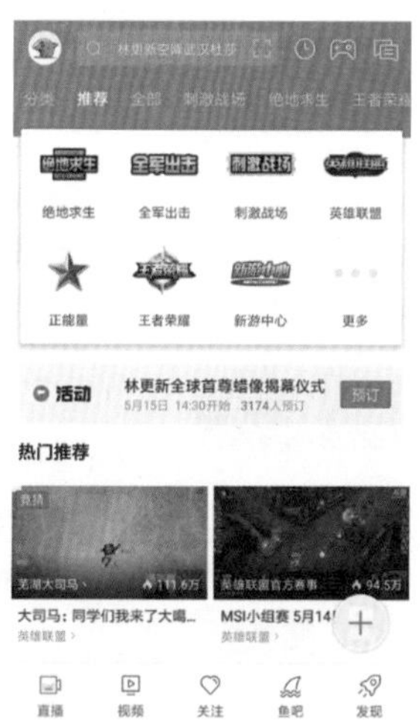

图 2-14 导航栏置底式布局

2.2.9 磁贴状态式布局

磁贴状态式布局与 Windows 8 的 Metro 界面风格非常相似，是一种风格比较新颖的设计语言，如图 2-15 所示。界面中的各种元素以 Tile(磁贴) 的形式展现，而且这些小方块可以动态显示信息，还可以按照用户的意愿进行分组、删除等操作。

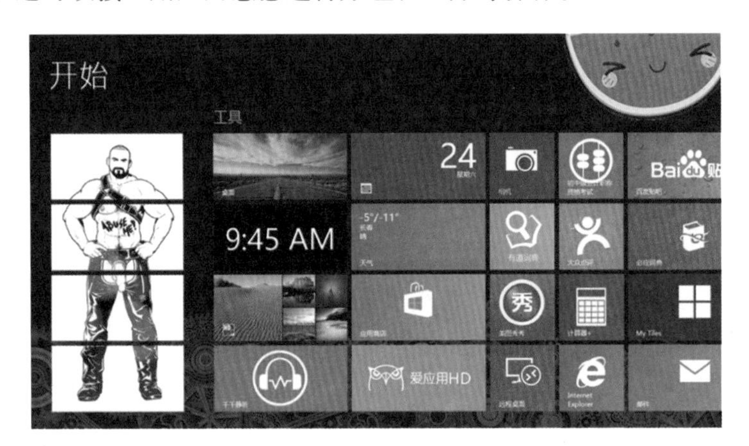

图 2-15　磁贴状态式布局

2.2.10　超级菜单式布局

超级菜单式布局的导航比较酷炫，如“天天快报”“163 的新闻客户端”“百度 Site” APP 等都采用这种布局模式，在这些 APP 的内容页面中，用户只需左右滑动屏幕，即可切换查看不同的类别，操作的连续性非常强，用户体验也很流畅。图 2-16 所示为超级菜单式布局。

图 2-16　超级菜单式布局

2.2.11　导航栏置顶式布局

导航栏置顶式布局与导航栏置底式布局刚好相反，它主要将导航按钮布置在界面的顶部。当然，不同的 APP 也有不同的设计规则，“YY” APP 就是采用导航栏置顶式布局和选项卡式布局混合应用，如图 2-17 所示。

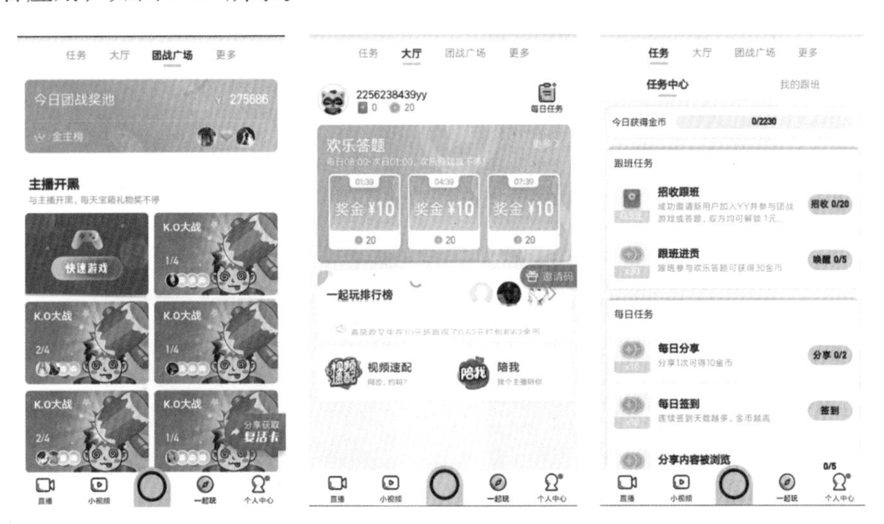

图 2-17　“YY”APP 界面

另外，还有一种比较常用的滑动选项卡式布局，它可以容纳更多的选项，而且用户可以直接通过手指滑动导航栏寻找项目，在导航类别比较多时非常实用。

例如，在“斗鱼”APP 的消息界面中，就可以滑动上面的导航区，切换查看“分类”“推荐”“全部”“绝地求生”以及游戏直播，如图 2-18 所示。

图 2-18　滑动选项卡式布局

2.2.12　幻灯片式布局

幻灯片式布局常用于并列展示图片或者整块内容，用户只需用手指左右滑动屏幕，即可切换查看相关的内容，如图 2-19 所示。

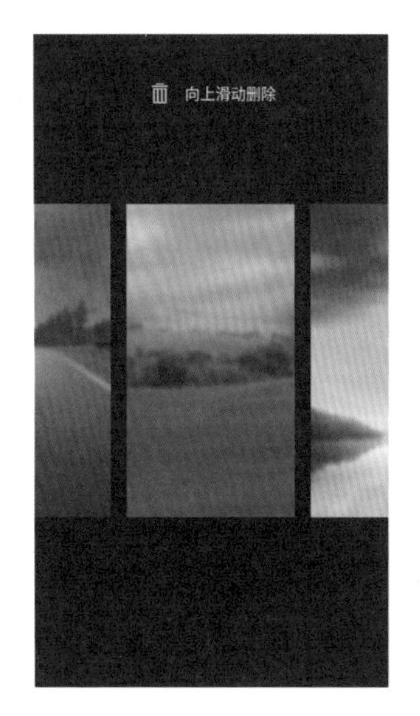

图 2-19　幻灯片式布局

如果是在 APP 中采用幻灯片式布局，那么需要注意控制幻灯片的数量，通常使用 7 ~ 8 张幻灯片比较适宜，以免用户操作过多产生疲劳，进而对该 APP 失去兴趣。

另外，采用幻灯片式布局时，设计者应在界面中放置一些视觉暗示元素，如位置、数量、分页标识码等小标签，这样用户更加容易上手。

在“天天快报”的图片新闻界面中，左下角就有一个数量标签，显示了用户当前浏览图片的序号以及所有图片的数量，如图 2-20 所示。

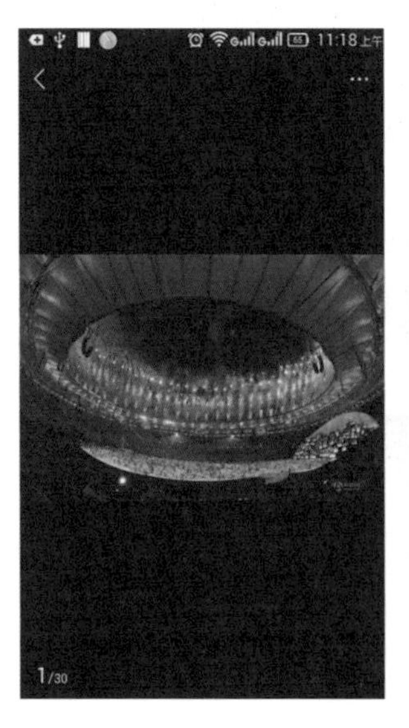

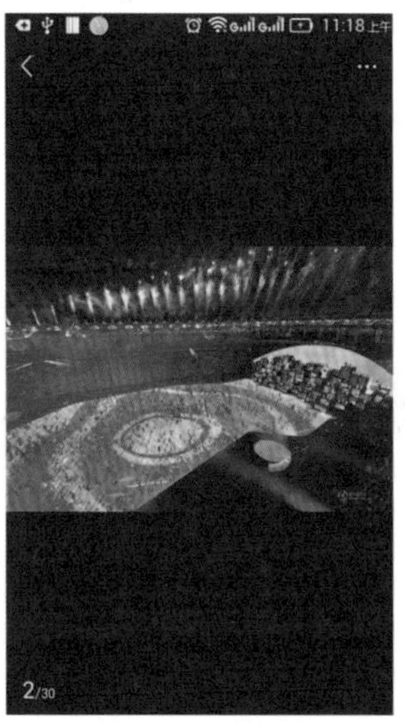

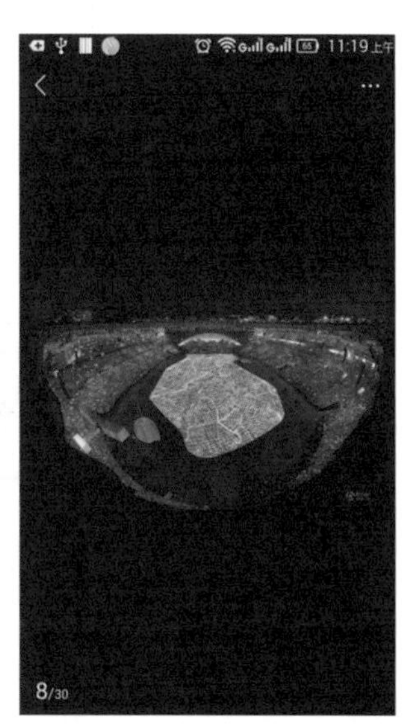

图 2-20　“天天快报”界面

2.3 优化布局：掌握移动 UI 布局策略

UI 的呈现需要布局的规划，同样，页面布局也有理论的支撑。本小节将为读者补充一些布局的理论知识，以达到读者能够优化布局的目的。

2.3.1 图表信息布局设计方法

图表信息布局可以让 APP 显得更加商务，这也是商业、金融类 APP 中最常见的布局方式，如图 2-21 所示。

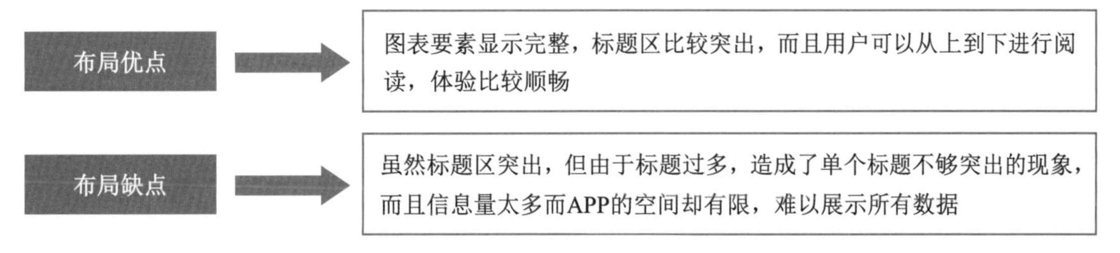

图 2-21　图表信息布局

例如，微指数 APP 中的很多界面大多都是采用图表信息布局模式，在界面中，数据比较清晰，用户可以一眼看到“整体趋势”“地域解读”“年龄分布”等信息，而且还具有简单的图表分析模式，图 2-22 所示为微指数网页界面。

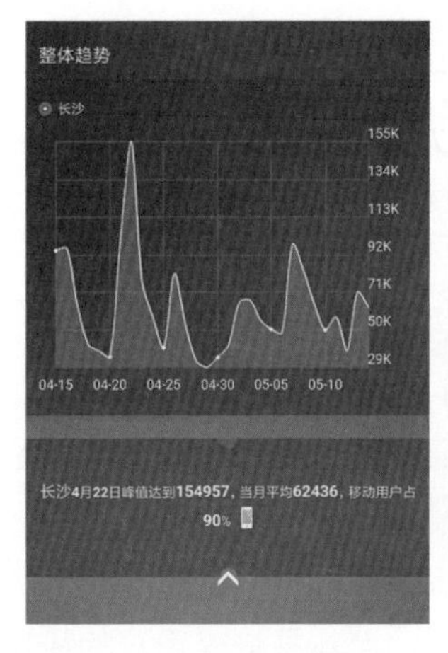

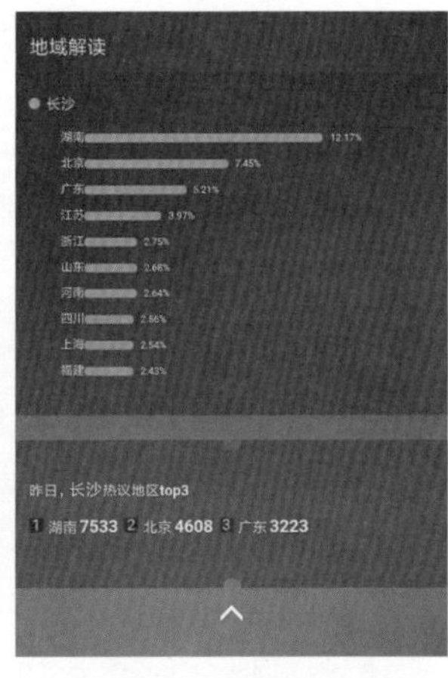

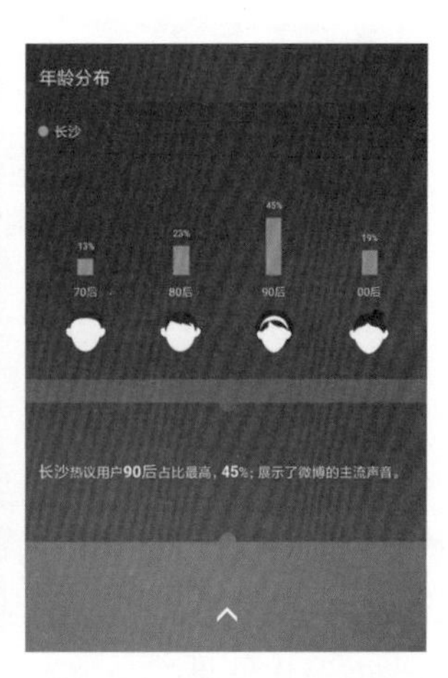

图 2-22　微指数 APP

2.3.2 界面细节设计方法

APP 软件在细节设计上的完善，主要从以下方面入手，如图 2-23 所示。

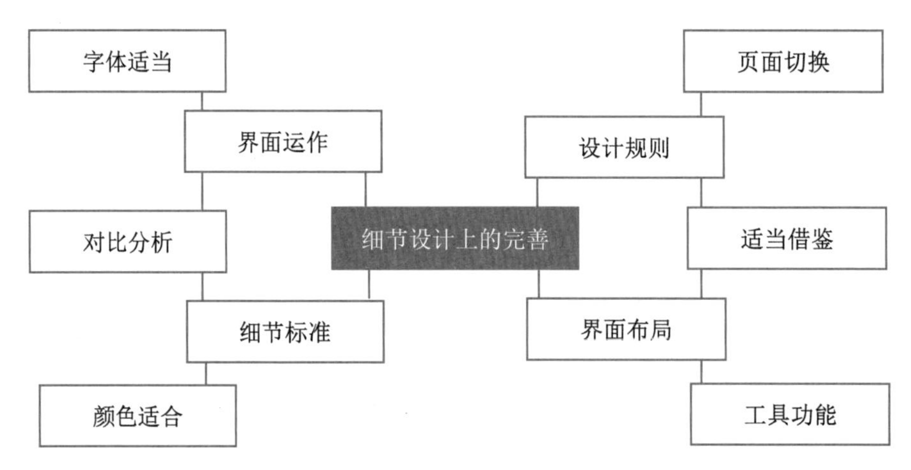

图 2-23　界面细节完善方法

当内容创新较为困难时，在细节上精益求精就成为 APP 软件能够出类拔萃的主要方式，通过细节的完美程度获得用户的好感，从而帮助 APP 建立品牌优势。

在以上内容中，有 3 个最为关键的细节，下面针对这 3 个细节进行深入分析。

1. 适当借鉴

无论是在国内还是国外，APP 市场都较为火热，但在数量庞大的 APP 中，大部分的 APP 功能比较单一，过分模仿的情况导致独特的模式变得大众化。适当借鉴是一种明智的选择，具体分析如图 2-24 所示。

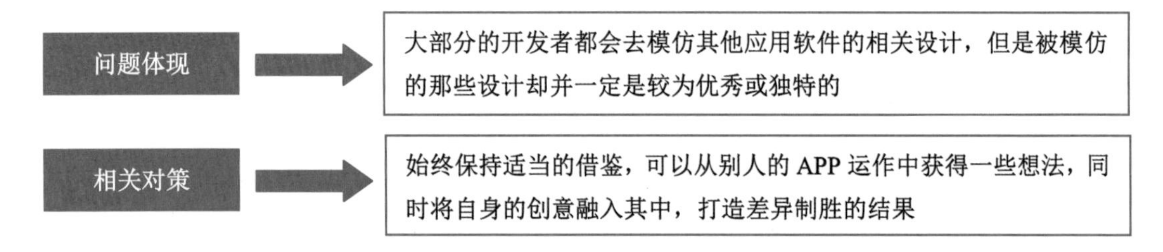

图 2-24　适当借鉴的分析

2. 界面运作

在同一款 APP 中，用户的界面运作结果应当是保持一致的。这里的一致性主要是指形式上的一致，以 APP 中的列表框为例，如果用户双击其中的某项，使得某些事件发生，那么用户双击其他任何列表框中的同一项，也应该有同样的结果，这就是一致性的体现。

保持界面运作结果的一致对于 APP 的长期发展是有利的，尤其是培养用户的使用习惯，相关的分析如图 2-25 所示。

3. 界面布局

界面布局是最能够直接展示特色的地方，具体的分析如图 2-26 所示。

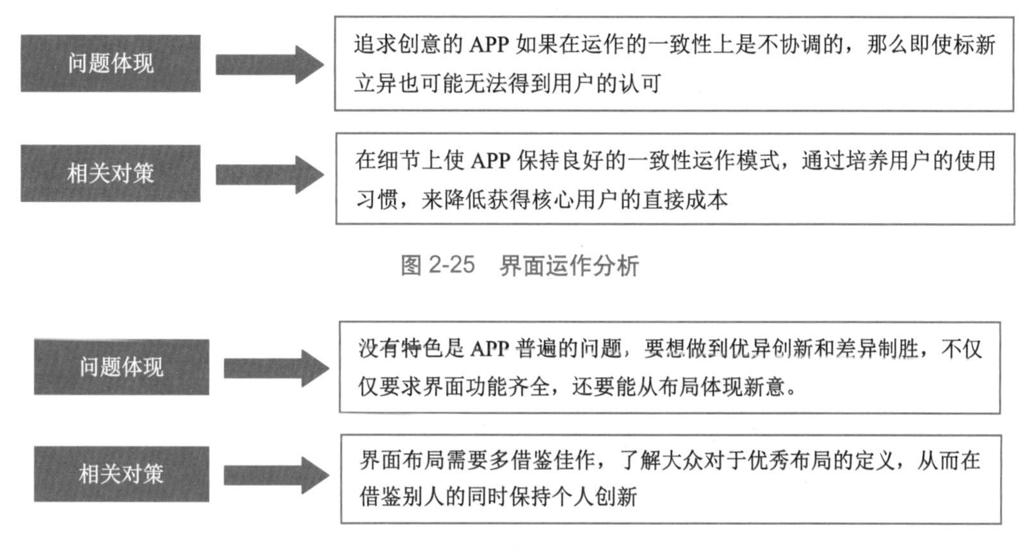

问题体现	追求创意的 APP 如果在运作的一致性上是不协调的，那么即使标新立异也可能无法得到用户的认可
相关对策	在细节上使 APP 保持良好的一致性运作模式，通过培养用户的使用习惯，来降低获得核心用户的直接成本

图 2-25　界面运作分析

问题体现	没有特色是 APP 普遍的问题，要想做到优异创新和差异制胜，不仅仅要求界面功能齐全，还要能从布局体现新意。
相关对策	界面布局需要多借鉴佳作，了解大众对于优秀布局的定义，从而在借鉴别人的同时保持个人创新

图 2-26　界面布局分析

2.3.3　移动 UI 的布局规则

在设计移动 UI 时，用户还需要掌握一些布局原则，以便为用户带来更好的操作体验。

1. 统一的 Logo 位置

首先需要对 APP 的 Logo 位置进行规划，最好将所有页面的 Logo 位置进行统一，即不管用户进入哪个页面，Logo 都处在同一个位置处。

例如，在“一点资讯”APP 主界面中，用户可以左右滑动手机屏幕来切换界面功能，但其 Logo 一直处于界面左上角的位置处，如图 2-27 所示。

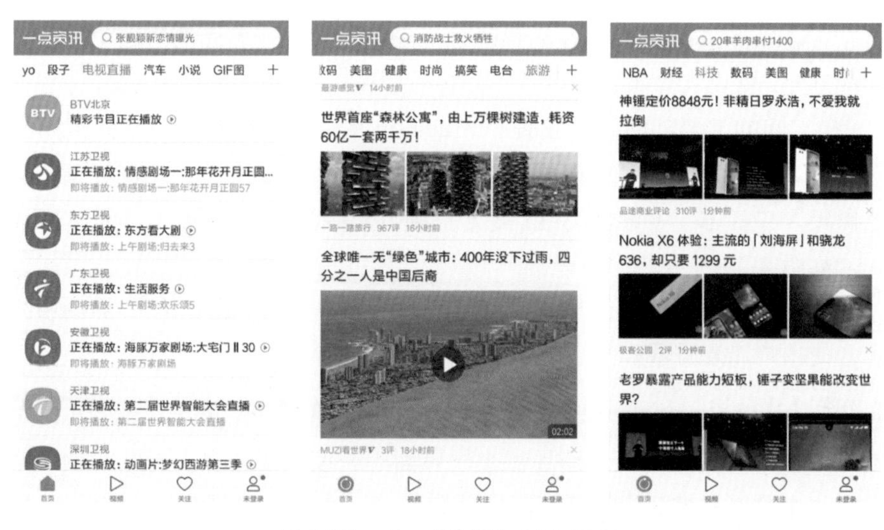

图 2-27　“一点资讯”APP 界面

2. 内容的排列次序合理

当界面中展现的信息内容比较多时，应尽量按照先后次序进行合理排序，将所有重要的选项或内容放在主界面中，把用户最常用、最喜欢的功能排在前面，把一些比较少用但也不可少的功能排在后面，把一些可有可无的功能放入隐藏菜单中。

例如，在“芒果TV”APP主界面中，会根据用户的直接需求，推出相应的精品视频资源，比如会时常上线最新电影等，用户直接在主界面中点击即可播放，如图2-28所示。

图2-28 “芒果TV”APP界面

当然，用户如果想通过APP直接查看正在播放的电视节目，这可能是比较少用的功能，用户需要在导航栏中找到并切换至“直播”界面，然后选择相应的电视台。

3. 突出APP的重要条目

很多APP都有一些重要条目，在布局时应尽量将其放置在界面的突出位置，如顶端或者底部的中间位置处。

例如，QQ空间的主要功能就是发表个人动态信息，因此在底部导航栏中间位置放置了一个“+”号按钮，点击该按钮后，即可看到“说说”“照片”“视频”“直播”“动效相机”“签到”“动感影集”“日志”等导航按钮（此处也满足先后次序的原则），而且这里还采用点聚式布局模式，如图2-29所示。

另外，对于一些比较重要的信息，如消息、提示、通知等，应在APP界面中的醒目位置上进行展示，使用户能及时看到。

4. 界面长度要适当

APP的主界面最好不宜过长，而且每个子界面的长度也要适当。当然，如果某些特别的APP内容过长，则最好在界面中的某个固定位置设置一个“返回顶部”按钮或者“内容列表”菜单按钮，让用户可以一键到达页面顶部或者内容的特定位置。

图 2-29　QQ 空间发布动态界面

专家指点

界面是软件与用户交互的最直接的层，界面的好坏决定用户对软件的第一印象。而且设计良好的界面能够引导用户自己完成相应的操作，起到向导的作用。同时界面如同人的面孔，具有吸引用户的直接优势。

例如，“汽车之家”网站论坛中由于大部分帖子的内容比较丰富，因此页面拉得很长，就在右下角设置了一个“回复”和“返回顶部”按钮，方便浏览用户进行相关操作，点“回复”按钮可以快速切换至页面底部的回复功能区；点击“返回顶部”按钮 则可以快速回到页面顶部的菜单栏功能区，如图 2-30 所示。

图 2-30　“汽车之家”网站论坛界面

对于专门设置的一些导航菜单，页面应尽可能短小，要让用户一眼即可看完其中的内容。尤其要避免在导航菜单中使用滚屏，否则即使设计者花心思在其中添加了很多功能，用户可能还没看完就没耐心继续往下翻了。

第3章 透析本质：移动UI视觉交互设计法则

学习提示

如今，越来越多的人已经离不开移动互联网以及移动设备，它们的到来已经彻底改变了人们的生活方式，同时也给人们带来了极大的便利。因此，移动UI设计也随之兴起，而且移动UI的视觉效果和交互设计的要求也越来越高，不断提升了人们对移动APP的兴趣和使用体验。

本章重点导航

◎ 打造简洁与抽象美感
◎ 营造趣味视觉画面
◎ 塑造华丽视觉效果
◎ 把握色彩的使用特点
◎ 内容设计简化
◎ 字体设计合理
◎ 设计文字层次
◎ 信息表达清晰
◎ 文字间距掌握
◎ 文字色彩设计
◎ 画面美感设计
◎ 实用性能优化
◎ 分辨率影响美感
◎ 拉伸影响美感
◎ 特效美化界面
◎ 交互动作特性

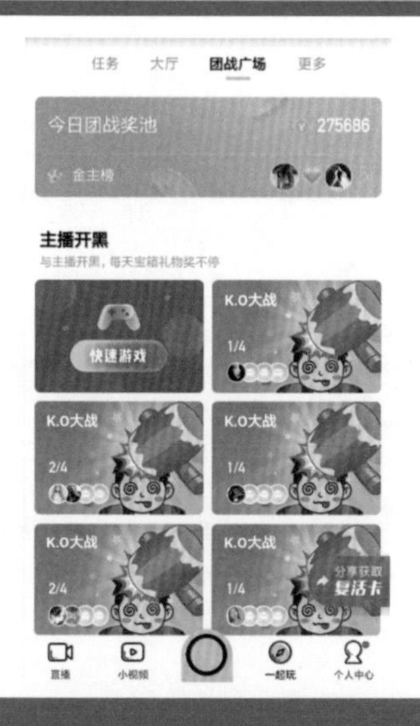

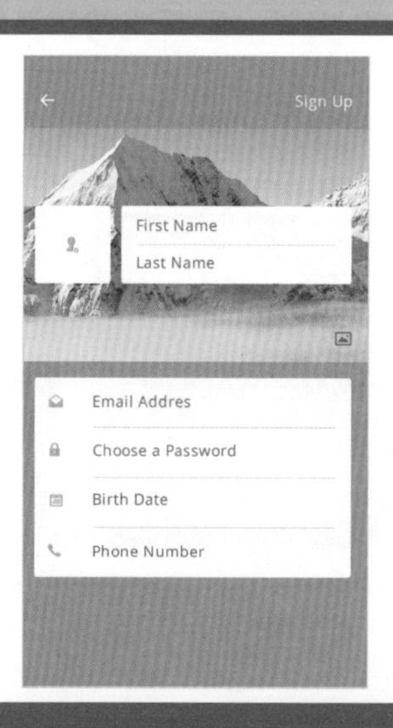

3.1 博人眼球：掌握UI的视觉特色

视觉是一个生理学词汇。光作用于视觉器官，使其感受细胞兴奋，信息经视觉神经系统加工后便产生视觉(vision)，人类通过视觉感官从外界获取信息。UI设计通过屏幕和人眼，向人的大脑传递信息。本节将为读者介绍UI视觉特色的设计要点。

3.1.1 打造简洁与抽象美感

做得好的移动UI可以直观、生动、形象地向用户展示信息，简明便捷地让用户产生审美想象的效果。

例如，简约明快型的移动UI追求的是空间的实用性和灵活性，可以让用户感受到简洁明快的时代感和抽象的美。

在视觉效果上，简约明快型的APP UI应尽量突出个性和美感，如图3-1所示。

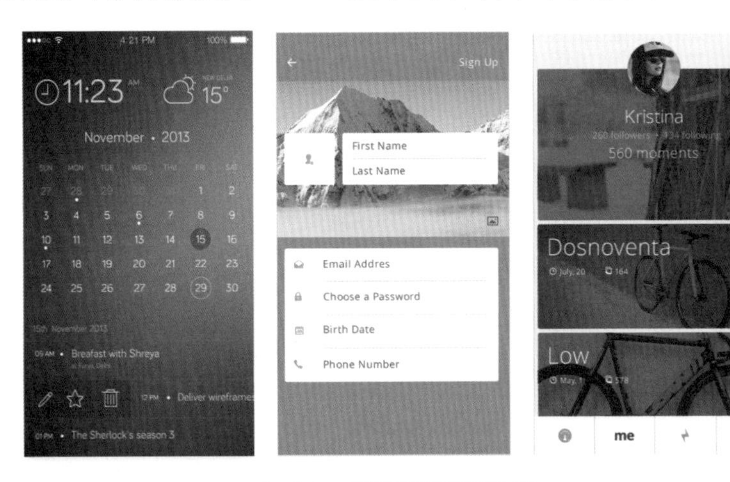

图3-1　简约明快型移动UI

简约明快型的APP UI适合色彩支持数量较少的彩屏手机，其主要特点如下。

- 通过组合各种颜色块和线条，使移动UI更加简约大气，如图3-2所示。

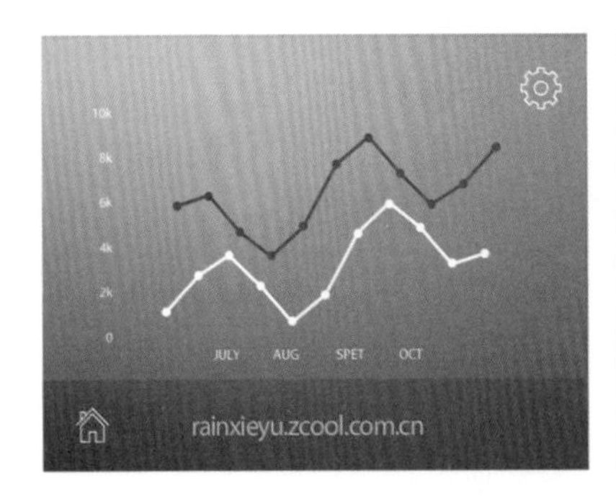

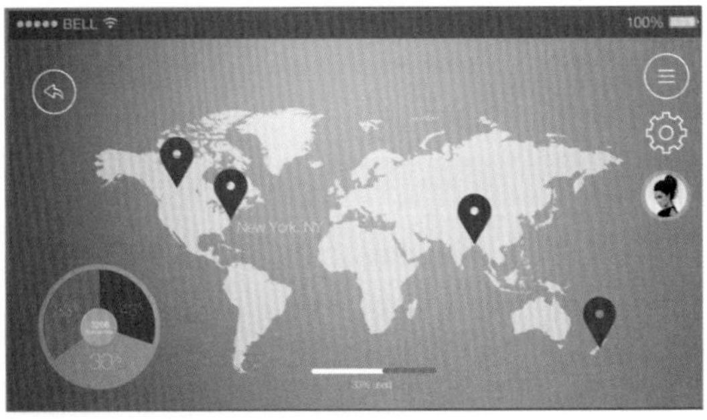

图3-2　简约色块线条组合UI

- 通过点、线、面等基本形状构成的元素，再加上纯净的色彩搭配，使界面更加整齐有条理，给用户带来赏心悦目的感觉。

3.1.2 营造趣味视觉画面

趣味性是指某事或者某物的内容能使人感到愉快，能引起兴趣的特性。

在移动 UI 设计中，趣味性主要是指通过一种活泼的版面视觉语言，使界面具备亲和力、视觉魅力和情感魅力，让用户在新奇、振奋的情绪下深深地被界面中展示的内容所打动。图 3-3 所示为趣味与独创型界面。

图 3-3 趣味型的移动 UI

在进行移动 UI 的设计时，要多思考，采用别出心裁的个性化排版设计，赢得更多用户的青睐。

3.1.3 塑造华丽视觉效果 

华丽型的移动 UI 设计，主要是通过饱和的色彩和精美的质感来营造酷炫的视觉感受，如图 3-4 所示。

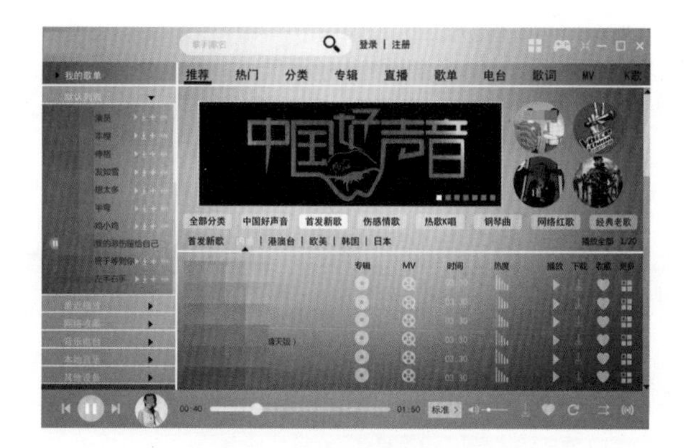

图 3-4 华丽型移动 UI

高贵华丽型的移动 UI 设计需要用到更多的色彩和更复杂设计元素，因此更适合色彩数量较多的彩屏手机。

3.1.4 把握色彩的使用特点

对于移动 UI 设计来说，色彩是最重要的视觉因素，不同颜色代表不同的情绪，因此对色彩的使用应该和 APP 以及主题相契合。例如，“360 手机助手”APP 的底部导航栏通过运用不同颜色按钮来代表其不同激活状态，使用户快速知道自己所处的位置，如图 3-5 所示。

图 3-5 “360 手机助手”APP 的底部导航栏

在移动 UI 的制作过程中，根据颜色的特性，可以通过调整其色相、明度以及纯度之间的对比关系，或通过各色彩间面积调和，可以搭配出色彩斑斓、变化无穷的移动 UI 画面效果。总之，让自己的移动 UI 更好看一些，更别致一些，这样就会在视觉上吸引用户，给 APP 带来更多的下载量。

3.2 挖掘内涵：提升 UI 的文字设计水平

文字是人类文化的重要组成部分。在 UI 设计中，文字和图片是其两大构成要素，文字排列组合的好坏直接影响其版面的视觉传达效果。因此，文字设计是提高 UI 的诉求力，赋予作品版面审美价值的一种重要技术。

3.2.1 内容设计简化

在 APP UI 的图案设计过程中，每一个页面不要放置过多的内容，否则会让用户难以理解，

操作也会显得更加烦琐。

例如，可以使用一些半透明效果的图案来作为播放器的控制栏，使用户在操作时也可以看到视频播放画面，如图 3-6 所示。

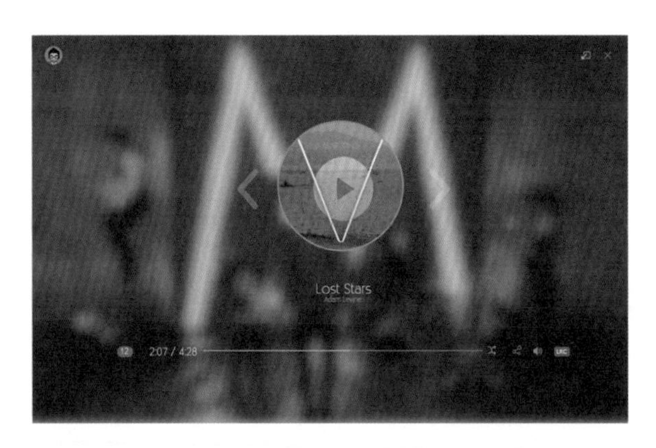

图 3-6　半透明效果的控制栏

3.2.2　合理的字体设计

在设计 APP UI 中的文字时，要谨记文字不但是设计者传达信息的载体，也是 UI 设计中的重要元素，必须保证文字的可读性，以严谨的设计态度实现新的突破。通常，经过艺术设计的字体，可以使 APP UI 中的信息更形象、更有美感。

随着智能手机 APP 的崛起，人们在智能手机上进行操作、阅读与信息浏览的时间越来越长，也促使用户的阅读体验变得越来越重要。在 APP 界面中，文字是影响用户阅读体验的关键元素，因此设计者必须让界面中的文字可以准确地被用户识别。

图 3-7 所示为没有大小写的字母 O 与阿拉伯数字 0，从图中基本上看不出区别。

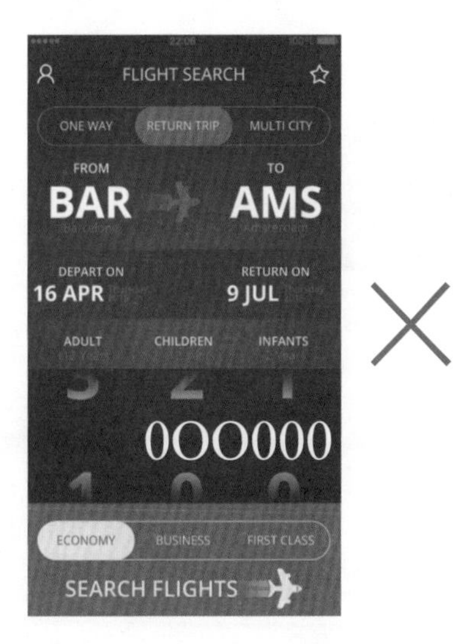

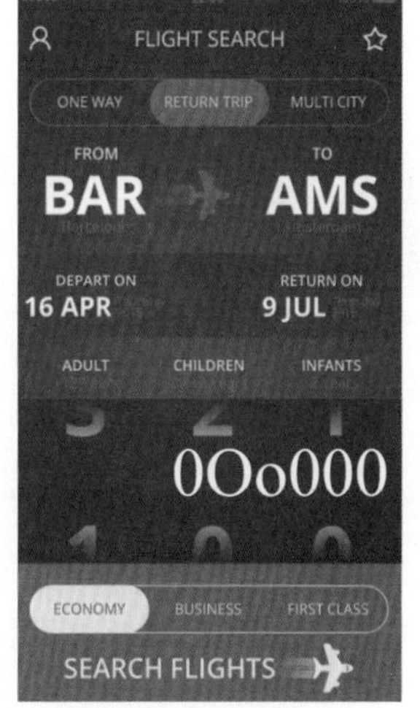

图 3-7　不同大小写的字母 O 与 0

还要注意避免使用不常见的字体，这些缺乏识别度的字体可能会让用户难以理解其中的文字信息，如图3-8所示。

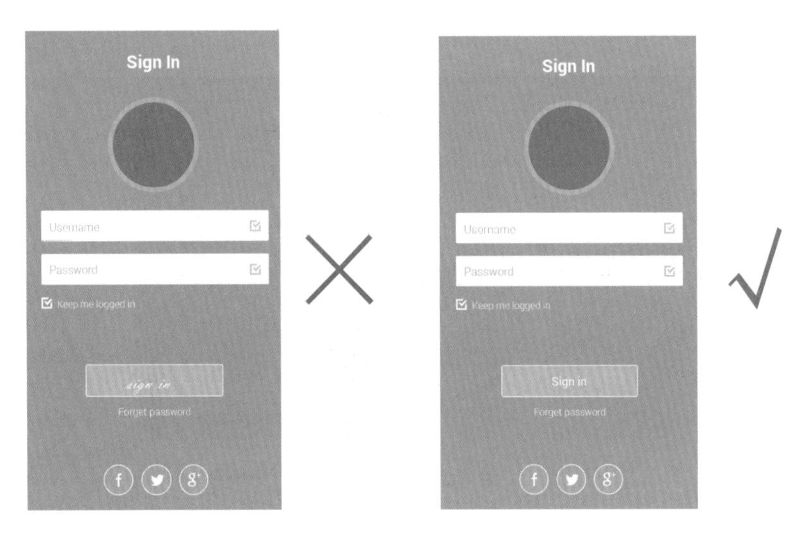

图3-8　避免使用不常见的字体

另外，移动UI中的文字应尽量使用熟悉的词汇与搭配，这样可以方便用户对移动UI的理解与操作，如图3-9所示。

图3-9　尽量使用熟悉的词汇与搭配

专家指点

在进行APP UI的设计与文字编排时，应该多使用一些用户比较熟悉与常见的词汇进行搭配，这样不仅可以避免用户耗费额外时间去思考其含义，还可以防止用户对文字产生歧义，从而让用户更加轻松地对界面进行使用。

3.2.3 突出文字层次

在设计以英文为主的移动 UI 时，设计者可以巧用字母的大小写变化，不但可以使界面中的文字更加具有层次感，而且可以使文字信息在造型上富有乐趣感，同时给用户带来一定的视觉舒适感，并可以更加快捷地接受界面中的文字信息。

如图 3-10 所示，通过 3 副移动 UI 图像对比可以发现，当界面中的全部文字为大写或小写字母时，界面文字整体上显得十分呆板，给用户带来的阅读体验十分不理想；而采用传统首字母大写的文字组合穿插方式，可以让移动 UI 中的文字信息变得更加灵活，突出重点，更便于用户阅读。

图 3-10　不同大小写字母搭配的界面文字

3.2.4 信息表达清晰

在设计移动 UI 中的文字效果时，除了要注意英文字母的大小写外，字体以及字体大小的设置也是影响效果表达的一个重要因素。

专家指点

“信息传递”是指人们通过声音、文字、图像或者动作相互沟通消息。信息传递研究的是什么人，向谁说什么，用什么方式说，通过什么途径说，达到什么目的。

通过比较可以发现，不同大小和字体的文字组合可以更清晰地表达文字信息，有助于用户快速抓住文字的重点，进而达到更吸引眼球的效果，不同字体大小的文字表示如图 3-11 所示。

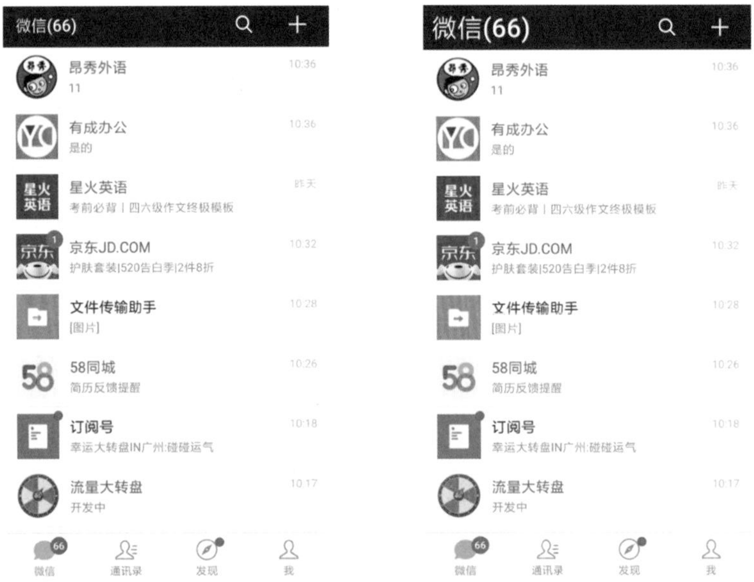

微信(66)
昂秀外语
11
10:36
有成办公
是的
10:36
星火英语
考前必背丨四六级作文终极模板
昨天
京东JD.COM
护肤套装|520告白季|2件8折
10:32
文件传输助手
[图片]
10:28
58同城
简历反馈提醒
10:26
订阅号
幸运大转盘IN广州:碰碰运气
10:18
流量大转盘
开发中
10:17
微信
通讯录
发现
我

图 3-11　不同字体大小的文字表示

如图 3-12 所示，经过对比可以发现，右图中的文字阅读起来更加方便，这是因为该界面中的文字大小更符合用户阅读的体验。

《西游记》在线阅读
诗曰：
混沌未分天地乱，茫茫渺渺无人见。
自从盘古破鸿蒙，开辟从兹清浊辨。
覆载群生仰至仁，发明万物皆成善。
欲知造化会元功，须看《西游释厄传》。
盖闻天地之数，有十二万九千六百岁为一元
．将一元分为十二会，乃子、丑、寅、卯、
辰、巳、午、未、申、酉、戌、亥之十二支
也。每会该一万八百岁。且就一日而论：子
时得阳气而丑则鸡鸣，寅不通光而卯则日出
，辰时食后而巳则挨排，日午天中而未则西
蹉，申时晡而日落酉，戌黄昏而人定亥。譬

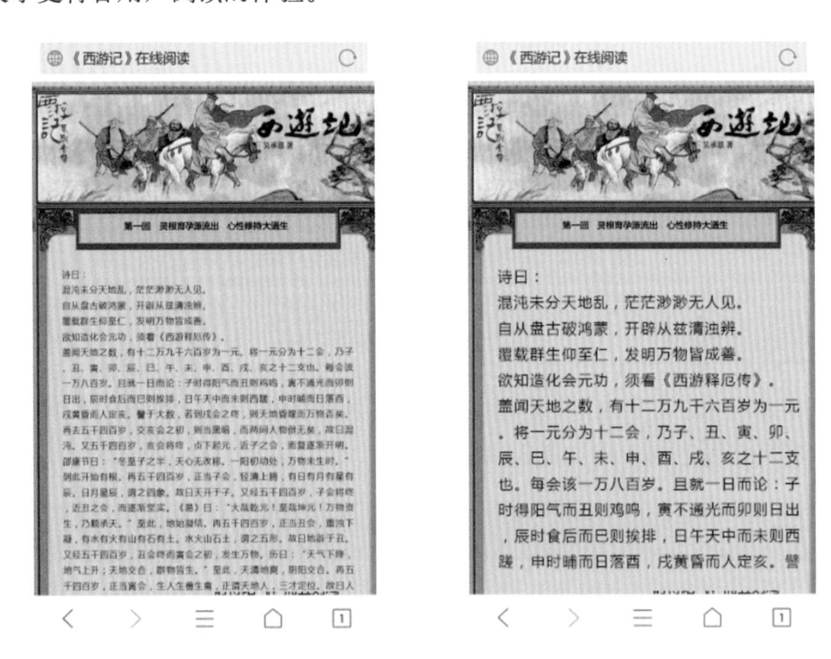

图 3-12　不同尺寸大小的文字表示

当然，对于一般阅读类 APP 界面中的文字大小，根据 APP 的定制特性，用户都可以通过相关设置或者手势进行调整，然后再进行阅读，通过手势调整文字的字体大小如图 3-13 所示。

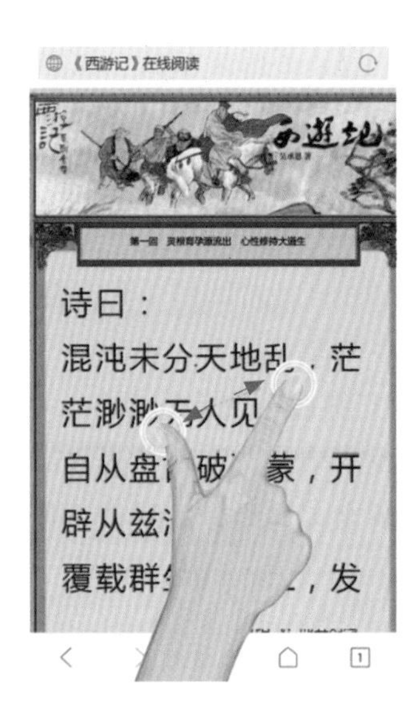

图 3-13　通过手势调整文字字体大小

3.2.5　掌握文字间距

在人们阅读移动 UI 中的文字时，不同的文字间距也会带来不一样的阅读感受。例如，文字之间过于紧密的间距可能会带给读者更多的紧迫感，而过于稀疏的文字间距则会使文字显得断断续续，缺少连贯感。

如图 3-14 所示，左图中的界面正文显得十分拥挤，用户在浏览这些文字时容易产生疲劳感，因此需要对行距和字符间距进行适当的调整；另外，还可以在文字区域中设计上下滑动的手势触控效果，方便用户翻页浏览。

图 3-14　不同间距的文字效果

在进行 APP UI 的文字设计时，一定要把握好文字之间的间距，这样才能给用户带来流畅的阅读体验。

3.2.6 文字颜色设计

过去的移动 UI 设计大大低估了色彩的作用。色彩其实是一个了不起的工具，应该被充分利用，尤其是文字的颜色部分。

适当地设置 APP 界面中文字的颜色，也可以提高文字的可读性。通常的手法是给文字内容穿插不同的颜色或者增强文字与背景之间颜色的对比，使界面中的文字有更强的表达能力，帮助用户更快地理解文字信息，同时也方便用户对其进行浏览和操作，如图 3-15 所示。

图 3-15 文字颜色应用效果

如图 3-16 所示，图中的文字虽然有字体大小和间距的区别，但颜色比较单一，用户无法快速获取其中的重点信息，此时可以尝试转换文字的颜色。

从图 3-16 中可以发现，通过改变不同区域的文字颜色，可以使这两个部分的文字区别更加明显。其中，可以明显发现红色部分的文字比黑色部分的文字更加醒目，设计者可以利用此方法去突出移动 UI 中的重点信息。

另外，还可以通过调整文字颜色与背景颜色的对比关系来改变用户的阅读体验。适当的颜色对比，能够清晰呈现文字，使其适用于长时间阅读，使用户体验更加流畅与舒适，如图 3-17 所示。

图 3-16　不同颜色的文字效果

图 3-17　不同文字颜色与背景颜色的对比关系产生的文字效果

3.2.7　画面美感设计

在设计移动 UI 时，美观是设计工作的首要要求，设计者可以通过适当的图形组合与色彩搭配来修饰界面元素，增加移动 UI 的观赏性，为用户带来更好的视觉感受，如图 3-18 所示。

该图为一个电子书阅读 APP 主界面，上图中采用白色的简单背景，缺乏设计感，其实设计者还可以让它显得更加美观

左图相对于上图而言，增加了一张背景图像，而且背景进行虚化处理，显得朦胧唯美，让整个界面的形式感更美，同时也很符合阅读 APP 的意境

图 3-18　增加移动 UI 的观赏性

3.2.8　实用性能优化

除了用美观来吸引用户外，移动 UI 还必须具备一定的实用性，要不然就成为一个“花架子”，用户也许会下载它，但下载后发现并不实用就很可能会立即卸载掉。

实用性主要体现在以下几个方面：

- 是否能为用户带来较好的操作和控制体验。
- 重要的信息在界面中，是否能得到直观地展示。
- APP 的功能设定是否简单明了。

在设计移动 UI 的过程中，设计者一定要把握好实用性的要点，避免出现虚有其表的情况，那样是很难留住用户的，如图 3-19 所示。

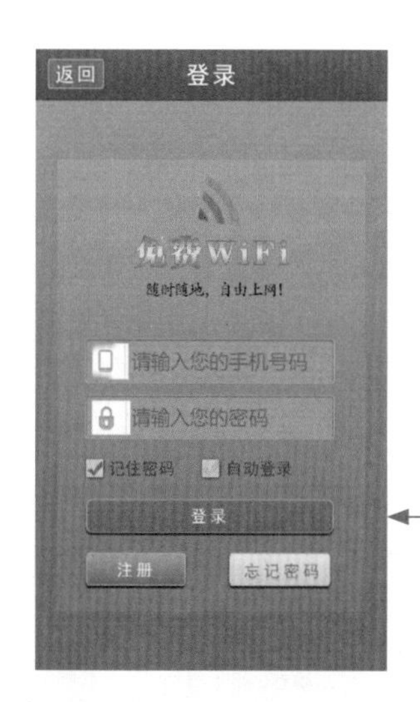

× 不实用

左图是一个手机免费 WiFi 应用的登录界面，界面的色彩非常丰富，而且功能表单也比较多，但其中的色彩运用有些复杂，而且不太合适，明显属于不实用的界面

√ 实用

相对于左上图而言，左图采用了蓝色系作为移动 UI 的主色调，并通过不同的色彩明度和饱和度来突显信息，让用户一目了然即可发现界面中的重点信息，而且功能分类也明显要更加清晰

图 3-19　把握好实用性的要点

3.3 精益求精：优化移动 UI 的图案效果

“二流企业造产品，一流企业创品牌”。在消费者越来越挑剔、可替代性产品越来越多的环境下，想要自己的产品突出重围，就必须要能打动人心。优秀的 UI 设计，能够在第一时间就吸引人的眼球，本节将讲解如何优化移动 UI 的图案效果。

3.3.1 分辨率影响美感

在移动 UI 中，图片的品质与分辨率有很大的关系，较高的分辨率可以让图片显得更加清晰、精美，能够体现出图片的内在质感，如图 3-20 所示。

当然，图片如果非常模糊，品质较差，那么肯定会影响用户的视觉欣赏体验，降低用户对 APP 的好感，如图 3-21 所示。

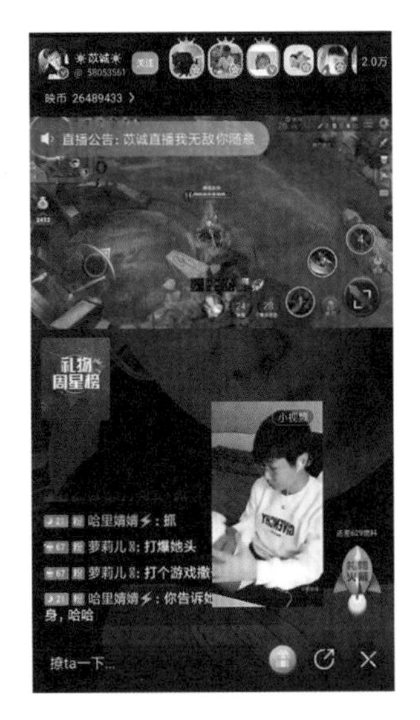

图 3-20　高分辨率图像

图 3-21　低分辨率图像

3.3.2　拉伸影响美感

在设计移动 UI 中的图像时，如图 3-22 所示为原图，如果随意拉伸图片则会造成图片失真变形，如图 3-23 所示，不但看上去感觉很奇怪，而且还会让用户质疑 APP 的专业性。

图 3-22　原图

图 3-23　随意拉伸的图片

因此，在处理移动 UI 图像时，应该按照等比缩放或者合理裁剪的原则来控制图片尺寸，避免出现随意拉伸的情况，保持图像的真实感，如图 3-24 所示，分别为原图、等比缩放图、合理裁剪图。

图 3-24　原图、等比缩放图、合理裁剪图

3.3.3　特效美化界面

在移动UI中应用各种素材图像时，设计者可以适当地对图片进行一定的色彩或特效处理，使其在移动 UI 中的展示效果更佳，为用户带来更好的视觉体验。

使用 Photoshop 调整图像透明度、混合模式或者虚化图像等，都是一些不错的移动 UI 图像处理方式，可以突出移动 UI 中的重点信息，使 APP 界面的层次感更强，如图 3-25 所示，分别为原图、调节透明度图、模糊虚化效果图。

图 3-25　原图、调节透明度图、模糊虚化效果图

3.3.4 交互动作特性

如今，触摸屏已经成为移动智能设备的标配，多点触控手势技术也被广泛应用，智能手机的 APP UI 设计中，最重要的特性就是手势交互动作特性，用户可以通过模拟真实世界的手势与手机屏幕上的各种元素进行互动，进一步增加了人机交互的体验。如图 3-26 所示为一些常见的手势交互操作。

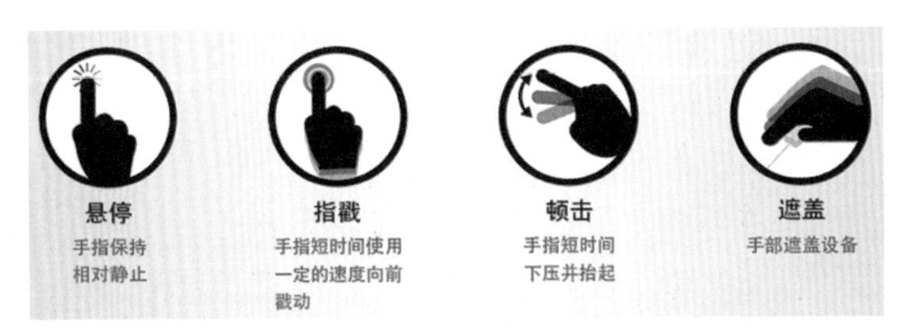

图 3-26　常见的手势交互操作

例如，手势交互特性中的自然手势就是在真实物理世界中存在或演绎而来的手势。这类手势的动作十分自然，用户基本不需要或很少需要去学习。如图 3-27 所示为钢铁侠系列电影中的全息触控交互。

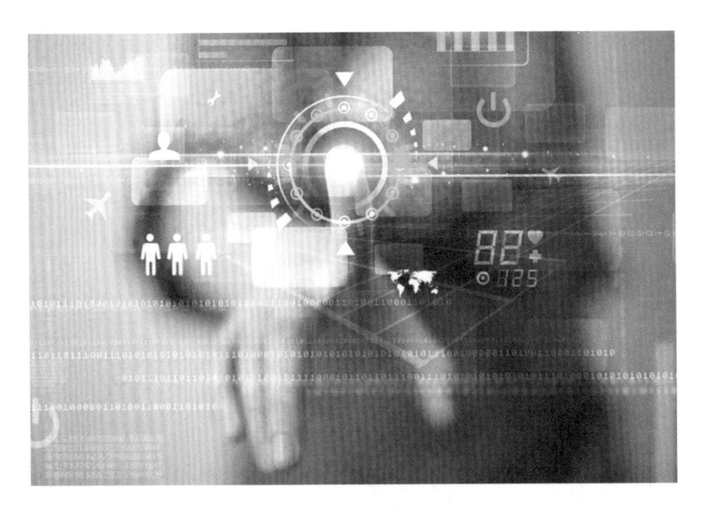

图 3-27　全息触控交互

3.3.5 增加真实感

在 APP UI 设计中，循环动作原则主要是指一个 UI 元素的运动频率。例如，在图 3-28 所示的这款游戏 APP 界面中，赛车一直处于旋转的循环运动中，可以向用户 360° 地展示其特点。

对于那些运动频率很小的 UI 元素来说，在设计时可以通过数据精确地将其描述出来，可以让 APP 中的动画效果看起来更加真实。

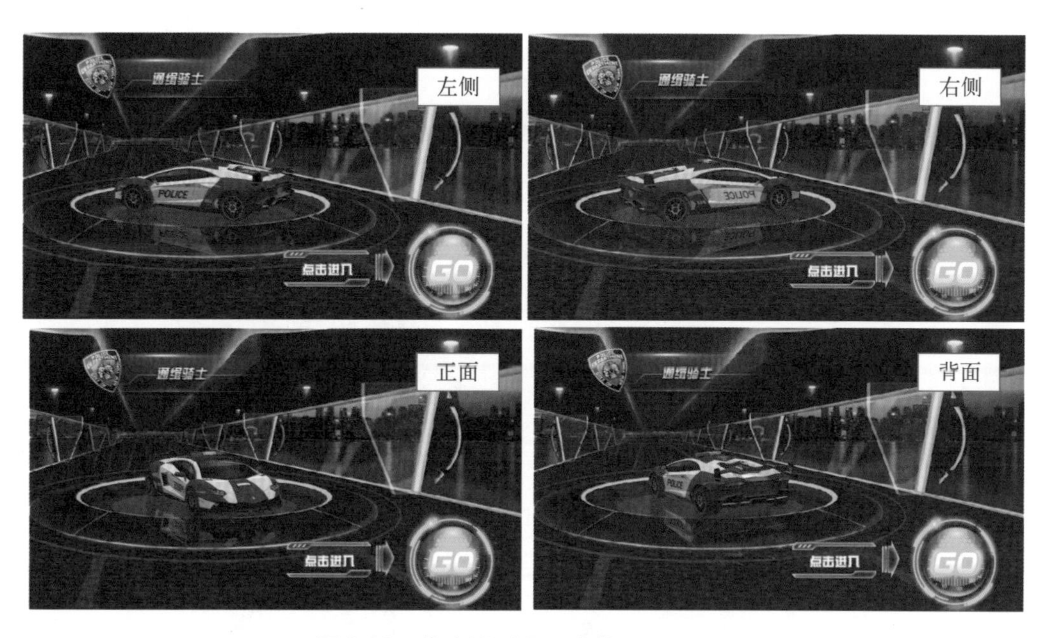

图 3-28　移动 UI 动画元素的 360° 展示

3.3.6　透析事物关系

从 APP 的体验设计层面来说，设计者必须考虑多个 UI 元素动作的重复运用及循环速率，以此来解释各个 UI 元素之间的关系，并省下大量的设计工作。

例如，在如图 3-29 所示这款游戏 APP 界面中，用户点击赛车即可查看其具体的参数，但赛车的循环运动动作还是在重复不变。

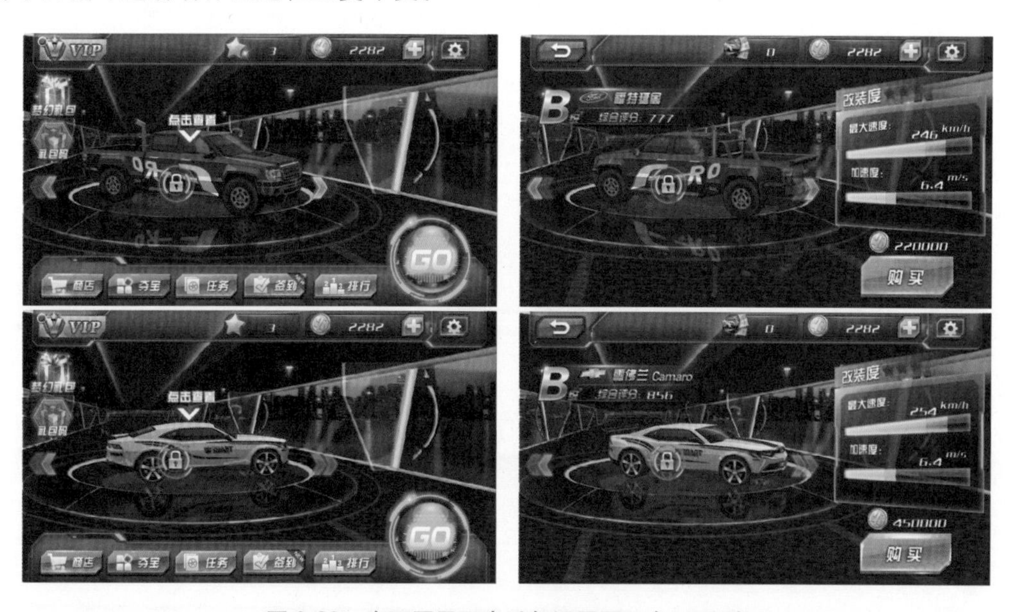

图 3-29　在不同界面中重复运用同一个 UI 元素

3.3.7 展现复杂效果

在移动UI设计中，大部分的动画和运动特效都可以运用关键动作进行绘制。例如，“易企秀”APP就是运用关键动作方法进行绘制的，用户可以通过将多种不同素材进行结合，从而达到自己想要的效果，如图3-30所示。

图3-30 “易企秀”APP UI

关键动作主要是将一个动作拆解成一些重要的定格动作，通过补间动画来产生动态的效果，可以适用于较复杂的动作，如图3-31所示。

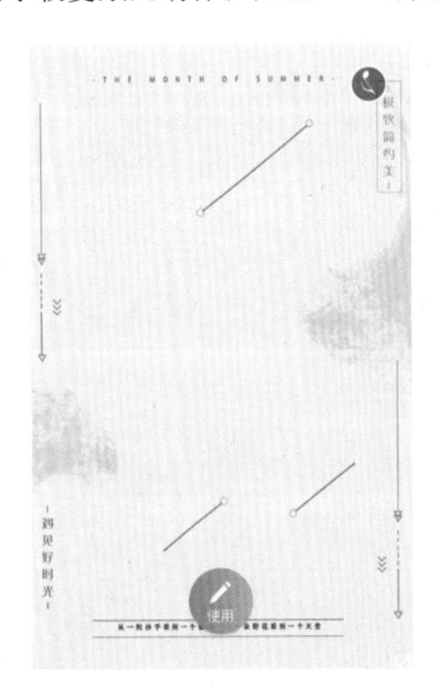

图3-31 APP中的关键动作

3.3.8 展现简单动画

连续动作是指将动作从第一张开始，依照顺序画到最后一张，通常是制作较简易的动态效果。例如，“水果忍者”APP 就是采用连续动作原则来描述运动轨迹，如图 3-32 所示。

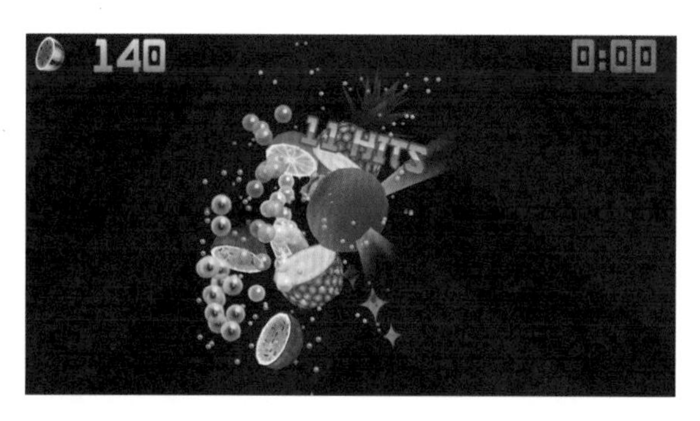

图 3-32　“水果忍者”游戏 APP UI

3.3.9 实现夸张想象

移动 UI 动画的最大乐趣就是在于设计者可以充分发挥天马行空的想象力和创造力，利用夸张的方式制作利于触碰的 UI 元素，如图 3-33 所示。

图 3-33　用汽车油表指示灯作为 APP 的进度条

第4章 深入解析：移动UI的构成元素

学习提示

各类移动UI组件集合在一起，丰富并增强了APP的互动性，移动UI组件可以根据APP的需要自定义风格。可以说，没有组件的APP就像一个公告牌一样，失去了互动性的乐趣，APP也就黯然失色。本章将介绍各种手机中常出现的移动UI基本组件元素，这些元素在APP中的使用率非常高，为了能顺利地与开发人员沟通，理解和掌握这些组件的功能是很有必要的。

本章重点导航

- ◎ 用户体验
- ◎ 模糊背景
- ◎ 滚动模式
- ◎ 色调搭配
- ◎ 情景感知
- ◎ 拟物设计
- ◎ 简洁提示
- ◎ 情感切入点
- ◎ 惊喜拉近距离
- ◎ 真实获得认可
- ◎ 常规按钮设计
- ◎ 编辑输入框设计
- ◎ 开关按钮设计
- ◎ 浏览模式设计
- ◎ 文本标签设计
- ◎ 警告框设计
- ◎ 导航栏设计

4.1 专注体验：掌握基本元素的设计技巧

无论移动客户端的目标是什么，了解移动UI设计技巧是企业APP走向成功的第一步。随着APP应用软件的发展，目前网络上涌现出了很多实用的设计技巧，但信息过于繁杂。不管设计者是制作一个整体的APP，还是对已有APP进行升级改进，或者是增加一些功能元素，都需要掌握一些基本的设计技巧。下面从企业APP的设计角度出发，有针对性地对7个设计技巧进行全面分析。

4.1.1 用户体验

用户体验是指用户在使用产品的过程中建立起来的感受，是在以用户为中心、以人为本的APP设计中尤其需要被注意的。一般情况下，用户体验包括使用APP之前、使用期间和使用之后的全部感受，主要集中于如图4-1所示的8个方面。

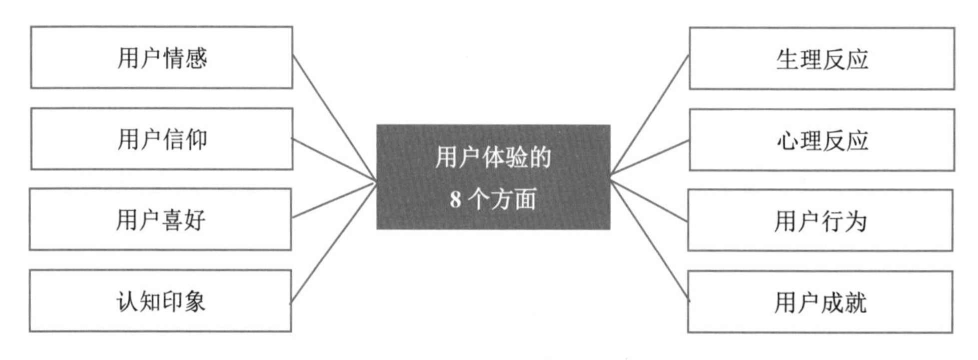

图4-1　用户感受

用户体验越好的企业移动UI，自然能够提升用户眼中的企业形象。需要注意的是，并不是越复杂，功能越强大的APP就会被认可。

如图4-2所示，为药品行业某公司的APP，其主要功能只有医院咨询与预约两项，通过这两项功能提升用户的体验，从而获得用户好感。

图4-2　医药APP

4.1.2 模糊背景

模糊背景也被称为背景虚化，在移动 UI 设计中十分常见，往往是作为一个配角存在。从实用角度出发，主要有整体背景模糊设计和局部背景模糊设计两种方式，但是其所起的作用是一致的，主要有以下几个方面，如图 4-3 所示。

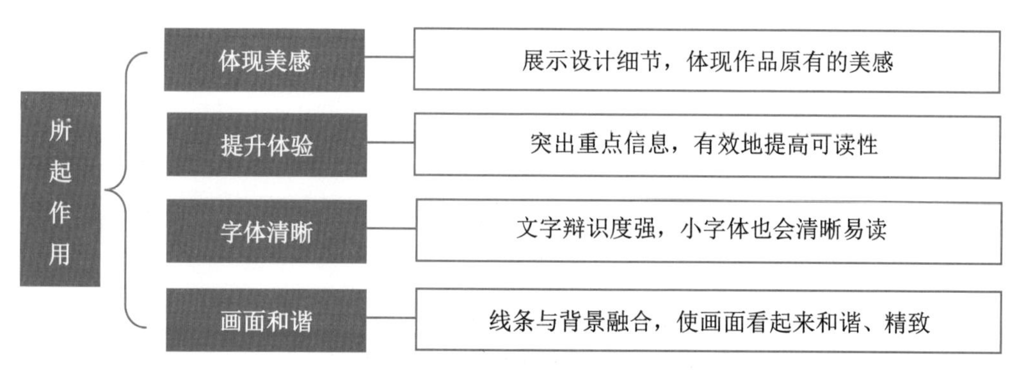

图 4-3 背景设计

模糊背景常常被运用于设计移动 UI 的登录界面，用来突出界面的登录框形象，如图 4-4 所示。

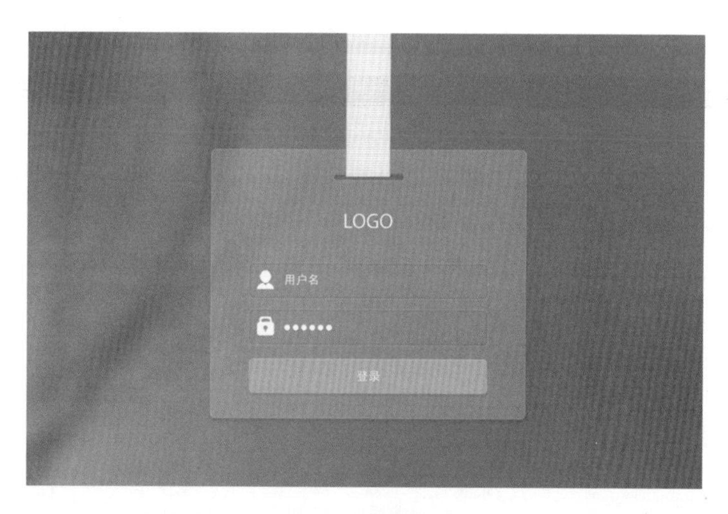

图 4-4 模糊背景

专家指点

在部分移动 UI 中，除了登录界面使用模糊背景之外，也会在软件功能界面采用模糊背景来突出文字内容，但这种形式主要应用在功能简单或者表现形式简单的 APP 中，功能较复杂的 APP 不宜采用。

4.1.3 滚动模式

在移动UI中，由于移动端界面的局限，往往很难直接体现出更多的元素，所以在设计移动UI时，设计人员就借鉴PC端的模式，增加了界面滚动的功能，其模式的相关内容分析，如图4-5所示。

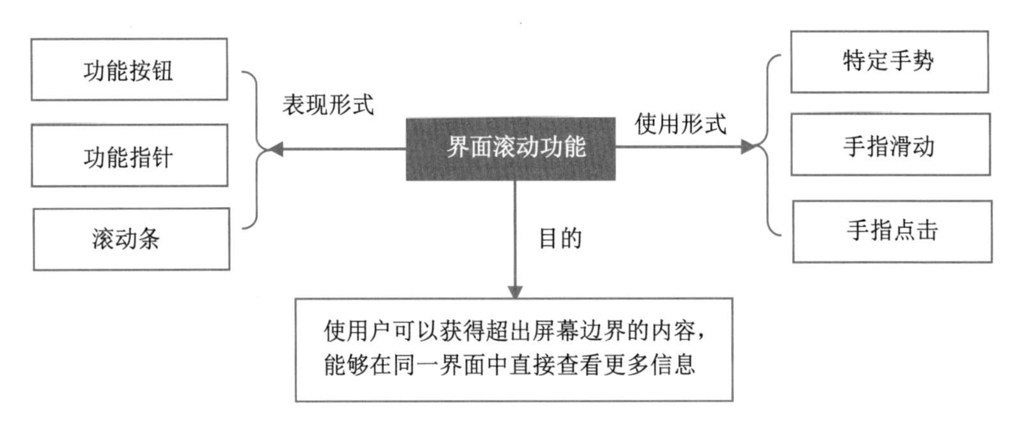

图4-5 界面滚动功能

以微信APP的“订阅号”为例，在订阅号的界面中每次只能显示9个订阅号内容，但用户可以使用手指上下滑动屏幕来切换查看更多订阅号内容，如图4-6所示。

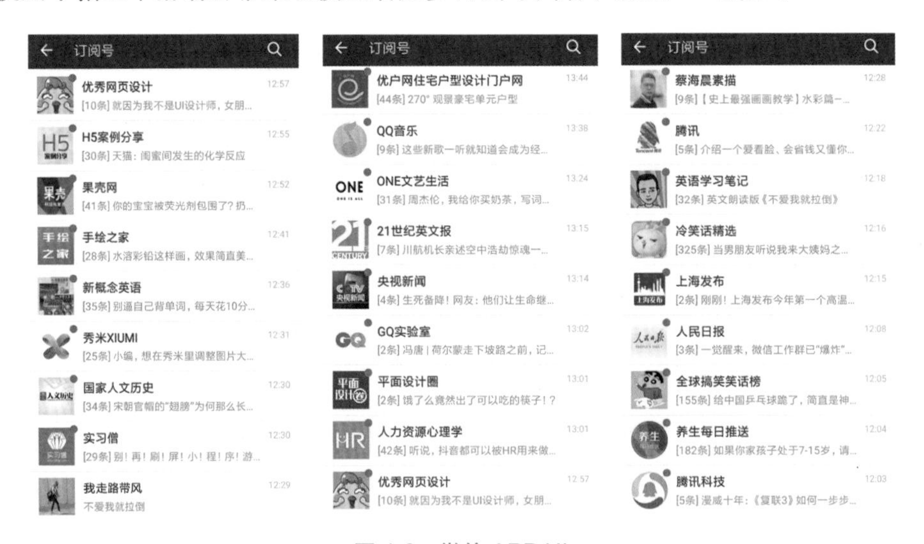

图4-6 微信APP UI

4.1.4 色调搭配

简约的模式已经成为流行的移动UI设计理念，相比于过去闪烁的霓虹色搭配，整洁和干净更能够获得现在用户的青睐。在移动UI设计中，主要有3种配色技巧可供选择，如图4-7所示。

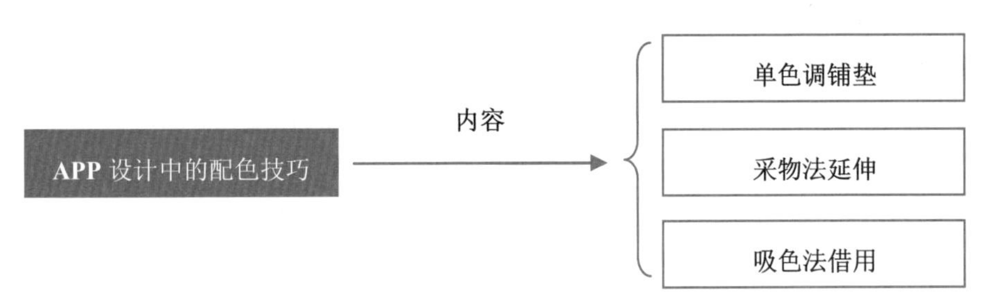

图 4-7　APP 设计配色技巧

在移动 UI 的基本元素设计中，选择统一的色系能够给用户留下深刻的印象，通过单色延伸的方法使整个移动 UI 保持色系上的稳定性。一般情况下，为了防止过于单调，单色调铺垫的方式中会采用小面积的辅助色，以提升界面层次感。

采物法延伸主要是指采用画面内物体的色彩作为配色的基础，并将这种色彩延伸至整个画面。在实际应用中，主要是采用画面主体或背景的色彩。

如图 4-8 所示为单色与辅助色并存的界面，即以白色为铺垫单色，以粉红色作为辅助色。如图 4-9 所示为采用画面背景或文字背景的色彩作为配色基础的界面，设计者可采用画面背景的粉红色或文字背景的黄色作为配色的基础。

图 4-8　单色与辅助色并存

图 4-9　采用画面背景或文字背景的色彩作为配色基础

“吸色法借用”主要是从别人的优秀作品中将色彩通过工具进行吸收，用于自己的设计稿中。这种方式门槛很低，实用性较强，但需要注意色彩的比例，不宜作用于大范围的背景，往往只适用于局部的色彩设计。

4.1.5　情景感知

随着智能手机和可穿戴设备应用软件的功能进一步加强，情景感知的需求成为移动 UI 设计中的重要考虑因素。情景感知是一种智能化的功能元素，目前已经普遍运用于智能家居、办公、精准农业等方面，如图 4-10 所示为情景感知的模式和作用分析。

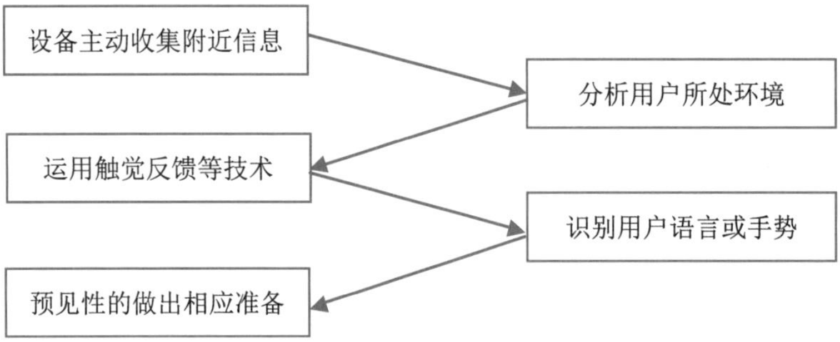

设备主动收集附近信息

分析用户所处环境

运用触觉反馈等技术

识别用户语言或手势

预见性的做出相应准备

图 4-10　软件情景感知

随着大众对情景感知模式的需求增加，智能化成为未来的移动 UI 设计的主流，市场上出现了很多以用户为中心的情景感知移动应用。如图 4-11 所示，即为智能家居领域的智能型 APP，提供主动与自动两种操作方式：在设计左图中的移动 UI 时，设计者大胆地模拟了实际的空调操作界面，如显示屏、减低温度、增加温度、自动、开启等按钮元素，让用户可以快速上手。

图 4-11　智能家居领域的智能型 APP UI

情景感知除了应用于智能家居领域之外，在其他行业中也被广泛采用，部分案例如图 4-12 所示。

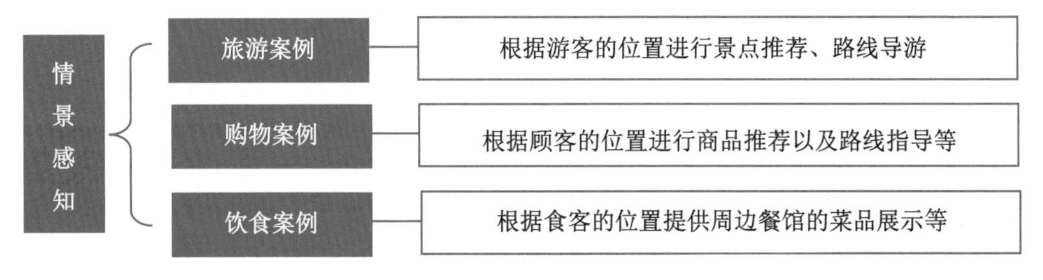

图 4-12　智能家居领域的智能型 APP UI

4.1.6 拟物设计

苹果手机的软件设计风格一直以来由乔布斯主导，而他对于 UI 设计方面所推崇的就是拟物设计，这种设计方式直到乔布斯去世之后才被改为扁平化 UI 设计，但拟物设计仍然存在于诸多行业的软件设计中，如图 4-13 所示。

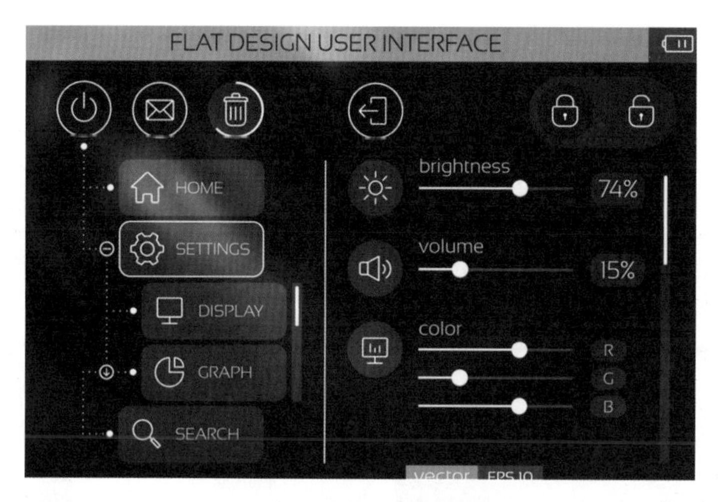

图 4-13 拟物设计主题分析

关于拟物设计主题的相关分析如图 4-14 所示。

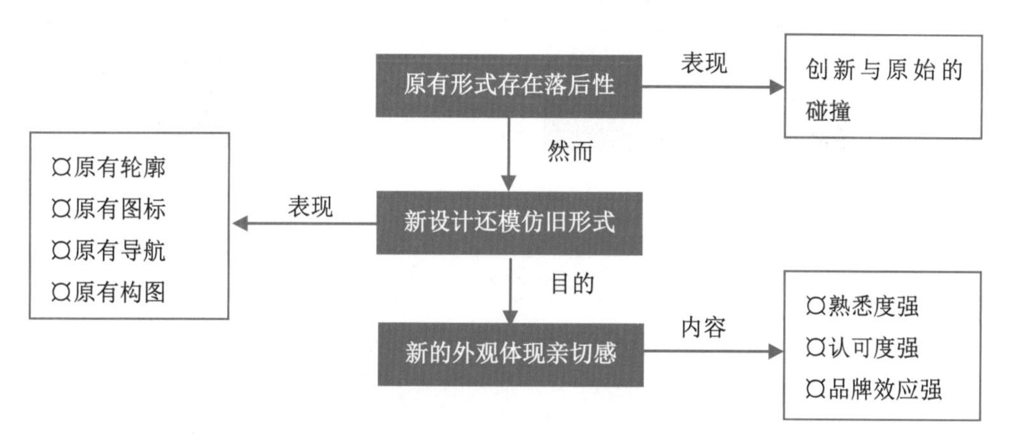

图 4-14 拟物设计主题分析

拟物设计除了在移动 UI 主题元素上的体现之外，在具体的表现中主要是指一种产品设计的元素或自身风格，下面从 4 个方面对拟物设计进行深入认识，如图 4-15 所示。

例如，在读书类 APP 移动 UI 中，常常采用书柜或原木背景的方式进行拟物设计，为阅读者创造良好的阅读环境。如图 4-16 所示，为掌阅 APP 的相关界面。

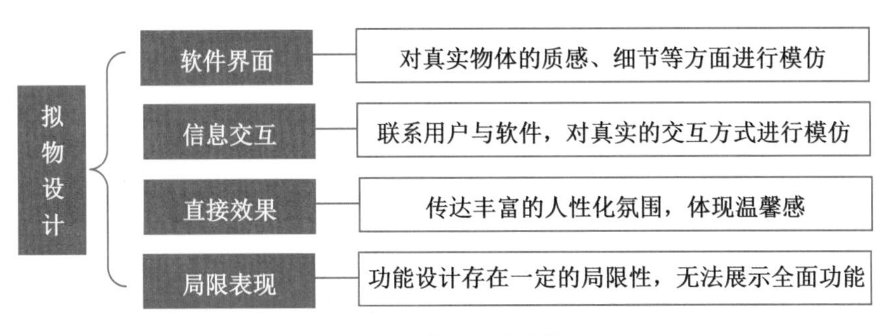

图 4-15　产品元素风格

图 4-16　掌阅 APP 的相关 UI

4.1.7　简洁提示

大部分移动 UI 的设计者都十分明白软件升级的必要性，这对于 APP 本身而言不仅仅是功能上的升级，也是利用升级再一次对用户造成存在感影响。对于用户而言，过于频繁的 APP 升级往往会带来心理上的反感，因此 APP 本身拥有一个简洁的升级提示界面十分重要。

如图 4-17 所示为“EC 模板堂”的 APP 升级提示，该提示以简洁的文字、相关的序列全面地将更新内容表达出来。

除了软件内置的升级提示之外，还有一种方式就是在应用商城中可以直接升级软件，用户也可以通过应用商城对软件升级的内容进行查看。

图 4-17　“EC 模板堂”的 APP 升级提示界面

4.2 对点切入：灵活的带入情感元素

感情是一种很微妙的东西，使用感情进行营销可以吸引那些比较感性的消费者。

设计者可以在移动 UI 中添加一些充满情感的话语或者图片，把用户的个人情感差异和需求作为 APP 的核心功能，在包装、促销、广告等界面中加入情感，使设计更为人性化，如图 4-18 所示。

图 4-18　带入情感元素

当一个用户对 APP 产生一定的感情时，就说明 APP 的内容走进了用户的心里，而不仅仅是 APP 的营销推广取得了何等的成效。要想让用户从根本上认可 APP，不是简单依靠技术性的营销推广就可以的。

走进用户心里的APP内容模式，主要从3个方面进行分析，如图4-19所示。

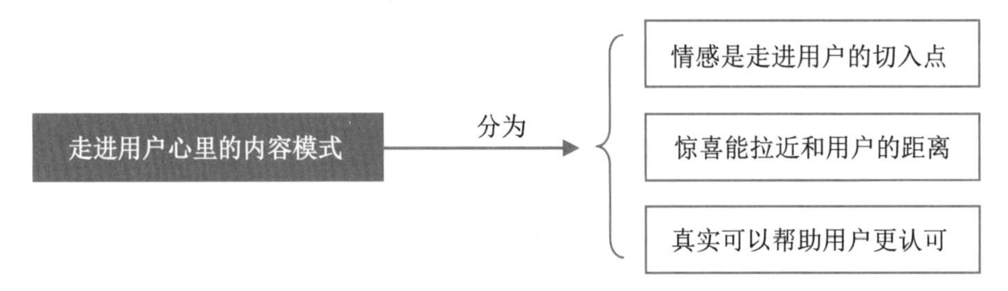

图4-19 走进用户心里的APP内容模式

4.2.1 情感切入点

回顾账单往往能够让老用户对APP软件产生很强的归属感，无论账单内容是文字、文章、图像还是资金。因此，很多上线时间较长期，有一定影响力的APP都会选择用这种方式，再结合其他活动，进一步打造营销效果。以“淘宝”APP推出的“3万亿感谢有你”活动为例，阿里巴巴交易额创造了一个新的3万亿历史，“淘宝”APP顺势推出用户账单回顾查询活动，如图4-20所示。

这个简单的活动界面引发了大量用户的参与，并且随着用户的自主宣传进一步扩大影响力。这种账单回顾就是让用户在有兴趣的基础上玩得更舒心，同时乐于分享，这也是利用用户情感建立APP品牌的一种方式。

图4-20 “账单查询”活动界面

4.2.2 惊喜拉近距离

“斗鱼直播”时常推出活动，而其中较好的一个广告海报创意就是来自“斗鱼嘉年华，等你来嗨”活动，APP通过精准的文案为用户提供准确的信息。如图4-21所示，为“斗鱼直播”APP推出的“斗鱼嘉年华，等你来嗨”活动的相关宣传海报。这个活动的推出时间为春季，适当的时间搭配充满活力的UI文字所营造的效果是相当惊人的。这种宣传方式打动了用户，更进一步提升了“斗鱼直播”APP 的产品。

图 4-21　“斗鱼嘉年华，等你来嗨”活动界面

4.2.3　真实获得认可

在网络时代，文字的真实性越来越受到怀疑，而主打真实声音的 APP 却开始流行起来。一个标榜微博式电台的名为“喜马拉雅 FM”的 APP 吸引了数亿人的目光，其所依靠的就是真实的声音。

为了进一步让用户认可该 APP，“喜马拉雅 FM”推出了微博主题活动“对 1.2 亿人说”相关界面，如图 4-22 所示。

图 4-22　“喜马拉雅 FM”的 APP 相关宣传海报界面

一个以用户为中心的微博主题活动吸引了3500万人次的阅读量，充分体现了用户对于真实声音的渴望。另外，从APP的定位而言，“喜马拉雅FM”就较为成功，它为用户提供了有声小说、相声评书、新闻、音乐、脱口秀、段子笑话、英语、儿歌、儿童故事等多方面内容，满足了不同用户群体的需求。

4.3 组件解析：熟知移动UI的按钮组件

“组件”即将一段或几段完成各自功能的代码段封装为一个或几个独立的部分。用户界面组件包含了这样一个或几个具有各自功能的代码段，最终完成了用户界面的表示。组件化，旨在让用户自由组合原生列表，令模块内容的布局排版更加多样。通过对组件的搭配使用，您可以将“幻灯片”“左右图”“大图加文字”“混合”这四种列表样式随机组合到同一个栏目界面中。本节将讲解UI的一些常见组件。

4.3.1 常规按钮设计

在移动UI中，常规按钮是指可以响应用户手指点击的各种文字和图形。这些常规按钮的作用是对用户的手指点击做出反应并触发相应的事件。

常规按钮(Button)的风格可以很不一样，上面可以是文字也可以是图像，但它们最终都要用于确认、提交等功能的实现，如图4-23所示。

图4-23　登录与确定按钮的样式

通常情况下，按钮要和APP品牌保持统一的颜色和视觉风格，在设计时可以从品牌Logo中借鉴形状、材质和风格等。

4.3.2 编辑输入框设计

编辑输入框 (Edit Text)，是指能够对文本内容进行编辑修改的文本框，常常被使用在登录、注册、搜索等界面中，如图 4-24 所示。

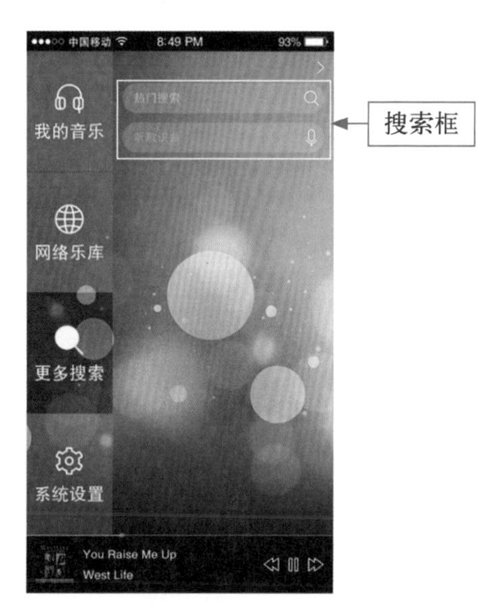

图 4-24 账号密码样式输入框与搜索框样式

4.3.3 开关按钮设计

开关按钮 (Toggle Button) 可更改 APP 的设置状态。通常情况下打开时显示彩色 (绿色、黄色)，关闭时则为灰色。同样，开关按钮也可以根据 APP 进行个性化设置，如图 4-25 所示。

图 4-25 各种开关按钮的样式

4.3.4 浏览模式设计

网格式浏览 (Grid View)，图标呈网格式排列。在导航菜单过多时推荐使用此种方式，且图标的表现形式较列表更为直观，如图 4-26 所示。

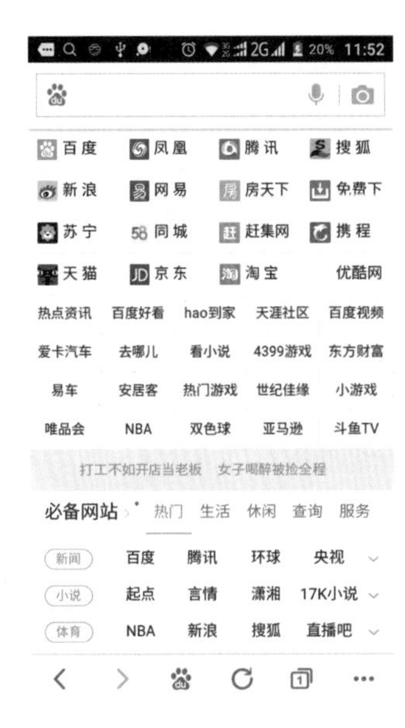

图 4-26 网格式浏览

4.3.5 文本标签设计

文本标签 (UI Label) 也是文本显示的一种形式，这里的文本是只读文本，不能进行文字编辑，但可以通过设置视图属性为标签选择颜色、字体和字号等，如图 4-27 所示。

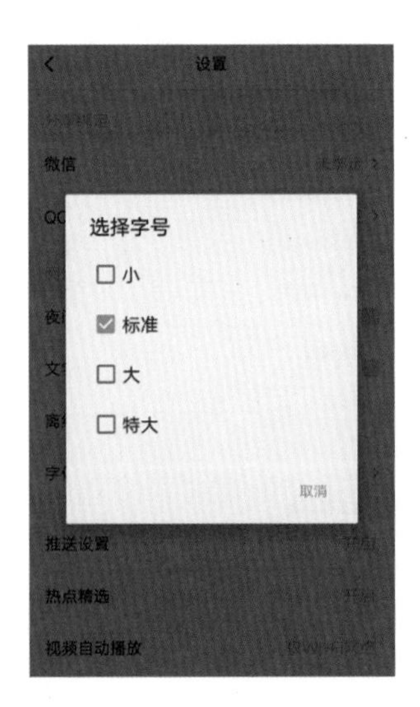

图 4-27 文本标签

4.3.6　警告框设计

警告框 (UI Alert View 与 UI Action Sheet) 是附带有一组选项按钮供选择的组合组件。UI Alert View 与 UI Action Sheet 这两者的区别在于，前者最多只支持 3 个选项，而后者则支持超过 3 个的选项，如图 4-28 所示。

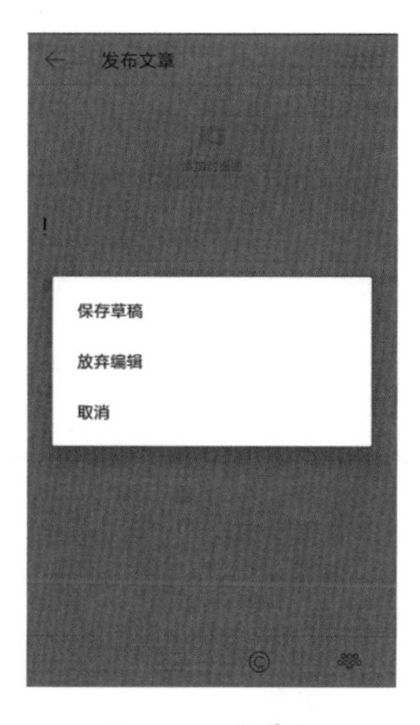

图 4-28　警告框

4.3.7　导航栏设计

通常情况下，APP 主体中的功能列表被称为“导航栏”。顶部导航栏一般由两个操作按钮和 APP 名称组成，左边的按钮一般用于返回、取消等操作，右侧的按钮则是具有搜索、添加等作用，如图 4-29 所示“微信”公众平台的顶部导航栏与导航栏菜单。

图 4-29　顶部导航栏与导航栏菜单

专家指点

在进行移动UI设计时，必须以用户为中心，设计由用户控制的界面，而不是界面控制用户，在设计导航栏时也要遵守这个原则。

4.3.8 页面切换设计

页面切换(UI Tab Bar Controller)栏是指在APP页面底部用于不同页面切换的组件。例如，在“360手机助手”APP的底部，就有“推荐”“游戏”“软件”“应用圈”以及“管理”5个用于页面切换的组件，如图4-30所示。

图4-30 “360手机助手”APP页面切换组件

4.3.9 进度条设计

手机系统或APP在处理某些任务时，会实时地以图片形式显示处理任务的速度、完成进度和剩余未完成任务量的大小，以及可能需要的处理时间，一般以长方形条状显示，这被称为“进度条”，如图4-31所示。

当然，设计者也可以充分发挥创意，制作出一些特殊的进度条效果，如圆形、圆角矩形等，如图4-32所示。

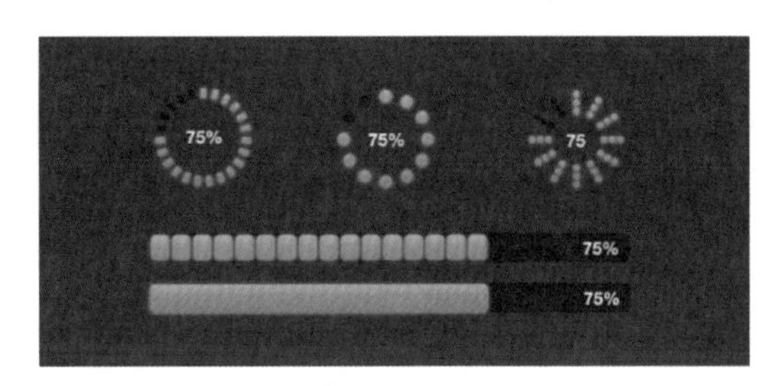

图 4-31　进度条

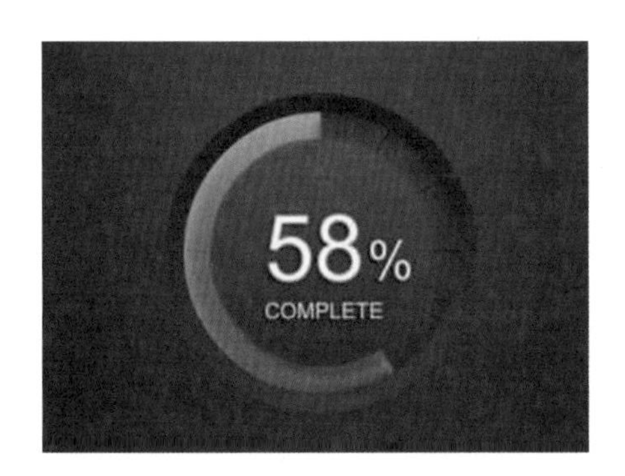

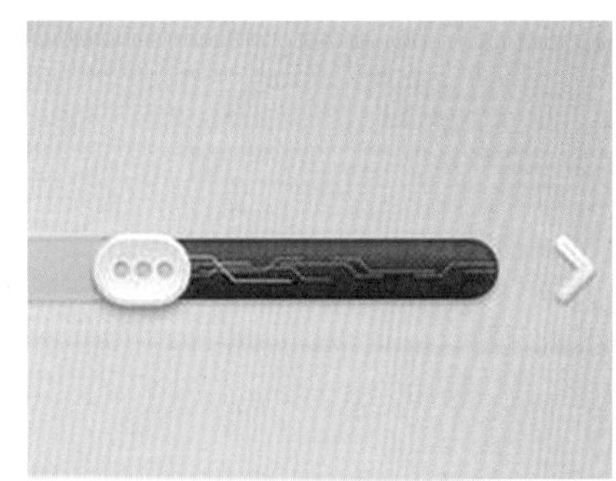

图 4-32　特殊的进度条效果

4.3.10　ico 图标设计

ico 是手机系统或 APP 的一种图标格式，扩展名为 *.icon、*.ico。ico 图标是一款 APP 带给用户的首要印象，因此设计者必须重视 ico 图标，好看的 ico 图标更容易吸引用户的关注与下载，如图 4-33 所示。

图 4-33　好看的 ico 图标

第5章 软件进阶：Photoshop 移动 UI 快速上手

学习提示

Photoshop CC 是目前世界上非常优秀的图像处理软件，掌握该软件的一些基本操作，可以为学习 Photoshop 移动 UI 设计打下坚实的基础。本章将向读者介绍 Photoshop CC 的一些基础操作，主要包括图像文件常用操作、窗口显示的基本设置以及调整图像显示等内容。

本章重点导航

◎ Photoshop CC 的安装
◎ Photoshop CC 的卸载
◎ 菜单栏
◎ 状态栏
◎ 工具属性栏
◎ 工具箱
◎ 图像编辑窗口
◎ 浮动控制面板
◎ 位图与矢量图
◎ 像素与分辨率
◎ 图像颜色模式
◎ 储存文件格式
◎ 新建空白图像文件
◎ 打开 UI 图像文件
◎ 保存 UI 图像文件
◎ 关闭 UI 图像文件

5.1 快速上手：Photoshop 移动 UI 安装与卸载

用户学习软件的第一步，就是要掌握这个软件的安装方法，下面主要介绍 Photoshop CC 安装与卸载的操作方法。

5.1.1 Photoshop CC 的安装

Photoshop CC 的安装时间较长，在安装的过程中需要耐心等待。如果计算机中已经有其他的版本，不需要卸载其他的版本，但需要将正在运行的软件关闭。

下面介绍安装 Photoshop CC 的具体操作方法。

5.1.1 内容
请扫二维码

步骤 01 打开 Photoshop CC 的安装软件文件夹，双击 Setup.exe 图标，安装软件开始初始化。初始化之后，会显示“欢迎”界面，选择“试用”选项，如图 5-1 所示。

步骤 02 进入“需要登录”界面，单击“登录”按钮，如图 5-2 所示。

图 5-1 选择“试用”选项

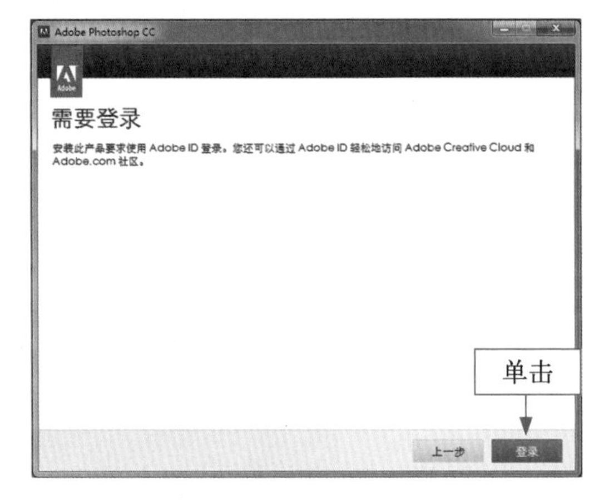

图 5-2 单击“登录”按钮

步骤 03 进入相应界面，单击“以后登录”按钮（需要断开网络连接），如图 5-3 所示。

步骤 04 进入“Adobe 软件许可协议”界面，单击“接受”按钮，如图 5-4 所示。

步骤 05 进入“选项”界面，在“位置”下方的文本框中设置相应的安装位置，然后单击“安装”按钮，如图 5-5 所示。

步骤 06 执行上述操作后，系统会自动安装软件，进入“安装”界面，显示安装进度，如图 5-6 所示。如果用户需要取消安装，单击左下角的“取消”按钮即可。

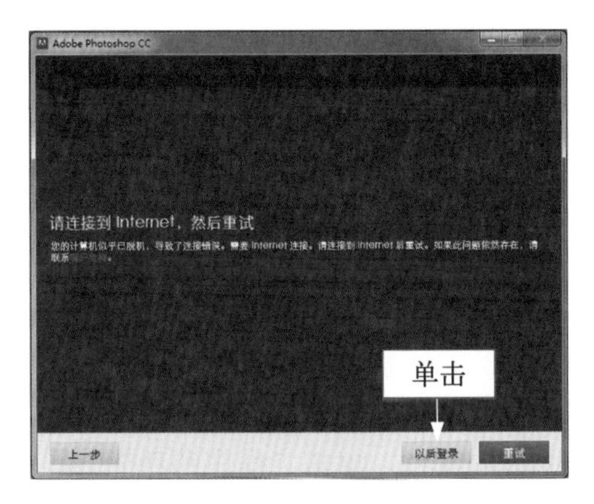

图 5-3　单击“以后登录”按钮

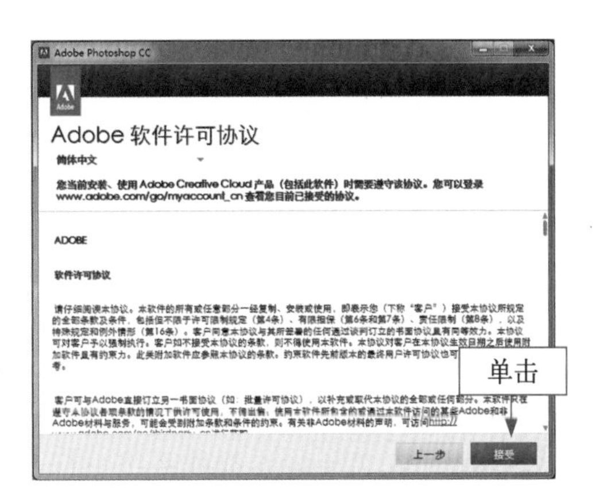

图 5-4　单击“接受”按钮

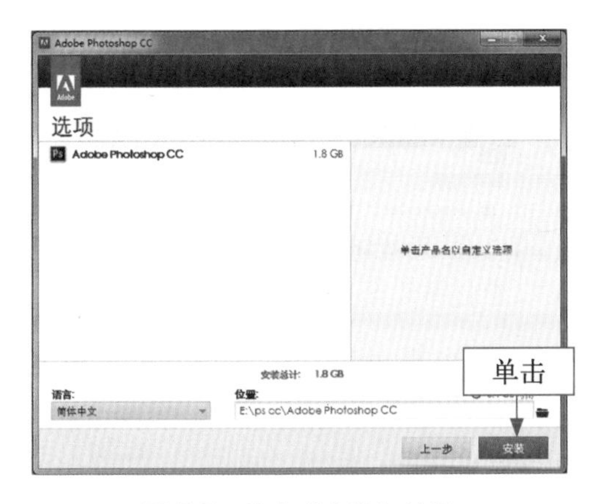

图 5-5　单击“安装”按钮

图 5-6　显示安装进度

步骤 07 在弹出的相应界面中提示此次安装完成，然后单击右下角的“关闭”按钮，如图 5-7 所示，即可完成 Photoshop CC 的安装操作。

图 5-7　单击“关闭”按钮

5.1.2 Photoshop CC 的卸载

Photoshop CC 的卸载方法比较简单，在这里用户需要借助 Windows 的卸载程序进行操作，或者运用杀毒软件中的卸载功能来进行卸载。

下面介绍卸载 Photoshop CC 的具体操作方法。

5.1.2 内容
请扫二维码

步骤 01 在 Windows 操作系统中打开“控制面板”窗口，单击“程序和功能”图标，在弹出的窗口中选择 Adobe Photoshop CC 选项，然后单击“卸载”按钮，如图 5-8 所示。

步骤 02 在弹出的“卸载选项”界面中选择需要卸载的软件，然后单击右下角的“卸载”按钮，如图 5-9 所示。

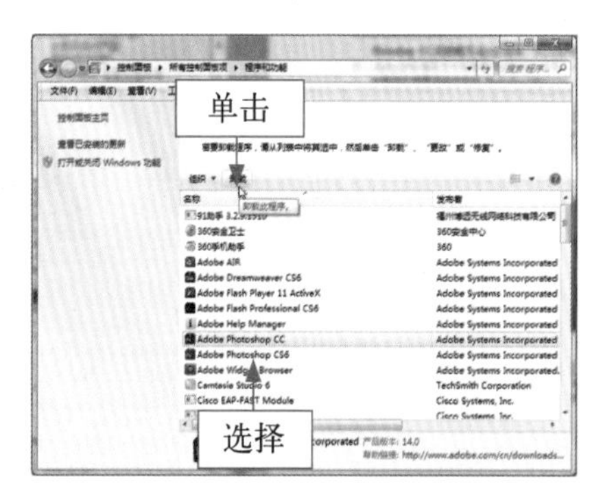

图 5-8 单击“卸载”按钮

图 5-9 单击“卸载”选项

步骤 03 执行操作后，系统开始卸载，进入“卸载”界面，显示软件卸载进度，如图 5-10 所示。

步骤 04 稍等片刻，弹出相应界面，单击右下角的“关闭”按钮，如图 5-11 所示，即可完成卸载。

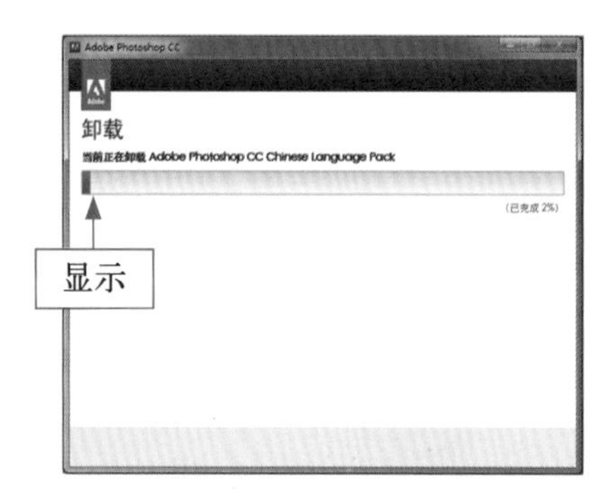

图 5-10 显示卸载进度`

图 5-11 单击“关闭”按钮

5.2 界面详解：熟悉 Photoshop CC 的工作界面

Photoshop CC 的工作界面在原有基础上进行了创新，许多功能更加界面化、按钮化，如图 5-12 所示。从图中可以看出，Photoshop CC 的工作界面主要由菜单栏、工具箱、工具属性栏、图像编辑窗口、状态栏和浮动控制面板 6 个部分组成。下面简单地对 Photoshop CC 工作界面的各组成部分进行介绍。

图 5-12　Photoshop CC 的工作界面

1 菜单栏：包含可以执行的各种命令，单击菜单名称即可打开相应的菜单。

2 工具属性栏：用来设置工具的各种选项，它会随着所选工具的不同而变换内容。

3 工具箱：包含用于执行各种操作的工具，如创建选区、移动图像绘画等。

4 状态栏：显示打开文档的大小、尺寸、当前工具和窗口缩放比例等信息。

5 图像编辑窗口：是编辑图像的窗口。

6 浮动控制面板：用来帮助用户编辑图像，设置编辑内容和设置颜色属性等。

专家指点

Photoshop CC 中的绝大部分功能都可以利用菜单栏中的命令来实现。菜单栏的右侧还显示了控制工作界面显示大小的“最小化”“最大化（恢复）”“关闭”等几个快捷按钮。

5.2.1 菜单栏

菜单栏位于整个工作界面的顶端，由“文件”“编辑”“图像”“图层”“选择”“滤镜”“分析”“3D”“视图”“窗口”和“帮助”11个菜单命令组成，如图5-13所示。

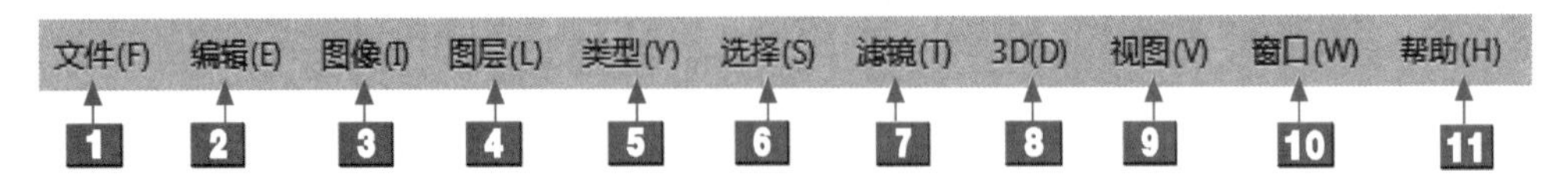

图5-13 菜单栏

1 文件：“文件”菜单中的命令可以针对文件执行新建、打开、存储、关闭、置入以及打印等一系列操作。

2 编辑：“编辑”菜单中的命令可以对图像执行编辑操作，包括还原、剪切、拷贝、粘贴、填充、变换以及定义图案等命令。

3 图像：“图像”菜单命令主要是针对图像模式、颜色、大小等进行调整以及设置。

4 图层：“图层”菜单中的命令主要是针对图层进行相应的操作，这些命令便于对图层进行运用和管理，如新建图层、复制图层、蒙版图层、文字图层等。

5 类型：“类型”菜单中的命令主要用于对文字对象进行创建和设置，包括创建工作路径、转换为形状、变形文字以及字体预览大小等。

6 选择：“选择”菜单中的命令主要是针对选区进行反向、修改、变换、扩大、载入选区等操作，这些命令结合选区工具，更便于对选区进行操作。

7 滤镜：“滤镜”菜单中的命令可以为图像设置各种不同的特效。

8 3D：3D菜单中的命令主要针对3D图像执行操作，通过这些命令可以打开3D文件、将2D图像创建为3D图形、进行3D渲染等操作。

9 视图：“视图”菜单中的命令可以对整个视图进行调整及设置，包括缩放视图、改变屏幕模式、显示标尺、设置参考线等。

10 窗口：“窗口”菜单中的命令主要用于控制Photoshop CC工作界面中的工具箱和各个面板的显示和隐藏。

11 帮助：“帮助”菜单中提供了使用Photoshop CC的各种版主信息。在使用Photoshop CC的过程中，若遇到问题，可以查看该菜单，及时了解各种命令、工具和功能的使用。

专家指点

如果菜单中的命令呈现灰色，则表示该命令在当前编辑状态下不可用；如果菜单命令右侧有一个三角形符号，则表示此菜单包含子菜单，将鼠标指针移动到该菜单命令上，即可打开其子菜单；如果菜单命令右侧有省略号“…”，则执行此菜单命令时将会弹出与之相关的对话框。另外，Photoshop CC的菜单栏相对于以前的版本来说，变化比较大，现在的Photoshop CC标题栏和菜单栏是合并在一起的。

5.2.2 状态栏

状态栏位于图像编辑窗口的底部，主要用于显示当前所编辑图像的各种参数信息。状态栏主要由显示比例、图像文件信息和提示信息等 3 部分组成。状态栏右侧显示的是图像文件信息，单击图像文件信息右侧的三角形按钮，即可弹出快捷菜单，其中显示了当前图像文件信息的各种显示方式选项，如图 5-14 所示。

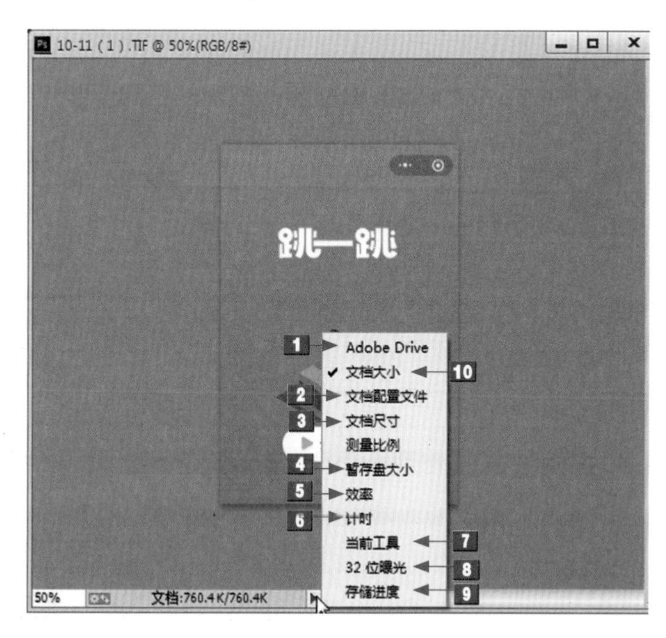

图 5-14　状态栏

1 Adobe Drive：显示文档的 Version Cue 工作组状态。Adobe Drive 可以帮助 Photoshop CC 链接到 Version Cue CC 服务器，链接成功后，可以在 Windows 资源管理器或 Mac OS Finder 中查看服务器的项目文件。

2 文档配置文件：显示图像所有使用的颜色配置文件的名称。

3 文档尺寸：查看图像的尺寸。

4 暂存盘大小：查看处理图像的相关内存和 Photoshop 暂存盘的信息。选择该选项后，状态栏中会出现两组数字，左边的数字表达程序用来显示所有打开图像的内存量，右边的数字表示用于处理图像的总内存量。

5 效率：查看执行操作实际花费的时间百分比。当效率为 100 时，表示当前处理的图像在内存中生成；如果低于 100，则表示 Photoshop 正在使用暂存盘，操作速度也会变慢。

6 计时：查看完成上一次操作所用的时间。

7 当前工具：查看当前使用的工具名称。

8 32 位曝光：调整预览图像，以便在计算机显示器中查看 32 位 / 通道高动态范围 HDR 图像的选项。只有当图像编辑窗口显示 HDR 图像时，该选项才可以使用。

9 存储进度：读取当前文档的保存进度。

10 文档大小：显示有关图像中的数据量的信息。选择该选项后，状态栏中会出现两组数字，左边的数字表示拼合图层并存储文件后的大小，右边的数字表示包含图层和通道的近似大小。

5.2.3　工具属性栏

工具属性栏一般位于菜单栏的下方，主要用于对所选取工具的属性进行设置，它提供了控制工具属性的相关选项，其显示的内容会根据所选工具的不同而改变。在工具箱中选择相应的工具后，工具属性栏将显示该工具可使用的功能，如图5-15所示为画笔工具的工具属性栏。

图5-15　画笔工具的工具属性栏

1 列表箭头按钮：单击该按钮，可以弹出列表框，包括多种混合模式，如图5-16所示。

2 小滑块按钮：单击该按钮，会出现一个可以进行数值调整的小滑块，如图5-17所示。

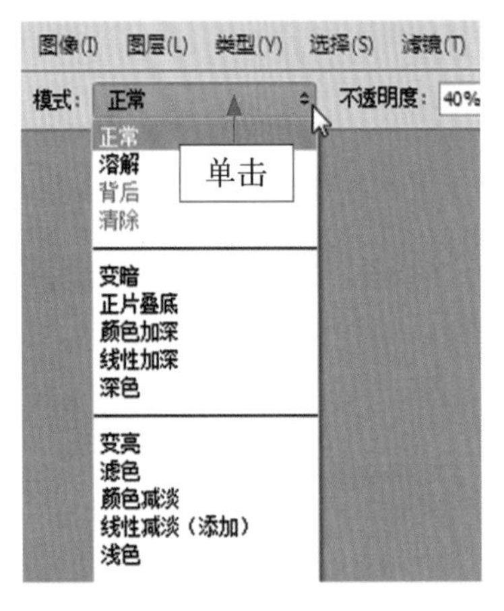

图5-16　弹出列表框

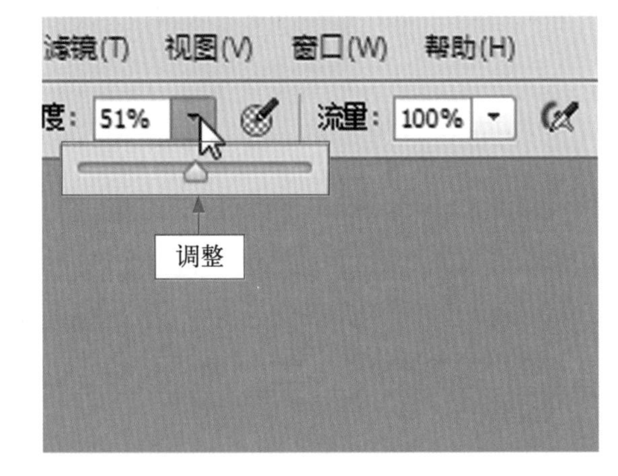

图5-17　数值调整

5.2.4　工具箱

工具箱如图5-18所示位于工作界面的左侧。只要单击工具箱中的工具按钮即可在图像编辑窗口中使用该工具。若工具按钮的右下角有一个三角形按钮，则表示该工具按钮还包含有其他工具选项，在工具按钮上单击鼠标左键，可弹出所隐藏的工具选项，如图5-19所示。

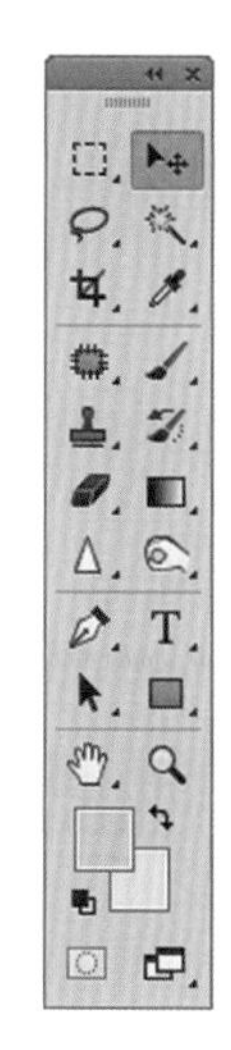

图 5-18　工具箱

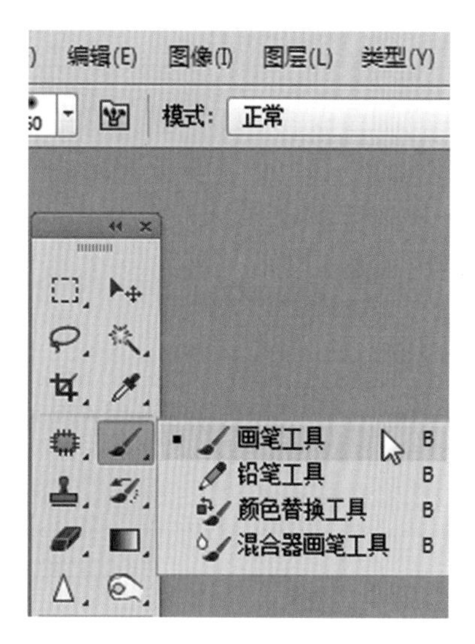

图 5-19　显示隐藏工具

5.2.5　图像编辑窗口

Photoshop CC 中的所有功能都可以在图像编辑窗口中实现。打开文件后，图像编辑窗口的标题栏呈灰白色，该窗口即为当前图像编辑窗口，如图 5-20 所示，此时所有操作将只针对该图像编辑窗口；若想对其他图像编辑窗口进行编辑，使用鼠标单击需要编辑的图像窗口即可。

图 5-20　当前图像编辑窗口

5.2.6 浮动控制面板

浮动控制面板位于工作界面的右侧，它主要用于对当前图像的图层、颜色、样式以及相关的操作进行设置。单击菜单栏中的“窗口”菜单名称，在弹出的菜单选择相应的命令，即可显示相应的浮动面板，分别如图 5-21 ～图 5-24 所示。

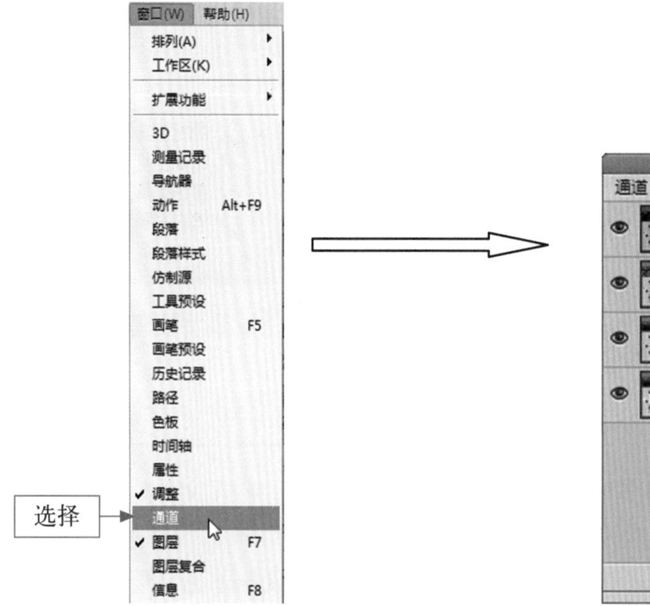

图 5-21　选择“通道”命令

图 5-22　显示“通道”浮动面板

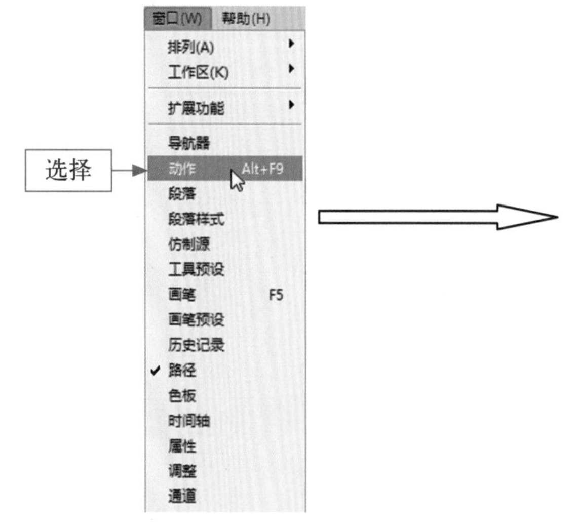

图 5-23　选择“动作”命令

图 5-24　显示“动作”浮动面板

5.3 图像知识：识别移动 UI 设计的基本图像

Photoshop 是专业图像处理软件，在学习移动 UI 设计之前，必须了解并掌握该软件的一些图像处理的基本常识，这样才能在工作中更好地处理各类移动 UI 图像，进而创作出高品质的 APP 作品。本节主要向读者介绍 Photoshop 中的一些基本常识。

5.3.1 位图与矢量图

在 Photoshop 中，主要以矢量图与位图两种格式来显示图像，理解二者的特点可以帮助用户更好地提高移动 UI 设计的工作效率。

1．位图

位图 (bitmap) 也被称为“点阵图”，是由被称为“像素”(图片元素) 的单个点组成的。位图中的每一个像素点都有其各自的位置和颜色等数据信息，从而可以精确、自然地表现出图像丰富的色彩感。

由于位图是由一个一个像素点组成的，因此，当放大图像时，像素点也同时被放大，但每个像素点表示的颜色是单一的，放大后就会出现马赛克形状，如图 5-25 所示。

图 5-25　位图原图与放大后的效果

2．矢量图

矢量图也被称为“面向对象的图像”或“绘图图像”，在数学上被定义为一系列由线连接的点。矢量图形占用内存空间较小，因为这种类型的图像文件包含独立的分离图像，可以自由、无限制地重新组合。

矢量图形以几何图形居多，每一个图形对象都是独立的，如颜色、形状、大小和位置等都是不同的，可以无限放大且图形不会失真，如图 5-26 所示。

不过，矢量图形的色彩表现不如位图精确，不适宜制作色彩丰富、细腻的画面。

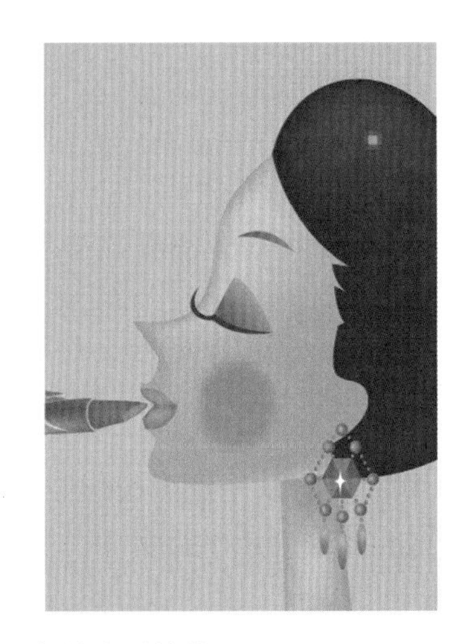

图 5-26　矢量图原图与放大后的效果

5.3.2　像素与分辨率

像素与分辨率是 Photoshop 中最常见的专业术语，也是决定移动 UI 文件大小和图像输出质量的关键因素。

1. 像素

“像素”是构成数码影像的基本单元，通常以 ppi(pixels per inch 每英寸像素数) 为单位来表示影像分辨率的大小。

通常情况下，移动 UI 图像的像素越高，文件就会越大，图像的品质也就越好，如图 5-27 所示。

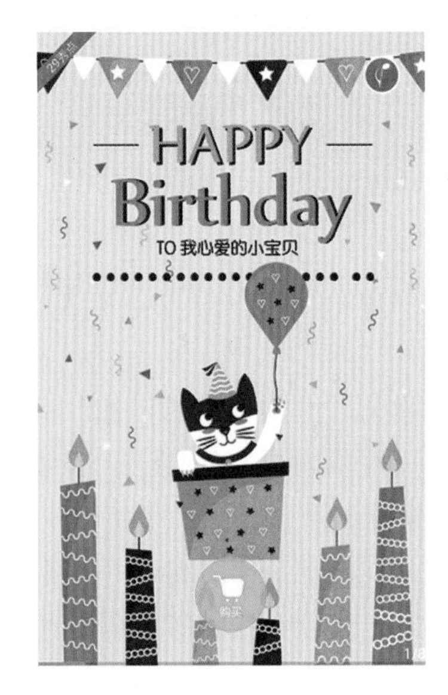

图 5-27　高品质的移动 UI 图像

2．分辨率

分辨率是指单位英寸中所包含的像素点数，其单位通常用 dpi(dots per inch) 表示。

在移动 UI 图像中，分辨率的高低对图像的质量有很大的影响。通常情况下，分辨率越高的移动 UI 图像占用的存储空间也就越大，图像也越清晰；分辨率越小的移动 UI 图像占用的存储空间也就越小，图像越模糊，如图 5-28 所示。

(a) 高分辨率

(b) 低分辨率

图 5-28　分辨率效果对比

专家指点

在 Photoshop 中新建文件时，并不是分辨率越大越好，图像的分辨率应当根据其用途来设定。通常大型的墙体广告等图像的分辨率一般为 30dpi；发布于网页上的图像分辨率为 72dpi 或 96dpi；报纸或一般的纸张打印的分辨率为 120dpi 或 150dpi；用于彩版印刷或大型灯箱等图像的分辨率一般不低于 300dpi。

5.3.3　图片颜色模式

在 Photoshop CC 的工作界面中，常用的图像颜色模式有 4 种，分别是 RGB 模式、CMYK 模式、灰度模式和位图模式。

1．RGB 模式

Photoshop 默认的颜色模式就是 RGB 模式，它是图形图像设计中最常用的色彩模式。RGB 就是常说的三原色，R 代表红色 (Red)，G 代表绿色 (Green)，B 代表蓝色 (Blue)，其中每一种颜色都存在着 256 个等级的强度变化。

当三原色重叠时，不同的混色比例和强度会产生其他的间色，因此三原色相加会产生白色，如图5-29所示。

2．CMYK模式

CMYK模式与RGB模式的根本不同之处在于，它是一种减色颜色模式。

CMYK代表印刷上用的四种颜色，C代表青色(Cyan)，M代表洋红色(Magenta)，Y代表黄色(Yellow)，K代表黑色(Black)，如图5-30所示。

图5-29　RGB的图像效果

图5-30　CMYK的图像效果

CMYK被称为“四色印刷”，由这4种颜色可以合成生成千变万化的颜色。例如，青色、洋红、黄色叠加即生成暗红色。

专家指点

在CMYK模式中，黑色通常用来增加对比度，以补偿CMY 3种颜色混合时的暗调，加深暗部色彩。

3．灰度模式

灰度模式采用256级不同浓度的灰度来描述图像，可以将图片转变成黑白照片的效果，是移动UI图像处理中被广泛运用的颜色模式。

当移动UI图像被转换为灰度模式后，它所包含的所有颜色信息都将被删除，而且不能完全恢复，如图5-31所示。

4．位图模式

位图模式的图像也被称为“黑白图像”，通过使用黑、白两种颜色，表示图像中的像素。

在移动UI的设计过程中，当需要将彩色的移动UI图像转换为位图模式时，必须先转换成灰度模式，然后由灰度模式转换为位图模式。

图 5-31　灰度模式的图像效果

专家指点

将已成灰度模式的图像转换为位图模式时，可以对位图模式的方式进行相关的设置，选择“图像”|“模式”|“位图”命令后，将弹出“位图”对话框，在“方法”选项区中有“50% 阈值”“图案仿色”“扩展仿色”“半调网屏”和“自定图案”5 种选项，选择不同的选项时，所转换成位图的图像效果也有所不同。

5.3.4　存储文件格式

Photoshop 是使用起来非常方便的移动 UI 图像处理软件，支持 20 多种文件格式。下面主要向读者介绍常用的 6 种文件格式。

1．PSD/PSB 文件格式

PSD/PSB 是 Adobe 公司的图形设计软件 Photoshop 的专用格式，也是唯一支持所有图像模式的文件格式。

由于大部分其他的应用程序，以及较旧版本的 Photoshop，都无法支持大于 2 GB 的文件。因此，Photoshop 为存储大型文档而推出了专门的格式——PSB。PSB 格式不但具有 PSD 格式文件的所有属性，而且还支持宽度和高度为 30 万像素的文件，同时可以保存图像中的图层、滤镜、通道和路径等信息。

2．JPEG 格式

JPEG 是 Joint Photographic Experts Group(联合图像专家小组) 的缩写，是第一个国际图像压缩标准。

JPEG 格式的主要特点是采用高压缩率、有损压缩真彩色，但在压缩文件时可以通过控制压缩范围来决定图像的最终质量。

JPEG格式不仅是一个工业标准格式，更是Web的标准文件格式，其主要优点是体积小巧，并且兼容性好，大部分的程序都能读取这种文件格式。

JPEG格式采用的压缩算法不但能够提供良好的压缩性能，而且具有比较好的重建质量体系，在图像、视频处理等领域中被广泛应用。

3．TIFF格式

TIFF(Tag Image File Format，标签图像文件格式)是一种灵活的位图格式，主要用来存储包括照片和艺术图在内的图像，几乎所有的绘画、图像编辑和页面版式应用程序均支持该文件格式。

TIFF格式主要采用无损压缩的方式，可以保存图像中的通道、图层和路径等信息，表面上与PSD格式并没有什么差异。不过，只有在Photoshop中打开保存了图层的TIFF文件时，才能对其中的图层进行相应的修改或编辑；如果在其他应用程序中打开包含图层的TIFF文件时，则其中的所有图层将会被合并。

4．AI格式

AI格式Adobe Illustrator软件的矢量图形存储格式，现已成为业界矢量图的标准。AI格式占用的硬盘空间小，而且打开速度很快。

用户可以在Photoshop中将包含路径的图像文件保存为AI格式，然后在其他矢量图形软件(如Illustrator、CorelDraw等)中直接打开并对其进行编辑。

5．GIF格式

GIF格式(Graphics Interchange Format，图像交换格式)是一种非常通用且流行于Internet上的图像格式。

GIF格式使用LZW压缩方式压缩文件，可以保存动画，最多只支持8位(256种颜色)，占用磁盘空间小，非常适合在因特网上使用。

6．PNG格式

PNG格式(Portable Network Graphic，便携式网络图片)是常用的网络图像格式，设计PNG格式的目的是试图用其替代GIF和TIFF文件格式，同时增加一些GIF文件格式所不具备的特性。

PNG格式与GIF格式的不同之处在于，它不但可以保存图像的24位真彩色，而且还支持透明背景和消除锯齿边缘等功能，可以在不失真的情况下压缩保存图像。

5.4 图像操作：了解移动UI图像的操作模式

Photoshop CC作为一款图像处理软件，绘图和图像处理是它的看家本领。在使用

Photoshop CC 开始创作之前，需要先了解此软件的一些常用操作，如新建文件、打开文件、保存文件和关闭文件等。熟练掌握各种操作，才可以更好、更快地设计作品。

5.4.1 新建空白图像文件

在 Photoshop 中不仅可以编辑一个现有的移动 UI 图像，也可以新建一个空白文件，然后再进行各种编辑操作。

下面介绍新建移动 UI 图像文件的具体操作方法。

5.4.1 内容
请扫二维码

步骤 01 选择“文件”|“新建”命令，弹出“新建”对话框，在“名称”右侧的文本框中设置“名称”为“移动 UI 界面”，在“预设”选项区中分别设置“宽度”为 480 像素、“高度”为 800 像素、“分辨率”为 300 像素 / 英寸、“颜色模式”为“RGB 颜色”、“背景内容”为“白色”，如图 5-32 所示。

步骤 02 单击“确定”按钮，即可显示新建的空白图像，如图 5-33 所示。

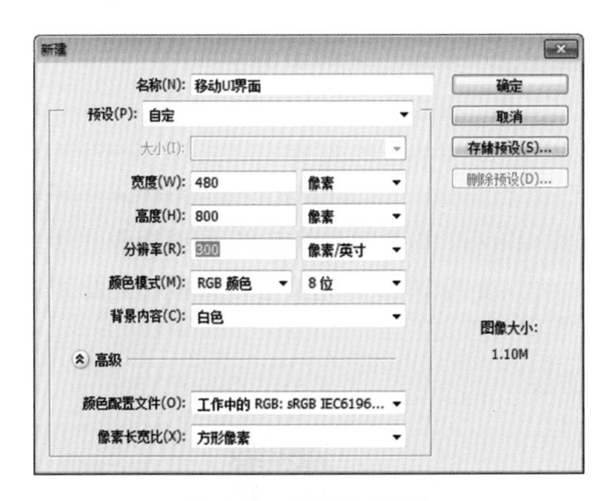

图 5-32 设置相应参数

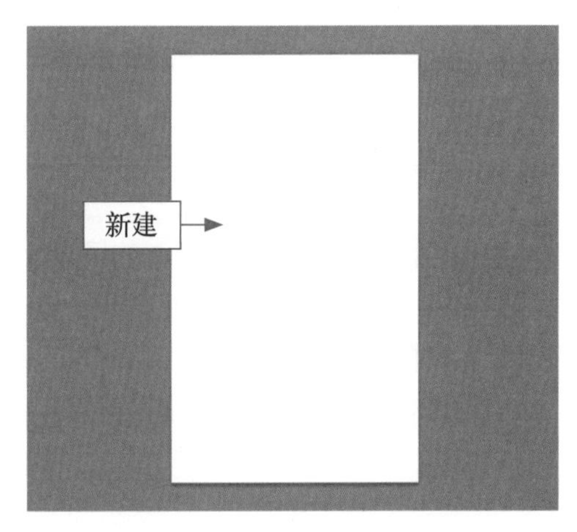

图 5-33 新建空白图像

5.4.2 打开 UI 图像文件

Photoshop CC 不仅可以支持多种图像的文件格式，还可以同时打开多个移动 UI 图像文件。若要在 Photoshop 中编辑一个图像文件，首先需要将其打开。

下面介绍打开移动 UI 图像文件的具体操作方法。

步骤 01 选择“文件”“打开”命令，弹出“打开”对话框，选择相应的素材图像，如图 5-34 所示。

步骤 02 单击“打开”按钮，即可打开所选择的图像文件，如图 5-35 所示。

图 5-34 选择素材图像文件

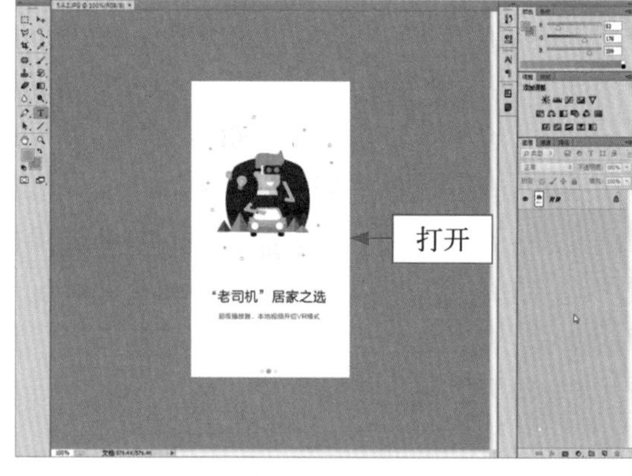

图 5-35 打开图像文件

5.4.3 保存 UI 图像文件

在对新建的图像文件或者打开的图像文件进行编辑后，应及时地保存移动 UI 图像文件，以免因各种原因而导致文件丢失。Photoshop CC 可以支持 20 多种图像文件格式，因此用户可以选择不同的格式存储文件。

下面介绍保存移动 UI 图像文件的具体操作方法。

步骤 01 选择“文件”|“打开”命令，打开一幅素材图像，如图 5-36 所示。

步骤 02 选择“文件”|“存储为”命令，弹出“另存为”对话框，设置相应的保存位置，并设置“保存类型”为 JPEG，如图 5-37 所示，单击“保存”按钮，弹出信息提示框，单击“确定”按钮，即可完成操作。

图 5-36　打开素材图像

图 5-37　设置选项

5.4.4　关闭 UI 图像文件

在 Photoshop CC 中完成移动 UI 图像的编辑后，若用户不再需要该图像文件，可以采用以下的方法关闭文件，以保证电脑的运行速度不受影响。

- 关闭文件：选择“文件”|“关闭”命令或按 Ctrl+W 组合键，如图 5-38 所示。
- 关闭全部文件：如果在 Photoshop 中打开了多个文件，可以选择“文件”|“关闭全部”命令，关闭所有文件。
- 退出程序：选择“文件”|“退出”命令，或单击工作界面右上角的“关闭”按钮，如图 5-39 所示。

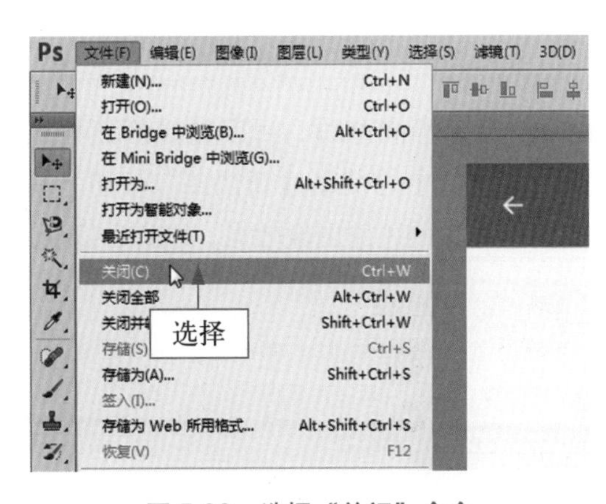

图 5-38　选择“关闭”命令

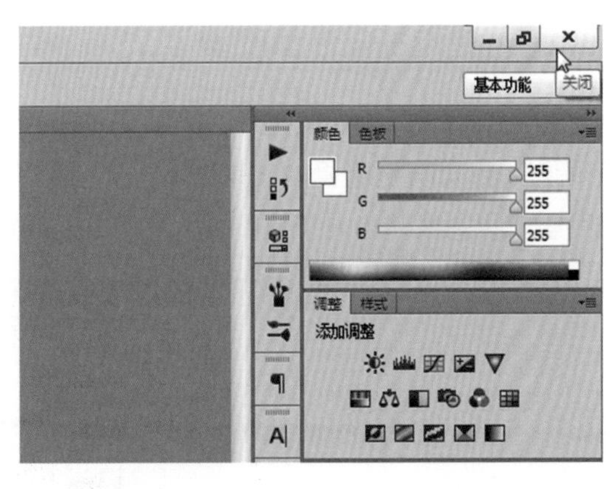

图 5-39　单击“关闭”按钮

5.4.5 完成图像的撤销操作

用户在进行移动UI图像处理时，若对创建的效果不满意或出现了失误操作，可以对图像进行撤销操作。

- 还原与重做：选择“编辑”|“还原画笔工具”命令，如图5-40所示，可以撤销对图像进行的最后一次操作，还原至上一步的编辑状态；若需要撤销还原操作，可以选择“编辑”|“重做画笔工具”命令，如图5-41所示。

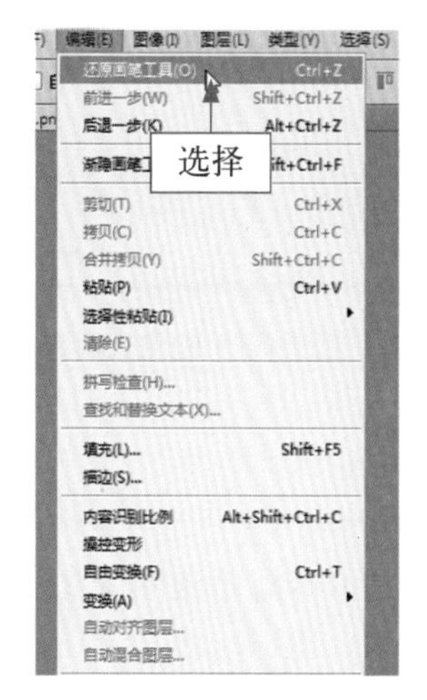

图5-40 单击“还原画笔工具”命令

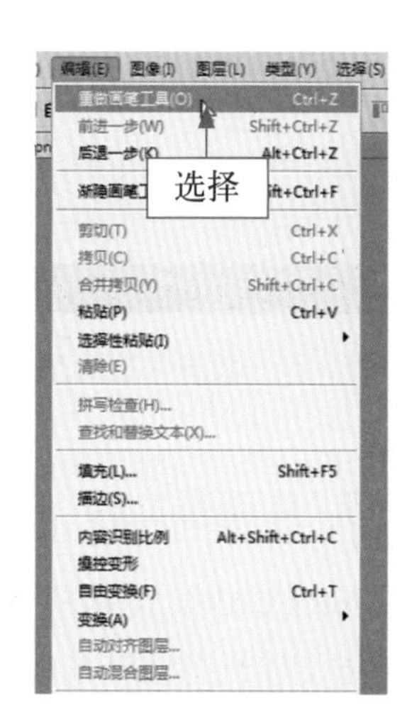

图5-41 单击“重做画笔工具”命令

- 前进一步与后退一步：“还原画笔工具”命令只能还原一步操作，如果需要还原更多的操作，可以连续选择“编辑”|“后退一步”命令。在“后退一步”操作错误时，可以选择“编辑”|“前进一步”命令，回到上一步操作。

5.4.6 应用快照还原图像

在进行移动UI图像处理过程中，若对图像处理的效果不满意时，可以通过新建快照还原图像。当绘制完重要的效果以后，单击“历史记录”面板中的“创建新快照”按钮，将图像的当前状态保存为一个快照，用户就可以通过单击创建的快照还原图像效果，如图5-42所示。

图5-42 创建快照

5.4.7 恢复图像初始状态

在编辑移动 UI 图像的过程中，若对创建的效果不满意时，可以通过菜单栏中的“恢复”命令，将图像文件恢复为初始状态，执行“恢复”命令的前后效果如图 5-43 所示。

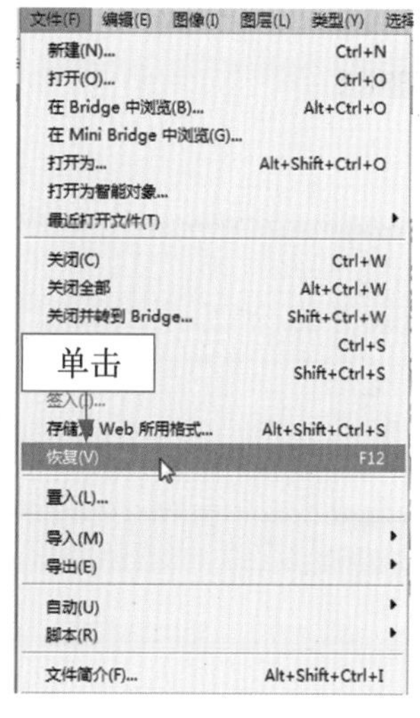

图 5-43 恢复图像为初始状态

5.5 窗口调节：掌握移动 UI 图像的窗口操作

在 Photoshop CC 中，可以同时打开多个移动 UI 图像文件，其中当前图像编辑窗口将会显示在最前面；还可以根据工作需要移动窗口位置、调整窗口大小、改变窗口排列方式或在各窗口之间切换，让工作环境变得更加简洁。本节将详细介绍 Photoshop CC 窗口的管理方法。

5.5.1 调整还原窗口设置

使用 Photoshop CC 处理移动 UI 图像文件时，根据工作的需要可以改变图像编辑窗口的大小，从而提高工作效率，最小化、最大化和恢复按钮位于图像编辑窗口的右上角，如图 5-44 所示。

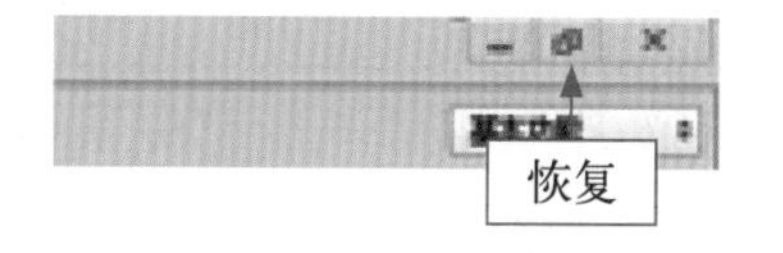

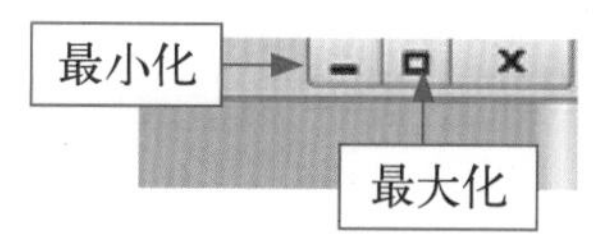

图 5-44 图像文件窗口

单击标题栏中的“最大化”和“最小化”按钮，就可以将图像编辑窗口最大化或最小化。将鼠标指针移至图像编辑窗口的标题栏上，单击鼠标左键的同时并向下拖曳，如图5-45所示；将鼠标指针移至图像编辑窗口标题栏上的“最大化”按钮上，单击鼠标左键，即可最大化窗口，如图5-46所示。

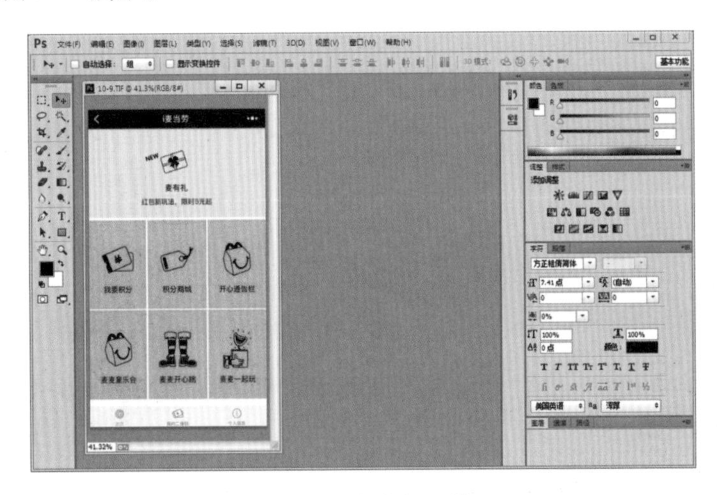

图5-45　拖曳标题栏

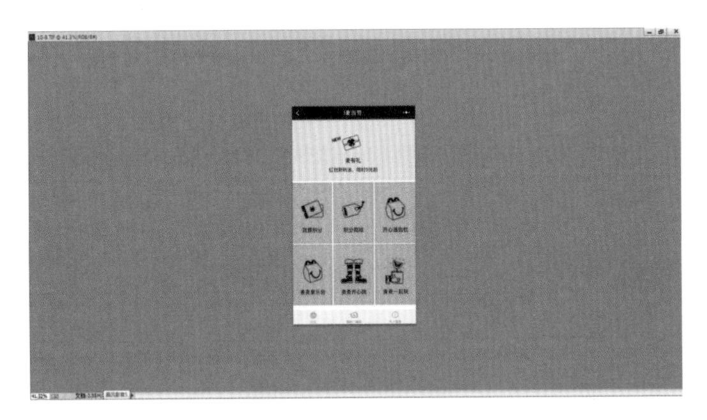

图5-46　最大化窗口

将鼠标指针移至图像编辑窗口标题栏上的“最小化”按钮上，单击鼠标左键，即可最小化窗口。当图像编辑窗口处于最大化或者是最小化的状态时，用户可以单击标题栏右侧的“恢复”按钮来恢复窗口。

5.5.2　展开/折叠面板设置

在Photoshop CC中包含了多个面板，在“窗口”菜单中可以选择需要的面板命令，将相应的面板打开。

在设计移动UI图像时，可以根据个人的工作习惯将面板放在方便使用的位置，或将两个或多个面板合并到一个面板中，如图5-47所示。当需要调用其中某个面板时，只需要单击其标签名称即可，这样能提高工作效率。

图 5-47　展开 / 折叠面板

5.5.3　移动调整面板设置

在处理移动 UI 图像的过程中，为了充分利用编辑窗口的空间，用户可以根据个人的习惯随意移动面板或者调整面板的大小。

下面介绍移动和调整面板大小的具体操作方法。

5.5.3 内容
请扫二维码

步骤 01 选择“文件”|“打开”命令，打开一幅素材图像，移动鼠标指针至面板上方的区域，如图 5-48 所示。

图 5-48　移动鼠标指针

步骤 02 单击鼠标左键的同时并拖曳至合适位置，然后释放鼠标左键，即可移动面板，如图 5-49 所示。

图 5-49　移动控制面板

步骤 03 展开“通道”面板，将鼠标指针移至面板的边缘处，鼠标指针呈双向箭头形状↕，如图 5-50 所示。

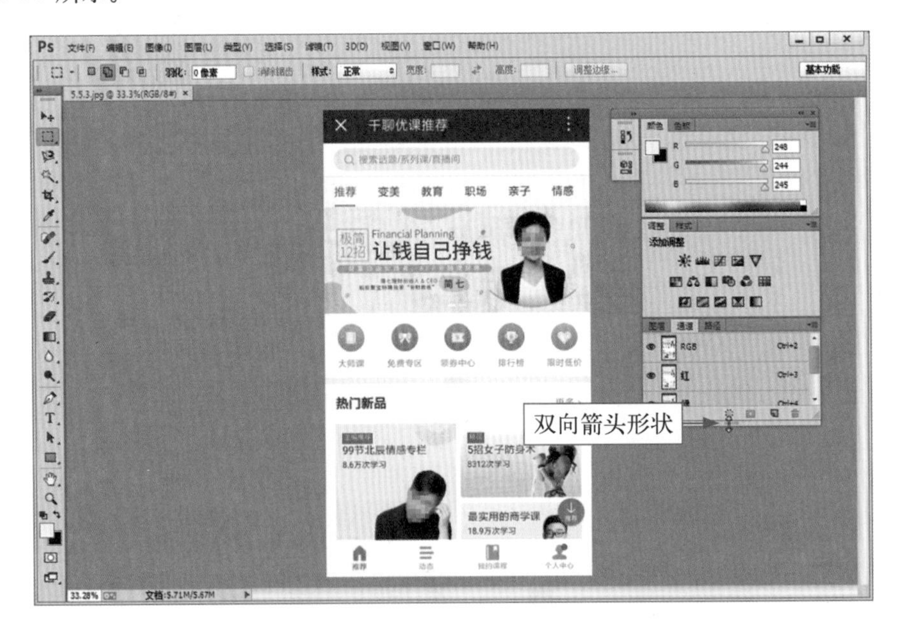

图 5-50　鼠标指针呈双向箭头形状

步骤 04 按住鼠标左键的同时向上拖曳，执行操作后，即可调整面板的大小，如图 5-51 所示。

图 5-51　调整面板大小

5.5.4　图像编辑窗口排列设置

在 Photoshop CC 中，当打开多个移动 UI 图像文件时，每次只能显示一个图像编辑窗口内的图像。若需要对多个窗口中的内容进行比较，则可将各窗口以水平平铺、浮动、层叠和选项卡等方式进行排列。

下面介绍调整图像窗口排列的具体操作方法。

5.5.4 内容
请扫二维码

步骤 01　选择“文件”|“打开”命令，打开 3 幅素材图像，如图 5-52 所示。

图 5-52　打开素材图像

步骤 02 选择“窗口”|“排列”|“平铺”命令，即可平铺图像编辑窗口，如图 5-53 所示。

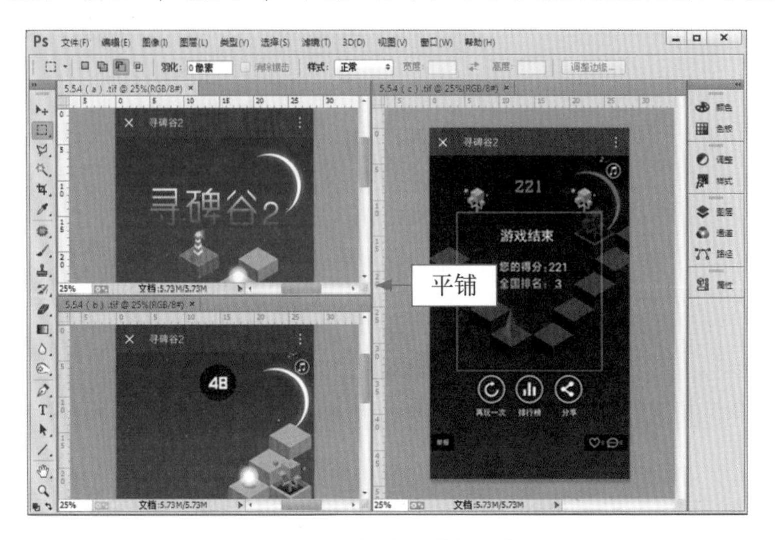

图 5-53　平铺窗口中的图像

步骤 03 选择“窗口”|“排列”|“使所有内容在窗口中浮动”命令，即可浮动排列图像编辑窗口，如图 5-54 所示。

步骤 04 单击“窗口”|“排列”|“将所有内容合并到选项卡中”命令，即可以选项卡的方式排列图像窗口，如图 5-55 所示。

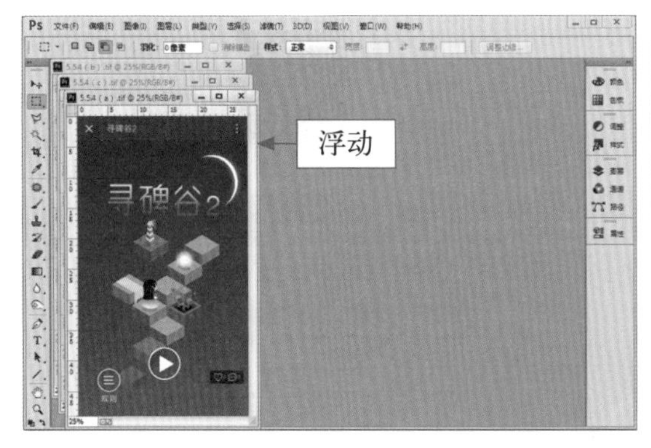

图 5-54　浮动排列图像编辑窗口

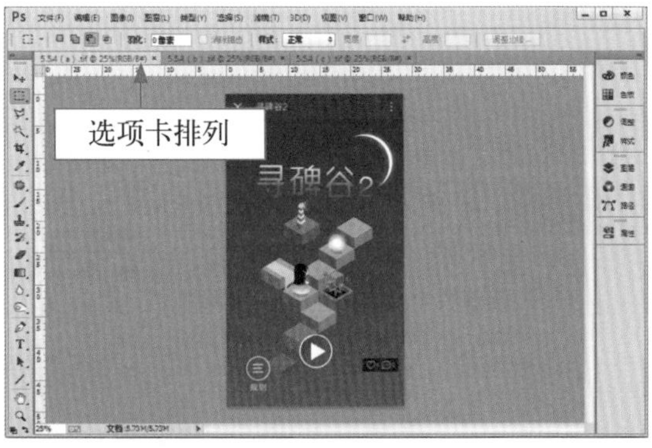

图 5-55　以选项卡的方式排列图像编辑窗口

5.5.5　图像编辑窗口切换设置

设置在处理移动 UI 图像的过程中，如果工作界面中同时打开多幅素材图像，则可以根据需要在各窗口之间进行切换，让工作界面变得更加方便、快捷，从而提高工作效率。

下面介绍切换图像编辑窗口的具体操作方法。

5.5.5 内容
请扫二维码

步骤 01 选择“文件”|“打开”命令，打开两幅素材图像，将鼠标移至 5.5.5(b).jpg 素材图像的窗口标题栏上，单击鼠标左键，如图 5-56 所示。

图 5-56 单击鼠标左键

步骤 02 执行操作后，即可将 5.5.5(b).jpg 素材图像的窗口设置为当前图像编辑窗口，如图 5-57 所示。

图 5-57 设置为当前图像编辑窗口

5.5.6 图像编辑窗口大小调整

在 Photoshop CC 中，图像编辑窗口的大小是可以随意调整的，如果在处理移动 UI 图像

的过程中，需要将其放在合适的位置，这时就要调整图像编辑窗口的大小。

下面介绍调整图像编辑窗口大小的具体操作方法。

5.5.6 内容
请扫二维码

步骤 01 选择“文件”|“打开”命令，打开一幅素材图像，将鼠标指针移至图像编辑窗口的边框线上，鼠标指针呈双向箭头↔形状，如图 5-58 所示。

步骤 02 单击鼠标左键的同时向左拖曳鼠标指针，即可改变窗口的大小，效果如图 5-59 所示。

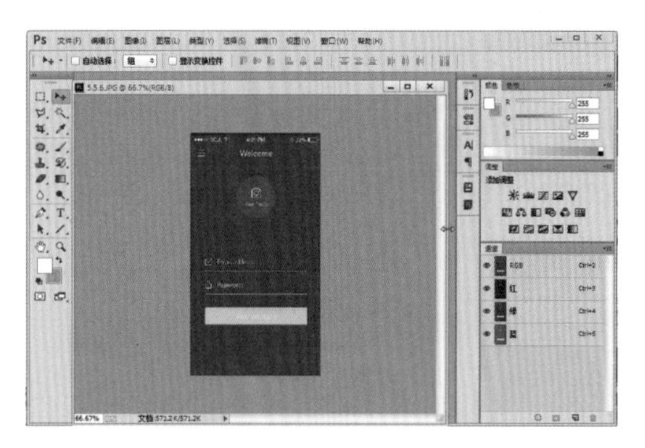

图 5-58　鼠标指针呈双向箭头形状

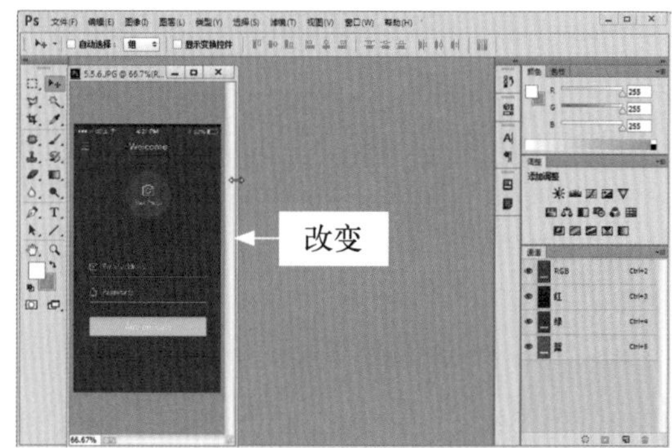

图 5-59　改变窗口大小

5.5.7　移动图像编辑窗口

在 Photoshop CC 中编辑移动 UI 图像时，可以根据个人习惯将窗口移至方便使用的位置。

首先选中图像窗口标题栏，单击鼠标左键的同时并拖曳至合适位置，然后释放鼠标左键，即可移动图像编辑窗口，如图 5-60 所示。

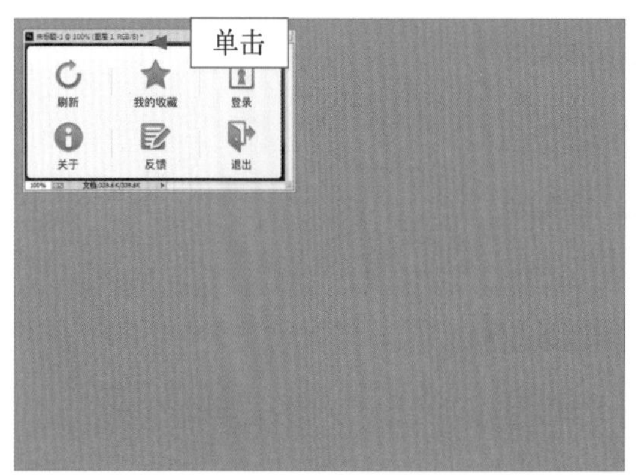

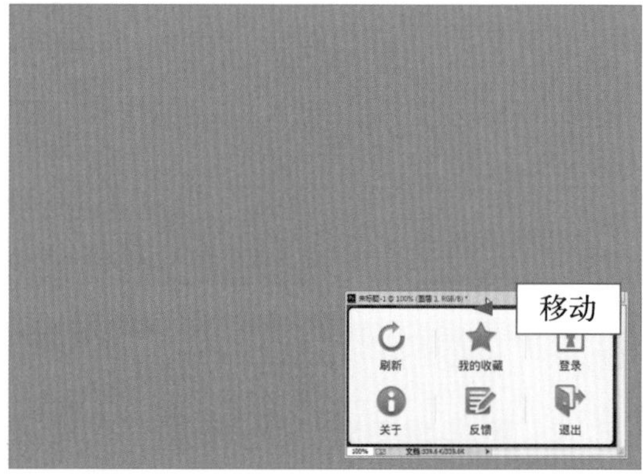

图 5-60　移动图像编辑窗口

第 6 章 视觉美感：UI 的色彩与风格设计

学习提示

移动 UI 设计由色彩、图形、文案 3 大要素构成。调整图像色彩是移动 UI 设计中一项非常重要的内容，图像和文案都离不开色彩的表现。本章主要介绍在 Photoshop 中如何调整图像的光影色调，以及通过相应的调整命令调整移动 UI 图像的光效质感。

本章重点导航

◎ 色相区分
◎ 明度标准
◎ 色彩饱和度
◎ 颜色的分布状态
◎ 颜色模式转换
◎ 色域范围的识别
◎ “自动色调”命令
◎ “自动对比度”命令
◎ “自动颜色”命令
◎ “色阶”命令
◎ “曲线”命令
◎ “曝光度”命令

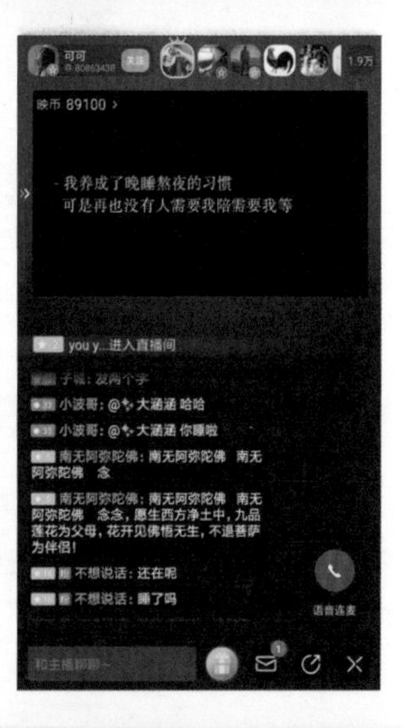

6.1 色彩解析：了解移动UI图像的颜色属性

颜色可以修饰图像，使图像的色彩显得更加绚丽多彩。不同的颜色能表达不同的感情和思想，正确地运用颜色能使黯淡的图像明亮，使毫无生气的图像充满活力。色彩的3要素为色相、饱和度和明度，这3种要素以人类对颜色的感觉为基础，构成人类视觉中完整的颜色表相。

6.1.1 色相区分

在设计移动UI图像时，首先应了解图像的色相属性。色相(Hue，简写为H)是色彩三要素之一，即色彩相貌，也就是每种颜色的固有颜色表相，是每种颜色相互区别的最显著特征。

在通常的使用中，颜色的名称就是根据其色相来决定的，例如红色、橙色、蓝色、黄色、绿色。赤(红)、橙、黄、绿、青、蓝、紫是7种最基本的色相，将这些色相相互混合可以产生许多颜色。

色轮是研究颜色相加混合的颜色表，通过色轮可以展现各种色相之间的关系，如图6-1所示。

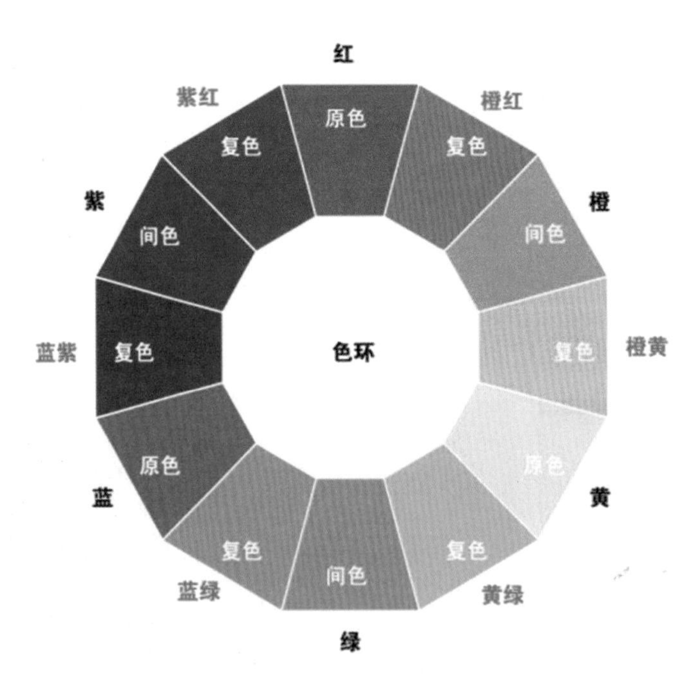

图6-1　色轮

除了以颜色固有的色相来命名颜色外，还经常以植物所具有的颜色命名(如青绿)、以动物所具有的颜色命名(如鸽子灰)，以及以颜色的深浅和明暗命名(如暗红)。

专家指点

色相是色彩的首要特征，是区别各种不同颜色的最准确的标准。

6.1.2 明度标准

图像的亮度 (Value，简写为 V，又称为明度) 是指图像中颜色的明暗程度，通常使用从 0 ~ 100% 的百分比来度量。在正常强度的光线照射下的色相，被定义为“标准色相”；亮度高于标准色相的，被称为该色相的“高光”，反之被称为该色相的“阴影”。

在移动 UI 设计中，不同亮度的颜色给人的视觉感受各不相同，高亮度颜色给人以明亮、纯净、唯美等感觉，如图 6-2 所示；中亮度颜色给人以朴素、稳重、亲和的感觉；低亮度颜色则让人感觉压抑、沉重、神秘，如图 6-3 所示。

图 6-2 高亮度颜色

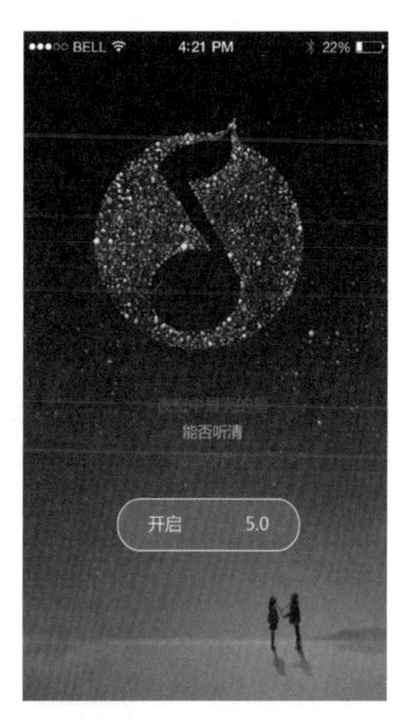

图 6-3 低亮度颜色

6.1.3 色彩饱和度

图像的饱和度 (Chroma，简写为 C，又称为彩度) 是指颜色的强度或纯度，它表示色相中颜色本身色素分量所占的比例，使用从 0 ~ 100% 的百分比来度量。在标准色轮上，饱和度从中心到边缘逐渐递增，颜色的饱和度越高，其鲜艳程度也就越高，反之颜色则因包含其他颜色而显得陈旧或混浊。

在移动 UI 设计中，不同饱和度的颜色会给人带来不同的视觉感受，高饱和度的颜色给人以积极、冲动、活泼、有生气、喜庆的感觉，如图 6-4 所示；低饱和度的颜色给人以消极、无力、安静、沉稳、厚重的感觉，如图 6-5 所示。

图 6-4 高饱和度颜色 　　图 6-5 低饱和度颜色

6.1.4 颜色的分布状态

在移动 UI 设计中，色彩与色调的处理是非常重要的工作。因此，在开始进行移动 UI 图像的颜色校正之前，或者对图像做出编辑之后，都应分析图像的色阶状态和色阶分布，以决定需要编辑的区域。

1. “信息”面板

在没有进行任何操作时，“信息”面板显示鼠标指针所处位置的颜色值、文档的状态、当前工具的使用提示等信息，如果执行了操作，“信息”面板中就会显示与当前操作有关的各种信息。

在 Photoshop CC 中，选择“窗口”|“信息”命令，或按 F8 键，将弹出“信息”面板，如图 6-6 所示。

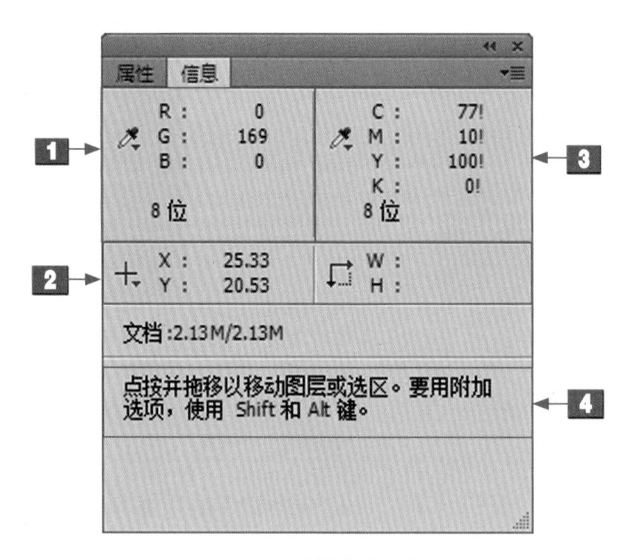

图 6-6 “信息”面板

“信息”面板中各选项的主要含义如下。

1 第一颜色信息：在该选项的下拉列表中可以设置“信息”面板中第一个吸管显示的颜色信息。选择“实际颜色”选项，可以显示图像当前颜色模式下的值；选择“校样颜色”选项可以显示图像的输出颜色空间的值；选择“灰度”“RGB 颜色”“CMYK 颜色”等颜色模式，

可以显示相应颜色模式下的颜色值；选择“油墨总量”选项，可以显示鼠标指针当前位置的所有 CMYK 油墨的总百分比；选择“不透明度”选项，可以显示当前图层的不透明度，该选项不适用于背景图像。

2 鼠标指针坐标：用来设置鼠标指针位置的测量单位。

3 第二颜色信息：用来设置“信息”面板中第二个吸管显示的颜色信息。

4 状态信息：用来设置“信息”面板中“状态信息”处的显示内容。

2. “直方图”面板

直方图是一种统计图形，它出来已久，在图像领域的应用非常广泛。Photoshop CC 的“直方图”面板用图形方式表示了图像的每个亮度级别的像素数量，展现了像素在图像中的分布情况。通过观察直方图，可以快速判断出图像的阴影、中间调和高光中包含的细节是否充足，以便对其做出正确的调整。在 Photoshop CC 中，选择“窗口”|“直方图”命令，将弹出“直方图”面板，如图 6-7 所示。

“直方图”面板中各选项的主要含义如下。

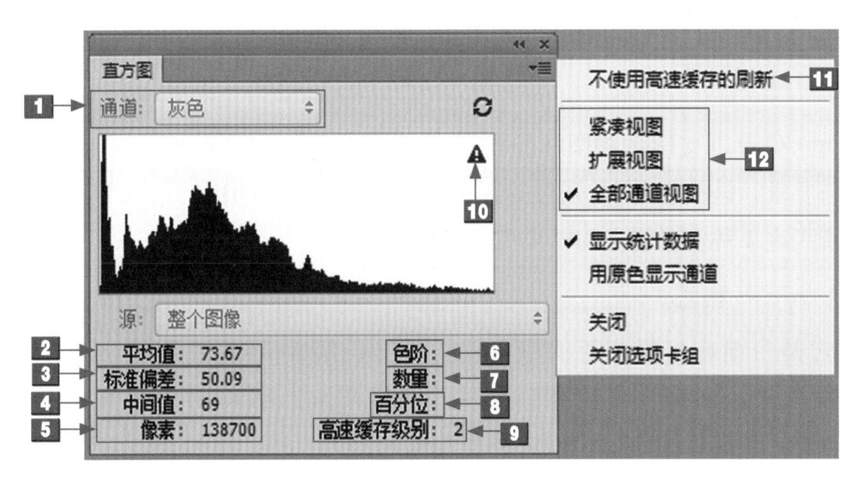

图 6-7 “直方图”面板

1 通道：在列表框中选择一个通道（包括颜色通道、Alpha 通道和专色通道）以后，面板中会显示该通道的直方图；选择“明度”选项，可以显示复合通道的亮度或强度值；选择“颜色”选项，可以显示图像中单个图像通道的复合直方图。

2 平均值：显示了像素的平均亮度值 (0 ～ 255 之间的平均亮度），通过观察该值，可以判断出图像的色调类型。

3 标准偏差：该数值显示了亮度值的变化范围，若该值越高，说明图像的亮度变化越剧烈。

4 中间值：显示了亮度值范围内的中间值，图像的色调越亮，它的中间值就越高。

5 像素：显示了用于计算直方图的像素总数。

6 色阶：显示了鼠标指针下面区域的亮度级别。

7 数量：显示了鼠标指针下面亮度级别的像素总数。

8 百分位：显示了鼠标指针所指的级别或该级别以下的像素累计数，如果对全部色阶范围进行取样，该值为100；对部分色阶取样时，显示的是取样部分的值。

9 高速缓存级别：显示了当前用于创建直方图的图像高速缓存的级别。

10 点击可获得不带高速缓存数据的直方图：使用“直方图”面板时，Photoshop CC会在内存中高速缓存直方图，也就是说，最新的直方图是被Photoshop CC存储在内存中，而非实时显示在“直方图”面板中。

11 不使用高速缓存的刷新：选择该命令可以刷新直方图，显示当前状态下最新的统计结果。

12 面板的显示方式：“直方图”面板的快捷菜单中包含切换面板显示方式的命令。“紧凑视图”是默认显示方式，它显示的是不带统计数据或控件的直方图；“扩展视图”显示的是带统计数据和控件的直方图；“全部通道视图”显示的是带有统计数据和控件的直方图，同时还显示每一个通道的单个直方图。

6.1.5 颜色模式转换

Photoshop CC可以支持多种图像颜色模式，在设计与输出移动UI图像的过程中，应当根据其用途与要求，转换移动UI图像的颜色模式。下面对RGB模式、CMYK模式、灰度模式、多通道模式这4种主要模式的转换方法进行介绍。

1. 转换为RGB模式

RGB模式是目前应用最广泛的颜色模式之一，用RGB模式处理移动UI图像比较方便，且存储文件较小。RGB模式为彩色图像中每个像素的RGB分量指定一个介于0(黑色)~255(白色)之间的强度值：当所有参数值均为255时，得到的颜色为纯白色；当所有参数值均为0时，得到的颜色为纯黑色。

在Photoshop CC中，可以根据需要转换移动UI图像为RGB颜色模式。选择“图像”|“模式”|“RGB颜色”命令，如图6-8所示为转换图像为RGB颜色模式前后的对比效果。

2. 转换为CMYK模式

CMYK模式又称为“印刷四分色”模式，它是彩色印刷时常常采用的一种套色模式，主要是利用色料的三原色混色原理，然后加上黑色油墨来调整明暗，共计4种颜色混合叠加。只要是在印刷品上看到的移动UI图像，就是通过CMYK模式来表现的。

下面介绍转换移动UI图像为CMYK模式的具体操作方法。

图 6-8　图像转换为 RGB 模式前后的对比效果

6.1.5 内容请扫二维码

步骤 01　选择“文件”|“打开”命令，打开一幅素材图像，如图 6-9 所示。

步骤 02　选择“图像”|“模式”|“CMYK 颜色”命令，如图 6-10 所示。

图 6-9　打开素材图像

图 6-10　选择“CMYK 颜色”命令

步骤 03　弹出信息提示框，单击“确定”按钮，即可将图像转换为 CMYK 模式，效果如图 6-11 所示。

图 6-11　图像转换为 CMYK 模式

专家指点

一幅彩色图像不能多次在 RGB 与 CMYK 模式之间转换，因为每一次转换都会损失图像颜色质量。

3. 转换为灰度模式

灰度模式的图像不包含颜色，其中的每个像素都有一个 0(黑色) ~ 255(白色) 之间的亮度值。

在 Photoshop CC 中，当用户需要将移动 UI 图像转换为灰度模式时，可以选择菜单栏中的“图像”|“模式”|“灰度”命令，如图 6-12 所示。

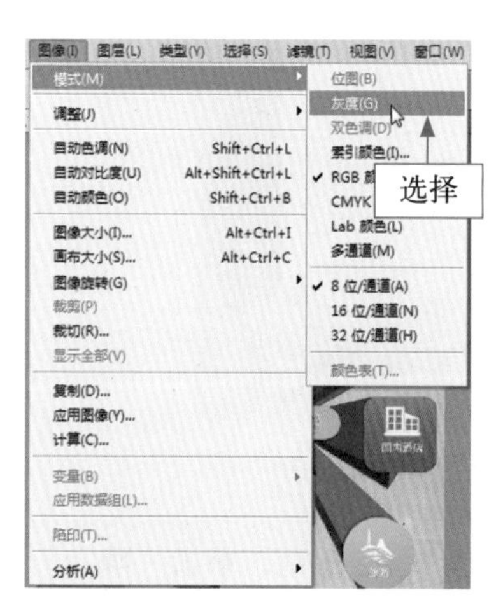

图 6-12　选择“灰度”命令

执行上述操作后，弹出信息提示框，单击“扔掉”按钮，如图 6-13 所示，即可将图像转换为灰度模式，效果如图 6-14 所示。

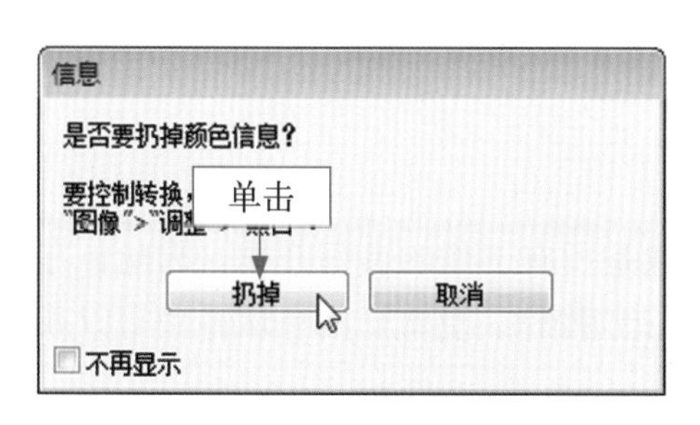

图 6-13　信息提示框

图 6-14　图像转换为灰度模式

4. 转换为多通道模式

多通道模式与 CMYK 模式类似，也是一种减色模式。将 RGB 模式图像转换为多通道模式后，可以得到青色、洋红和黄色 3 个专色通道，由于专色通道的不同特性以及多通道模式区别于其他通道的特点，所以专色通道可以组合出各种不同的特殊效果。

专家指点

此外，在 RGB、CMYK、Lab 模式中，如果删除某个颜色通道，图像就会自动转换为多通道模式。

在 Photoshop CC 中，用户可以根据需要，转换移动 UI 图像为多通道模式，只要选择“图像”|“模式”|“多通道”命令即可。图 6-15 所示为转换多通道模式前后的对比效果。

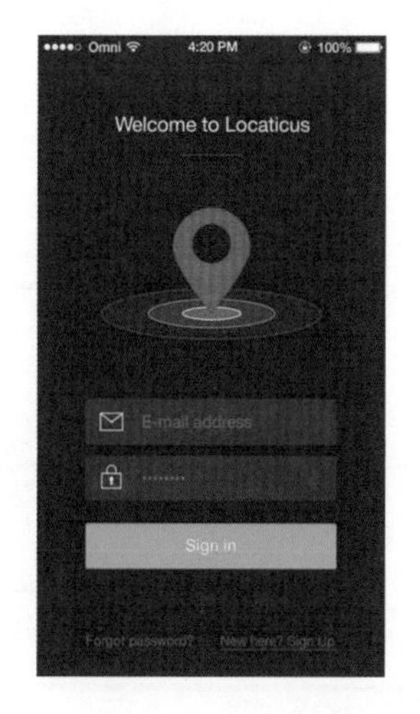

图 6-15　转换图像为多通道模式的前后对比效果

专家指点

双色模式通过1～4种自定油墨创建单色调、双色调、三色调和四色调的灰度图像，如果希望将彩色图像模式转换为双色调模式，则必须先将图像转换为灰度模式，再转换为双色调模式。

6.1.6　色域范围的识别

在移动UI图像设计中，获得一张好的扫描图像是所有工作的良好开端，因此，在扫描素材图像前，很有必要对素材图像进行色域范围的识别操作，更宽广的色域范围可以获得更加多姿多彩的源素材图像。

1. 预览RGB模式里的CMYK颜色

运用“校样颜色”命令，可以不用将移动UI图像转换为CMYK模式就可看到转换之后的效果。

在Photoshop CC中，可以根据需要，预览RGB颜色模式里的CMYK颜色，选择“视图”|“校样颜色”命令，即可预览RGB颜色模式里的CMYK颜色，如图6-16所示。

2. 识别图像色域外的颜色

“色域范围”是指颜色系统可以显示或打印的颜色范围。可以在将移动UI图像转换为CMYK模式之前，先识别出图像中的溢色部分，并手动进行校正。

在Photoshop CC中，使用“色域警告”命令即可高亮显示溢色。选择“视图”|“色域警告”命令，即可识别图像色域外的颜色，如图6-17所示。

图6-16　预览RGB颜色模式里的CMYK颜色

图 6-17　识别图像色域外的颜色

6.2 自动调色：自动校正移动 UI 图像色彩

在调整移动 UI 图像的色彩时，可以通过“自动颜色”“自动色调”等命令来快速实现。本节主要介绍自动校正移动 UI 图像色彩的操作方法。

6.2.1 “自动色调”命令

在调整移动 UI 图像的色彩时，“自动色调”命令可以根据图像整体颜色的明暗程度进行自动调整，使亮部与暗部的颜色按一定的比例分布。

下面介绍运用“自动色调”命令调整移动 UI 图像的操作方法。

6.2.1 内容
请扫二维码

步骤 01 选择“文件”|“打开”命令，打开一幅素材图像，如图 6-18 所示。

步骤 02 选择“图像”|“自动色调”命令，即可自动调整图像色调，效果如图 6-19 所示。

专家指点

在 Photoshop CC 中，“自动色调”命令对于色调丰富的图像相当有用，而对于色调单一的图像或色彩不丰富的图像几乎不起作用，除了使用命令外，还可以按 Ctrl+Shift+L 组合键，自动调整图像色调。

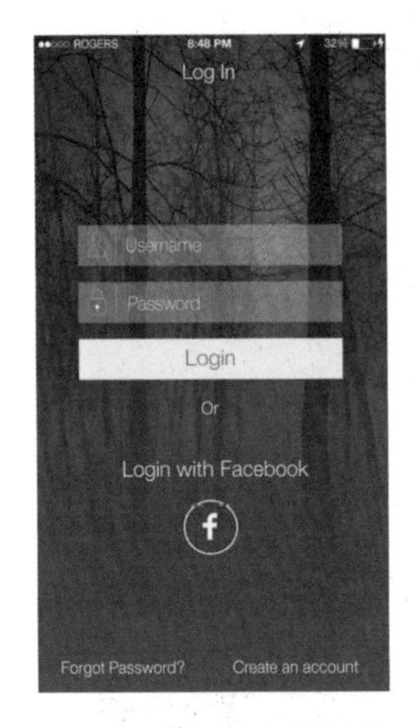

图6-18　打开素材图像

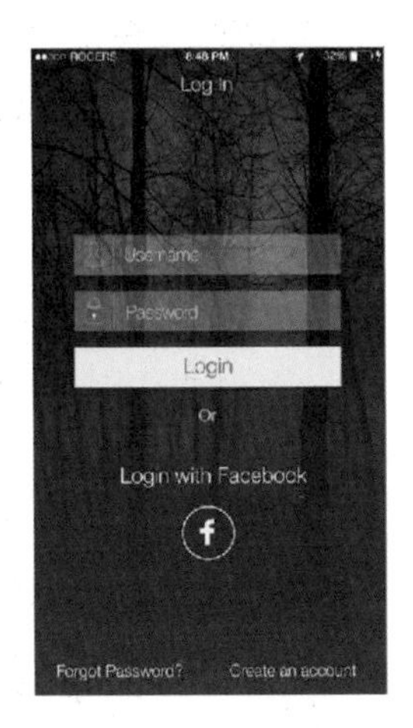

图6-19　自动调整图像的色调

6.2.2　“自动对比度”命令

在调整移动UI图像的色彩时，使用“自动对比度”命令可以自动调节图像整体的对比度和混合颜色。

下面介绍运用“自动对比度”命令调整移动UI图像的操作方法。

6.2.2内容
请扫二维码

步骤 01 选择“文件”|“打开”命令，打开一幅素材图像，如图6-20所示。

步骤 02 选择“图像”|“自动对比度”命令，系统即可自动对图像对比度进行调整，效果如图6-21所示。

图6-20　打开素材图像

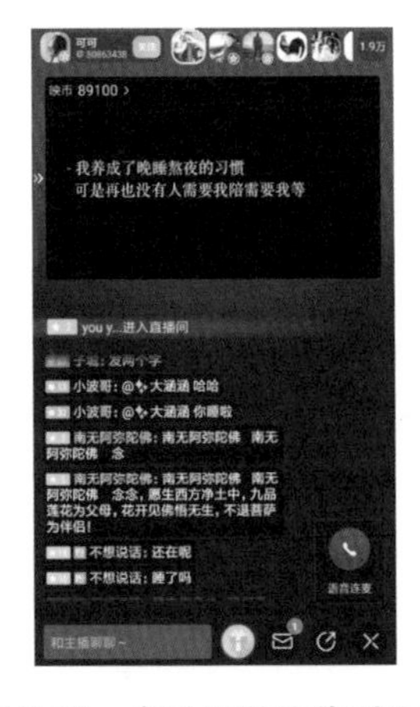

图6-21　自动调整图像对比度

专家指点

“自动对比度”命令会自动将图像最深的颜色加强为黑色，最亮的颜色加强为白色，以增强图像的对比度，此命令对于连续调色的图像效果相当明显，而对于单色或颜色不丰富的图像几乎不产生作用。

6.2.3 “自动颜色”命令

调整移动 UI 图像的色彩时，使用“自动颜色”命令可以自动识别图像中实际的阴影、中间调和高光，从而对图像的颜色进行自动校正。若图像有偏色与饱和度过高的现象，使用该命令则可以进行自动调整，如图 6-22 所示。

图 6-22　自动校正图像的颜色前后对比效果

下面详细介绍运用“自动颜色”命令调整移动 UI 图像的操作方法。

6.2.3 内容
请扫二维码

步骤 01 选择“文件”|“打开”命令，打开一幅素材图像，如图 6-23 所示。
步骤 02 在“图层”面板中，选择“背景”图层，如图 6-24 所示。
步骤 03 选择“图像”|“自动颜色”命令，如图 6-25 所示。
步骤 04 执行上述操作后，即可自动校正图像的颜色，如图 6-26 所示。

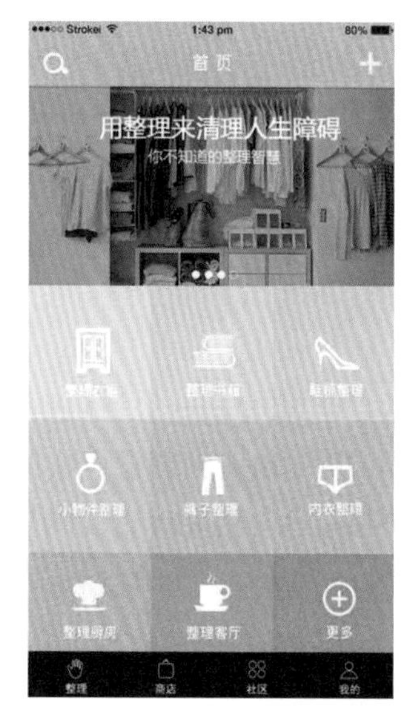

图 6-23　打开素材图像

图 6-24　选择“背景”图层

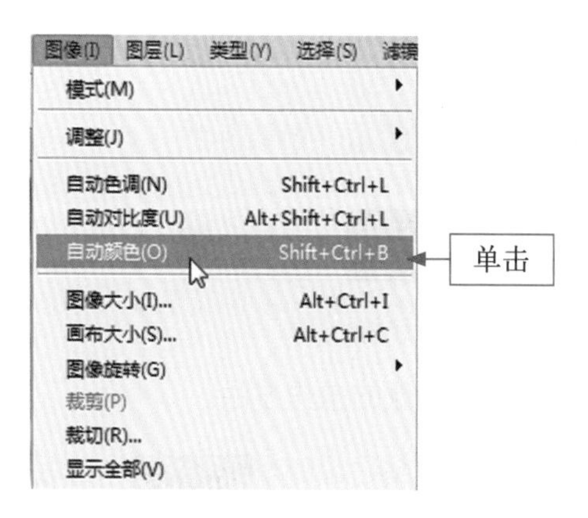

图 6-25　选择“自动颜色”命令

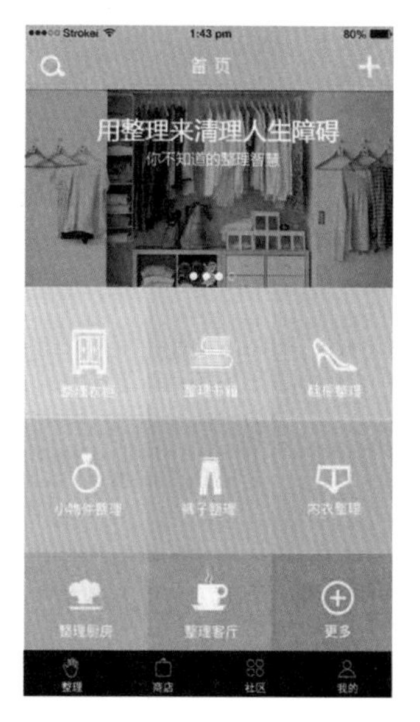

图 6-26　自动校正图像颜色

6.3 色调调整：调整移动 UI 图像的影调

关于移动 UI 图像影调的基本调整，本节主要介绍使用“色阶”“亮度 / 对比度”“曲线”以及“曝光度”命令。

6.3.1 色阶”命令

“色阶”是指图像中的颜色或颜色中的某一个组成部分的亮度范围。在调整移动 UI 图像的色彩时运用“色阶”命令，通过调整图像的阴影、中间调和高光的强度级别，校正图像的色调范围和色彩平衡。选择“图像”|“调整”|“色阶”命令，弹出“色阶”对话框，如图 6-27 所示。

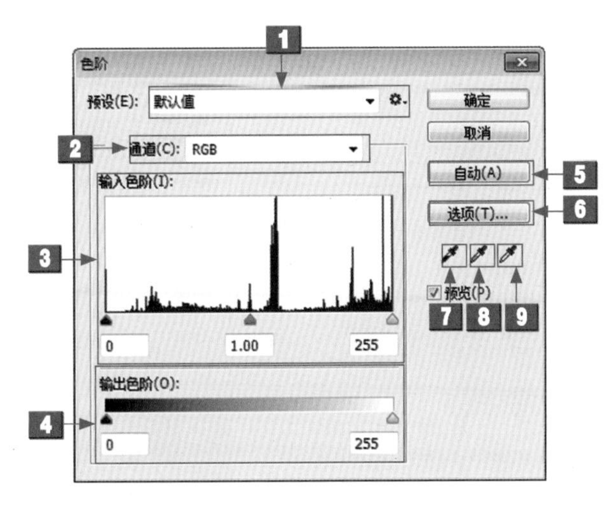

图 6-27 “色阶”对话框

“色阶”对话框中各项的主要含义如下。

1 预设：单击“预设”选项按钮，在弹出的列表框中选择“存储预设”选项，可以将当前的调整参数保存为一个预设的文件。

2 通道：可以选择一个通道进行调整，对于通道调整会影响图像的颜色。

3 输入色阶：用来调整图像的阴影、中间调和高光区域。

4 输出色阶：可以限制图像的亮度范围，从而降低对比度，使图像呈现褪色效果。

5 自动：单击该按钮，可以应用自动颜色校正，Photoshop CC 会以 0.5% 的比例自动调整图像的色阶，使图像的亮度分布更加均匀。

6 选项：单击该按钮，可以打开“自动颜色校正选项”对话框，在该对话框中可以设置“阴影”和“高光”的剪切百分比比例。

7 在图像中取样以设置黑场：使用该工具在图像中单击，可以将单击点的像素调整为黑色，原图中比该点亮度低的像素也变为黑色。

8 在图像中取样以设置灰场：使用该工具在图像中单击，可以根据单击点像素的亮度来调整其他中间色调的平均亮度，通常用来校正色偏。

9 在图像中取样以设置白场：使用该工具在图像中单击，可以将单击点的像素调整为白色，原图中比该点亮度值高的像素也都会变为白色。

下面详细介绍运用“色阶”命令调整移动 UI 图像的操作方法。

6.3.1 内容
请扫二维码

步骤 01 选择“文件”|“打开”命令，打开一幅素材图像，如图6-28所示。

步骤 02 选择“背景”图层，选择“图像”|“调整”|“色阶”命令，如图6-29所示。

图6-28　打开素材图像

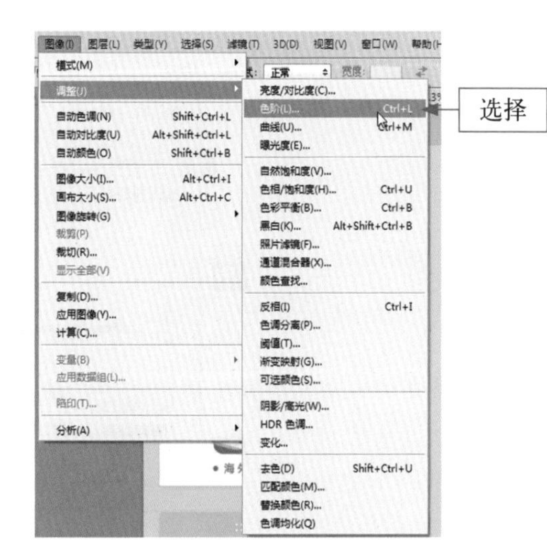

图6-29　选择“色阶”命令

步骤 03 弹出“色阶”对话框，设置“输入色阶”的各参数值为94、1.00、239，如图6-30所示。

步骤 04 单击“确定”按钮，即可调整图像的亮度范围，效果如图6-31所示。

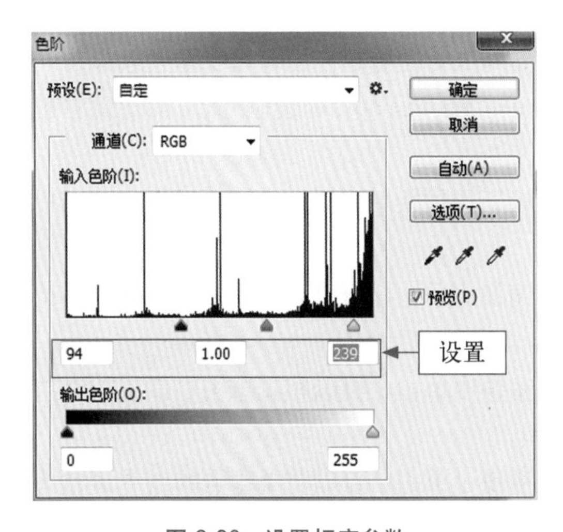

图6-30　设置相应参数

图6-31　图像效果

6.3.2 “亮度 / 对比度”命令

在调整移动 UI 图像的色彩时，使用“亮度 / 对比度”命令可以对图像的色彩进行简单的调整，该命令对图像的每个像素都进行同样的调整。“亮度 / 对比度”命令对单个通道不起作用，所以该调整方法不适用于高精度输出。选择“图像”|“调整”|“亮度 / 对比度”命令，弹出“亮度 / 对比度”对话框，如图 6-32 所示。

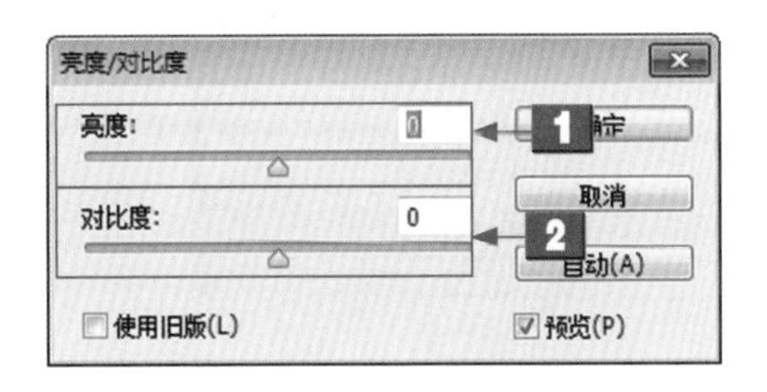

图 6-32 “亮度 / 对比度”对话框

“亮度 / 对比度”对话框中各项的主要含义如下。

1 亮度：用于调整图像的亮度，该值为正时增加图像亮度，该值为负时降低图像的亮度。

2 对比度：用于调整图像的对比度，该值为正时增加图像对比度，该值为负时降低对比度。

下面详细介绍运用“亮度 / 对比度”命令调整移动 UI 图像的操作方法。

6.3.2 内容
请扫二维码

步骤 01 选择“文件”|“打开”命令，打开一幅素材图像，如图 6-33 所示。

步骤 02 选择“图像”|“调整”|“亮度 / 对比度”命令，弹出“亮度 / 对比度”对话框，设置“亮度”为 18、“对比度”为 100，如图 6-34 所示。

图 6-33 打开素材图像

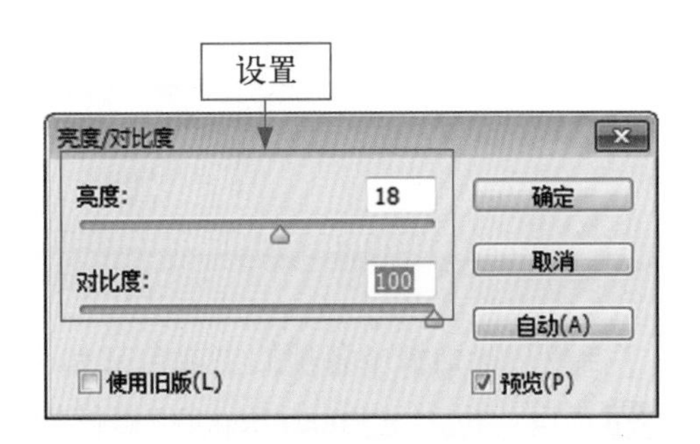

图 6-34 设置相应参数

步骤 03 单击“确定”按钮，即可调整图像的亮度和对比度，效果如图 6-35 所示。

图 6-35　最终效果

6.3.3　“曲线”命令

“曲线”命令是功能强大的图像校正命令，该命令可以在图像的整个色调范围内调整不同的色调，还可以对图像中的个别颜色通道进行精确的调整。

调整移动 UI 图像的色彩时，可以使用“曲线”命令只针对一种色彩通道的色调进行处理，而且不影响其他区域的色调。选择“图像”|“调整”|“曲线”命令，弹出“曲线”对话框，如图 6-36 所示。

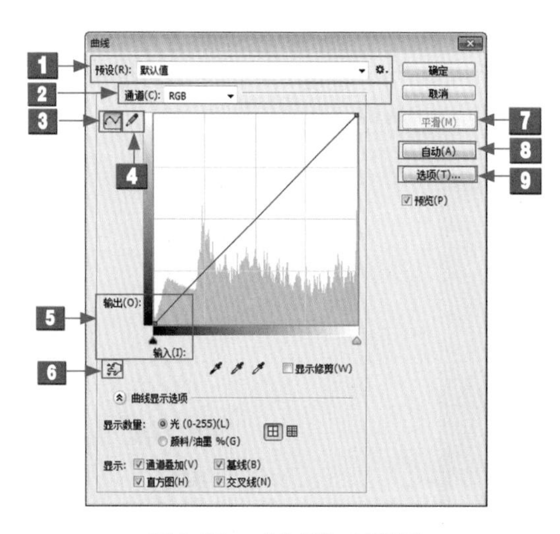

图 6-36　“曲线”对话框

“曲线”对话框中各项的主要含义如下。

1 预设：包含了 Photoshop CC 提供的各种预设调整文件，可以用于调整图像。

2 通道：在其列表框中可以选择要调整的通道，调整通道会改变图像的颜色。

3 编辑点以修改曲线：该按钮通常为选中状态，此时在曲线上单击鼠标左键可以添加新的控制点，拖动控制点改变曲线形状即可调整图像。

4 通过绘制来修改曲线：单击该按钮后，可以绘制手绘效果的自由曲线。

5 输出 / 输入：“输入”色阶显示的是调整前的像素值，“输出”色阶显示的是调整后的像素值。

6 在图像上单击并拖动可修改曲线：单击该按钮后，将鼠标指针放在图像上，曲线上会出现一个圆形图形，它代表鼠标指针处的色调在曲线上的位置，在图像中单击并拖动鼠标指针可以添加控制点并调整相应的色调。

7 平滑：使用铅笔绘制曲线后，单击该按钮，可以对曲线进行平滑处理。

8 自动：单击该按钮，可以对图像应用“自动颜色”“自动对比度”或“自动色调”校正。具体校正内容取决于“自动颜色校正选项”对话框中的设置。

9 选项：单击该按钮，可以打开“自动颜色校正选项”对话框，自动颜色校正选项用来控制由“色阶”和“曲线”中的“自动颜色”“自动色调”“自动对比度”和“自动”选项应用的色调和颜色校正，它允许指定“阴影”和“高光”的剪切百分比，并为阴影、中间调和高光指定颜色值。

下面介绍运用“曲线”命令调整移动 UI 图像色调的操作方法。

6.3.3 内容
请扫二维码

步骤 01 选择“文件”|“打开”命令，打开一幅素材图像，如图 6-37 所示。

步骤 02 选择“图像”|“调整”|“曲线”命令，弹出“曲线”对话框，在调节线上添加一个控制点，设置“输出”和“输入”的参数值分别为 158、175，如图 6-38 所示。

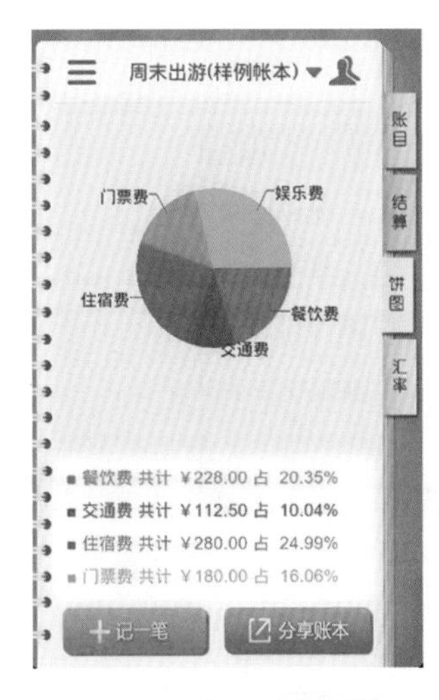

图 6-37　打开素材图像

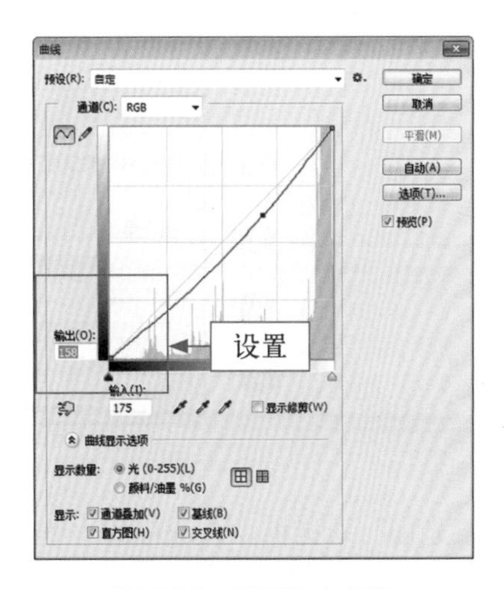

图 6-38　设置相应参数

步骤 03 单击“确定”按钮，即可调整图像色调，效果如图6-39所示。

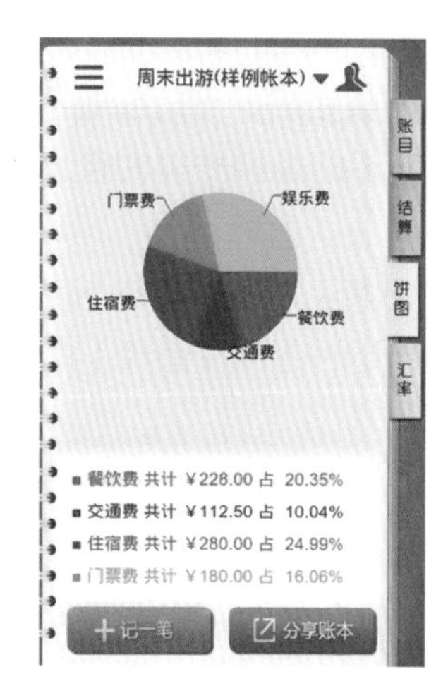

图6-39 最终效果

专家指点

按Ctrl+M组合键，可以快速弹出“曲线”对话框。另外，按住Alt键的同时，在对话框的网格中单击鼠标左键，网格将转换为10×10的显示状态；再次按住Alt键的同时单击鼠标左键，即可恢复至默认的4×4的显示状态。

6.3.4 “曝光度”命令

在拍摄移动UI的素材照片过程中，经常会因为曝光不足或曝光过度影响图像的效果，运用“曝光度”命令可以快速解决图像的曝光问题。选择“图像”|“调整”|“曝光度”命令，弹出“曝光度”对话框，如图6-40所示。

图6-40 “曝光度”对话框

“曝光度”对话框中各选项的主要含义如下。

1 预设：可以选择一个预设的曝光度调整文件。

2 曝光度：调整色调范围的高光端，对极限阴影的影响很轻微。

3 位移：使阴影和中间调变暗，对高光的影响很轻微。

4 灰度系数校正：使用简单乘方函数调整图像的灰度系数，可以更改高亮区域的图像颜色。

下面介绍运用“曝光度”命令调整移动 UI 图像的操作方法。

6.3.4 内容
请扫二维码

步骤 01 选择“文件”|“打开”命令，打开一幅素材图像，如图 6-41 所示。

步骤 02 选择“图层 1”图层，选择“图像”|“调整”|“曝光度”命令，弹出“曝光度”对话框，设置“曝光度”为 1.5，单击“确定”按钮，即可调整图像曝光度，效果如图 6-42 所示。

图 6-41　打开素材图像

图 6-42　最终效果

第 7 章 画龙点睛：移动 UI 文字编排设计

学习提示

移动 UI 文字编辑设计能改变界面中文字布局，使各类信息更加有条理、有次序、整齐，帮助用户快速找到自己想要的信息，提升产品的交互效率和信息的传递效率。

本章重点导航

- ◎ 常见文字类型
- ◎ 文字属性设置
- ◎ 横排文字输入
- ◎ 直排文字输入
- ◎ 段落文字输入
- ◎ 选区文字输入
- ◎ 选择和移动 UI 图像文字
- ◎ UI 文字的方向互换设置
- ◎ 段落文本与点文本的切换
- ◎ 文字的拼写检查
- ◎ 文字的查找与替换
- ◎ 文字属性的设置

7.1 文字排列：掌握移动 UI 中文字的排列

在移动 UI 设计中，文字是多数设计作品尤其是商业作品中不可或缺的重要元素，有时甚至在其中起着主导作用。Photoshop 除了提供丰富的文字属性设计及版式编排功能外，还允许对文字的形状进行编辑，以便制作出更多、更丰富的文字效果。

本节主要介绍在移动 UI 中输入文字的操作方法。

7.1.1 常见文字类型

在移动 UI 设计过程中，对文字进行艺术化处理是 Photoshop 的强项之一。在将文字栅格化之前，Photoshop 会保留基于矢量的文字轮廓，可以任意缩放文字或调整文字大小而不会产生锯齿。

Photoshop 提供了 4 种文字类型，主要包括：横排文字、直排文字、段落文字和选区文字，如图 7-1 所示。

图 7-1　移动 UI 的文字类型

7.1.2 文字属性设置

在移动UI图像中输入文字之前，首先需要在工具属性栏或“字符”面板中设置字符的属性，包括字体、字体大小以及文字颜色等。

选取工具箱中的文字工具，其工具属性栏如图 7-2 所示。

文字工具的工具属性栏中各选项的主要含义如下。

1 切换文本取向：如果当前文字为横排文字，单击该按钮，即可将其转换为直排文字；

如果文字为直排文字，单击该按钮即可将其转换为横排文字，如图 7-3 所示。

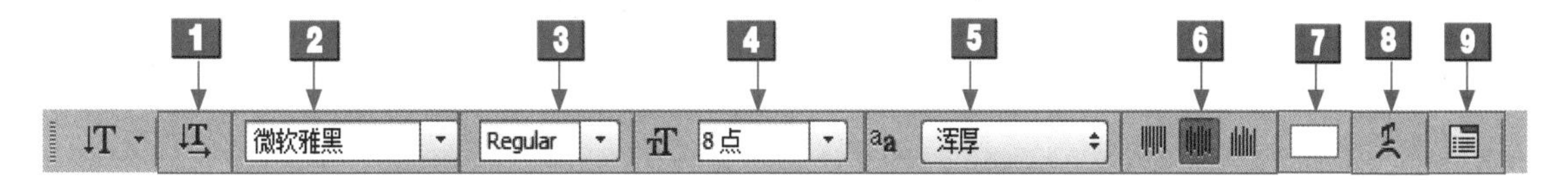

图 7-2　文字工具属性栏

图 7-3　直排与横排的文字效果

2 设置字体：在该选项列表框中，用户可以根据需要选择不同的字体。

3 字体样式：为字符设置样式，包括字距调整、Regular(规则的)、Ltalic(斜体)、Bold(粗体) 和 Bold Ltalic(粗斜体)，该选项只对部分英文字体有效。图 7-4 所示为设置文本字体样式前后的对比效果。

图 7-4　设置文本字体样式

4 字体大小：可以选择字体的大小，或者直接输入数值来进行调整。

5 消除锯齿的方法：可以为文字消除锯齿选择一种方法，Photoshop CC 会通过部分填充边缘像素来产生边缘平滑的文字，使文字的边缘混合到背景中而看不出锯齿。

6 文本对齐：根据输入文本时光标的位置来设置文本的对齐方式，包括左对齐文本、居中对齐文本和右对齐文本。

7 文本颜色：单击颜色块，可以在弹出的“拾色器”对话框中设置文字的颜色。图 7-5 所示为设置文字颜色前后的对比效果。

图 7-5　设置文字的颜色

8 文本变形：单击该按钮后，可以在弹出的“变形文字”对话框中为文本添加变形样式，创建变形文字。

9 显示 / 隐藏字符和段落面板：单击该按钮，可以显示或隐藏“字符”面板和“段落”面板。

专家指点

不仅可以在工具属性栏中设置文字的字体、字号、文字颜色以及文字样式等属性，还可以在“字符”面板中设置文字的各种属性。

7.1.3　横排文字输入

横排文字是一个水平的文本行，每行文本的长度随着文字的输入而不断增加，但是不会换行。在设计移动 UI 图像时，输入横排文字的方法很简单，使用工具箱中的横排文字工具或横排文字蒙版工具，即可在图像编辑窗口中输入横排文字。

下面详细介绍运用横排文字工具输入横排移动 UI 图像文字的操作方法。

7.1.3 内容
请扫二维码

步骤 01 选择“文件”|“打开”命令，打开一幅素材图像，如图 7-6 所示。

步骤 02 选择工具箱中的横排文字工具，如图 7-7 所示。

图 7-6　打开素材图像

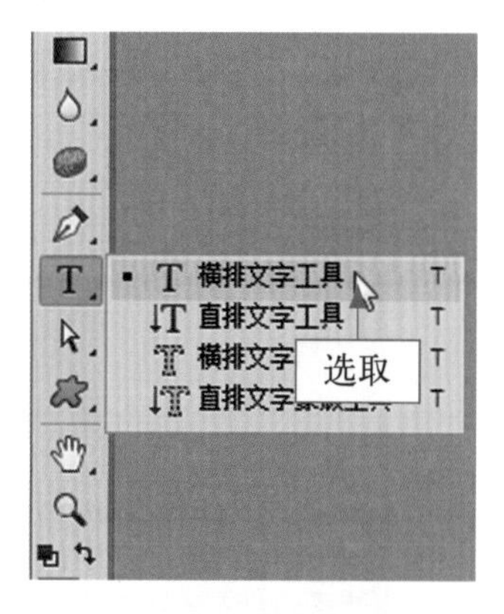

图 7-7　选取横排文字工具

步骤 03 将鼠标指针移至适当位置，在图像上单击鼠标左键，确定文字的插入点，在“字符”面板中设置“字体系列”为“文鼎中特广告体”、“字体大小”为“36 点”、“颜色”为白色 (RGB 参数值分别为 255、255、255)，如图 7-8 所示。

步骤 04 在图像中输入相应的文字，单击工具属性栏右侧的“提交所有当前编辑”按钮，即可完成横排文字的输入操作，然后将文字移至合适位置，效果如图 7-9 所示。

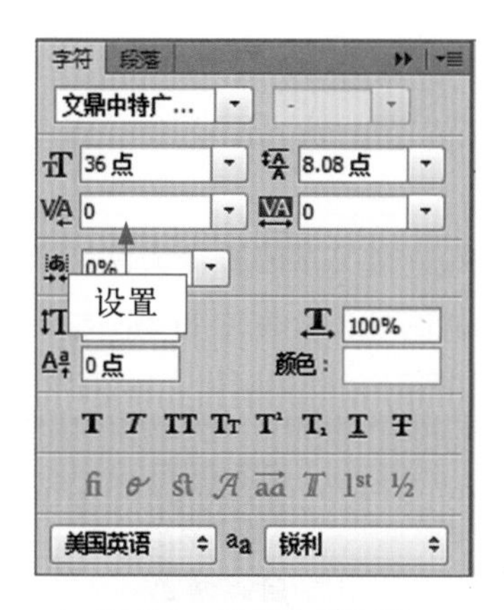

图 7-8　设置字符属性

图 7-9　最终效果

专家指点

在Photoshop CC中，在英文输入法状态下，按T键，可以快速切换至横排文字工具，然后在图像编辑窗口中输入相应文本内容即可。如果输入的文字位置不能满足需求，可以通过移动工具将文字移动到相应位置。

7.1.4 直排文字输入

在设计移动UI图像时，选取工具箱中的直排文字工具或直排文字蒙版工具，将鼠标指针移动到图像编辑窗口中，单击鼠标左键确定插入点，在图像中出现闪烁的光标之后，即可输入直排文字，如图7-10所示。

图7-10 直排文字效果

直排文字是一个垂直的文本行，每行文本的长度随着文字的输入而不断增加，但是不会换行。

下面详细介绍运用直排文字工具在移动UI图像中输入直排文字的操作方法。

步骤 01 选择“文件”|“打开”命令，打开一幅素材图像，如图7-11所示。

步骤 02 选取工具箱中的直排文字工具，如图7-12所示。

7.1.4内容
请扫二维码

图 7-11　打开素材图像

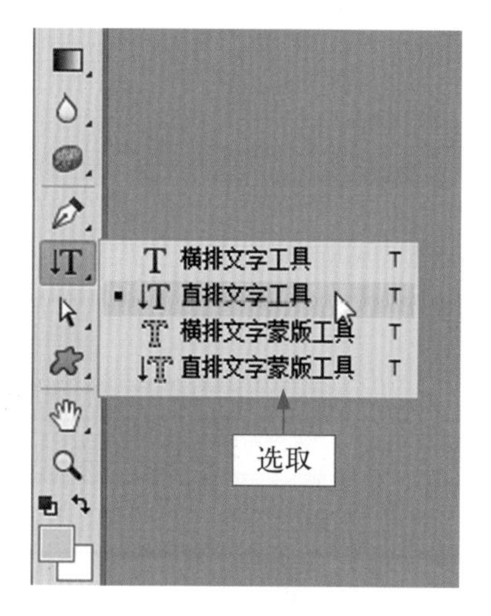

图 7-12　选取直排文字工具

步骤 03 将鼠标指针移至适当位置，在图像中单击鼠标左键，确定文字的插入点，在“字符”面板中，设置“字体系列”为“微软雅黑”、“字体大小”为“20 点”、“文本颜色”为白色 (RGB 参数值分别为 255、255、255)，如图 7-13 所示。

步骤 04 在图像中输入相应文字，单击工具属性栏右侧的“提交所有当前编辑”按钮，即可完成直排文字的输入操作，并将文字移至合适位置，效果如图 7-14 所示。

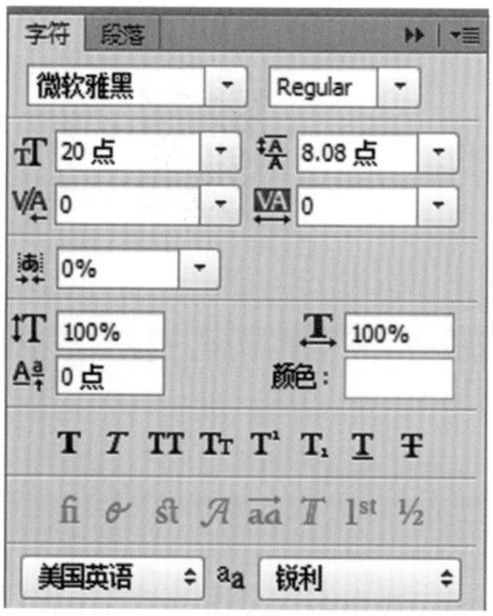

字符　段落
微软雅黑　Regular
20 点　8.08 点
0　0
0%
100%　100%
0 点　颜色：
美国英语　锐利

图 7-13　设置字符属性

图 7-14　最终效果

7.1.5 段落文字输入

段落文字是一类以段落文字定界框来确定文字的位置与换行情况的文字。图 7-15 所示为段落文字效果。

专家指点

在 Photoshop CC 中，当改变段落文字的定界框时，定界框中的文本会根据定界框的位置自动换行。

图 7-15　段落文字效果

下面详细介绍运用横排文字工具在移动 UI 图像中制作段落文字效果的操作方法。

7.1.5 内容
请扫二维码

步骤 01 选择“文件”|“打开”命令，打开一幅素材图像，如图 7-16 所示。

步骤 02 选择工具箱中的横排文字工具，在图像窗口中的合适位置创建一个定界框，如图 7-17 所示。

步骤 03 在“字符”面板中，设置“字体系列”为“微软雅黑”、“字体大小”为“4 点”、“文本颜色”为黑色 (RGB 参数值均为 0)，如图 7-18 所示。

步骤 04 在图像中输入相应文字，单击工具属性栏右侧的“提交所有当前编辑”按钮，即可完成段落文字的输入操作，并将文字移至合适位置，效果如图 7-19 所示。

图 7-16 打开素材图像

图 7-17 创建定界框

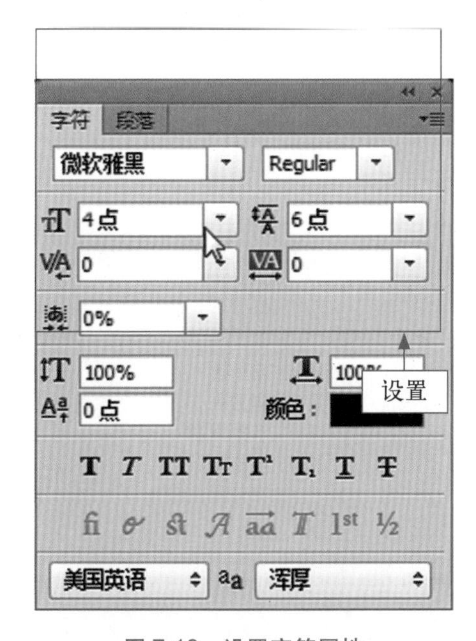

图 7-18 设置字符属性

图 7-19 最终效果

7.1.6 选区文字输入

在设计移动 UI 图像时，运用工具箱中的横排文字蒙版工具和直排文字蒙版工具，可以在图像编辑窗口中创建文字形状选区。如图 7-20 所示为选区文字效果。

图 7-20　选区文字效果

下面详细介绍运用横排文字蒙版工具在移动 UI 图像中输入选区文字的操作方法。

7.1.6 内容
请扫二维码

步骤 01 选择“文件”|“打开”命令，打开一幅素材图像，如图 7-21 所示。

步骤 02 选择工具箱中的横排文字蒙版工具，如图 7-22 所示。

图 7-21　打开素材图像

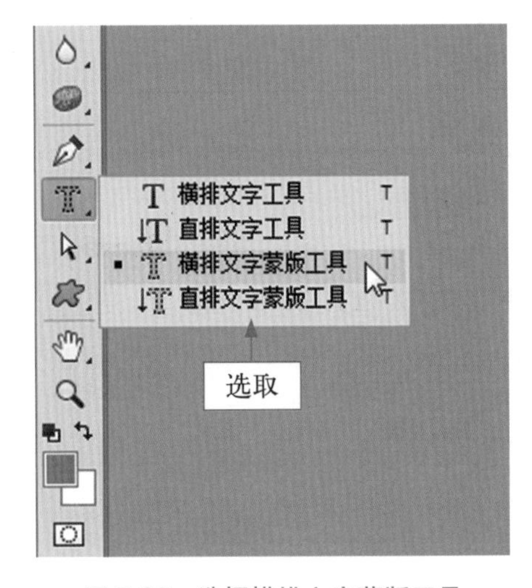

图 7-22　选择横排文字蒙版工具

步骤 03 执行上述操作后，将鼠标指针移至图像编辑窗口中的合适位置，在图像中单击鼠标左键，确认文本输入点，此时，图像背景呈淡红色显示，如图 7-23 所示。

步骤 04 在“字符”面板中设置“字体系列”为“微软雅黑”、“字体大小”为“48 点”，如图 7-24 所示。

图 7-23 背景呈淡红色显示

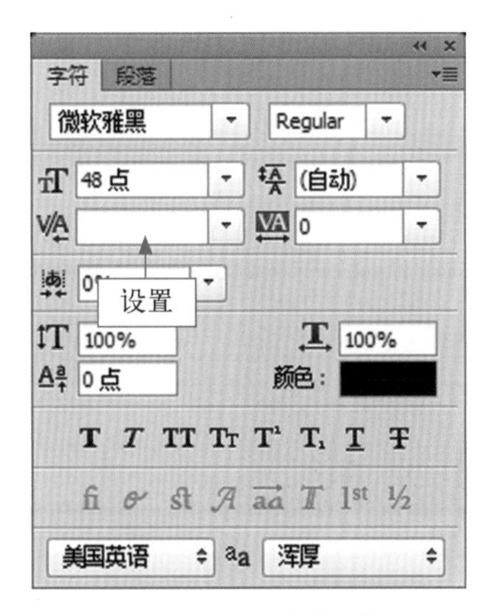

图 7-24 设置字符属性

步骤 05 输入“立即加入”，此时输入的文字呈实体显示，如图 7-25 所示。

步骤 06 按 Ctrl+Enter 组合键确认，即可创建文字选区，如图 7-26 所示。

图 7-25 输入文字

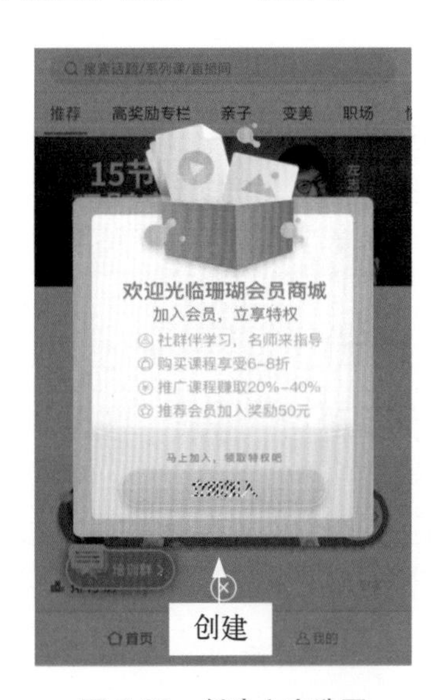

图 7-26 创建文字选区

步骤 07 新建“图层 1”图层，设置前景色为橙色 (RGB 的参数值分别为 250、129、100)，如图 7-27 所示。

步骤 08 按 Alt+Delete 组合键，为选区填充前景色，按 Ctrl+D 组合键，取消选区，效果如图 7-28 所示。

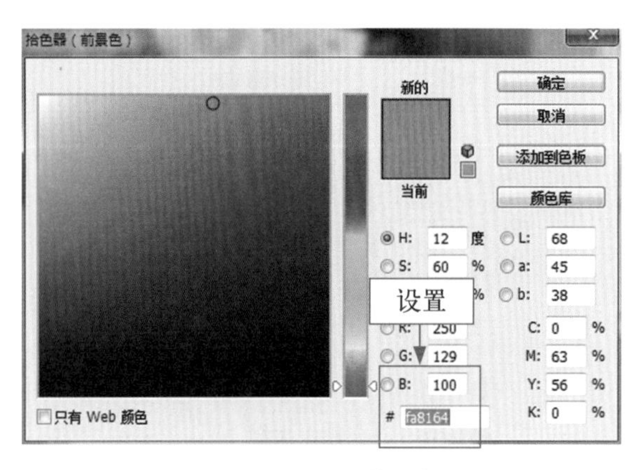

图 7-27　设置前景色

图 7-28　最终效果

7.2　完善效果：设置移动 UI 中的文字效果

在移动 UI 设计中，设置与编辑文字是指对已经创建的文字进行进一步完善的操作，如设置文字属性、设置段落属性、选择文字、移动文字、更改文字排列方向、切换点文字和段落文本、拼写检查文字以及查找和替换文字等，可以根据实际情况对文字对象进行相应操作，以完善文字效果。

7.2.1　文字属性的设置

在设计移动 UI 图像时，设置文字的属性主要是在“字符”面板中进行，在“字符”面板中可以设置字体、字体大小、字符间距以及文字倾斜等属性。

下面详细介绍设置移动 UI 文字属性的操作方法。

7.2.1 内容
请扫二维码

步骤 01　选择“文件”|“打开”命令，打开一幅素材图像，如图 7-29 所示。

步骤 02　在“图层”面板中，选择需要编辑的文字图层，如图 7-30 所示。

图 7-29　打开素材图像

图 7-30　选择文字图层

步骤 03　选择“窗口”|“字符”命令，展开“字符”面板，设置字符间距为 200，如图 7-31 所示。

步骤 04　执行上述操作后即可更改文字属性，按 Enter 键确认，效果如图 7-32 所示。

图 7-31　弹出“字符”面板

图 7-32　最终效果

“字符”属性面板中各选项的主要含义如下。

1 字体系列：在该选项列表框中可以选择字体。

2 字体大小：在该选项列表框中可以选择字体的大小。

3 行距：行距是指文本中各行文字之间的垂直间距，同一段落的行与行之间可以设置不同的行距。

4 字距微调：用来调整两个字符之间的距离。

5 字距调整：选择部分字符时，可以调整所选字符的间距。没有选择字符时，则全面调整字距。

6 垂直缩放/水平缩放：水平缩放用于调整字符的宽度，垂直缩放用于调整字符的高度。这两个百分比相同时，可以进行等比缩放；不相同时，则可以进行不等比缩放。

7 基线偏移：用来控制文字与基线的距离，可以升高或降低所选文字。

8 颜色：单击颜色块，可以在弹出的“拾色器”对话框中设置文字的颜色。

9 T状按钮：弹出用来创建仿粗体、斜体等文字样式。

10 语言：可以对所选字符进行有关连字符和拼写规则的语言设置，Photoshop使用语言词典检查连字符连接。

7.2.2 段落属性的设置

在设计移动UI图像时，段落属性主要是在“段落”面板中进行设置。使用“段落”面板，可以改变或重新定义文字的排列方式、段落缩进及段落间距等。

下面详细介绍设置移动UI图像中文本段落属性的操作方法。

7.2.2 内容
请扫二维码

步骤 01 选择“文件”|“打开”命令，打开一幅素材图像，如图7-33所示。

步骤 02 选择“窗口”|“段落”命令，展开“段落”面板，如图7-34所示。

图7-33 打开素材图像

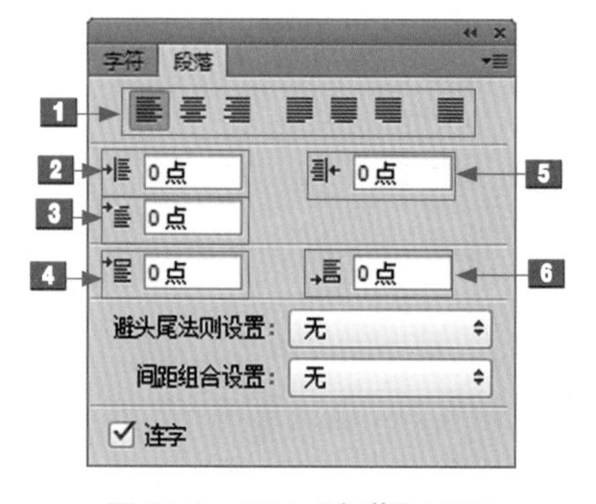

图7-34 展开“段落”面板

“段落”面板中各选项的主要含义如下。

1 对齐方式：包括左对齐文本、居中对齐文本、右对齐文本、最后一行左对齐、最后一行居中对齐、最后一行右对齐和全部对齐。

2 左缩进：设置段落的左缩进。

3 首行缩进：缩进段落中的首行文字。对于横排文字，首行缩进与左缩进有关；对于直排文字，首行缩进与顶端缩进有关。要创建首行悬挂缩进，必须输入一个负值。

4 段前添加空格：设置段落与上一行的距离，或全选文字的每一段的距离。

5 右缩进：设置段落的右缩进。

6 段后添加空格：可以调整选定段落的间距。

步骤 03 在“段落”面板中，单击“居中对齐文本”按钮，如图 7-35 所示。

步骤 04 执行操作后，文本的段落属性效果如图 7-36 所示。

图 7-35 单击“居中对齐文本”按钮

图 7-36 最终效果

7.2.3 选择和移动 UI 图像文字

在设计移动 UI 图像时，选择文字是文字编辑过程中的第一步，适当地将文字移至图像中的合适位置，可以使图像整体更美观。

在 Photoshop CC 中，可以根据需要，选择工具箱中的移动工具，将鼠标移至输入完成的文字上，单击鼠标左键并拖曳鼠标指针，移动文字至图像中的合适位置。如图 7-37 所示为移动文字前后的对比效果。

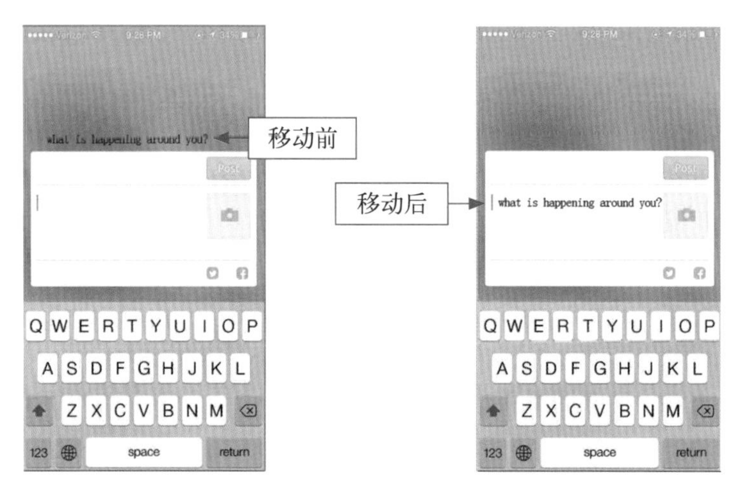

图 7-37　移动文字前后的对比效果

7.2.4　设置文字的方向互换

在设计移动 UI 图像时，虽然使用横排文字工具只能创建水平排列的文字，使用直排文字工具只能创建垂直排列的文字，但在需要的情况下，可以相互转换这两种文字的显示方向。在 Photoshop CC 中，单击文字工具属性栏上的“更改文本方向”按钮，将输入完成的文字在水平与垂直方向间互换。

图 7-38 所示为互换水平和垂直文字前后的对比效果。

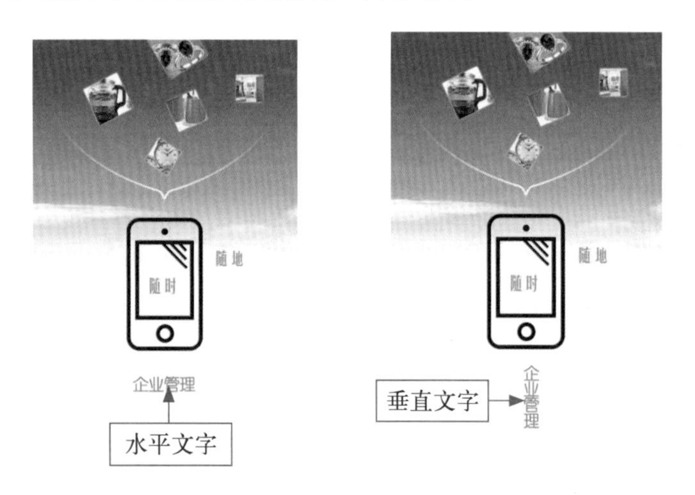

图 7-38　互换水平和垂直文字前后的对比效果

专家指点

除了使用以上方法可以将直排文字与横排文字之间相互转换外，还可以选择“图层”|“文字”|“水平”命令，或选择“图层”|“文字”|“垂直”命令。

7.2.5 段落文本与点文本的切换

在设计移动 UI 图像时，点文本和段落文本可以相互转换，转换时选择“类型”|“转换为段落文本”命令，或选择“类型”|“转换为点文本”命令即可。

下面详细介绍切换点文本和段落文本的操作方法。

7.2.5 内容
请扫二维码

步骤 01 选择“文件”|“打开”命令，打开一幅素材图像，如图 7-39 所示。

步骤 02 在“图层”面板中，选择相应的文字图层，如图 7-40 所示。

图 7-39　打开素材图像

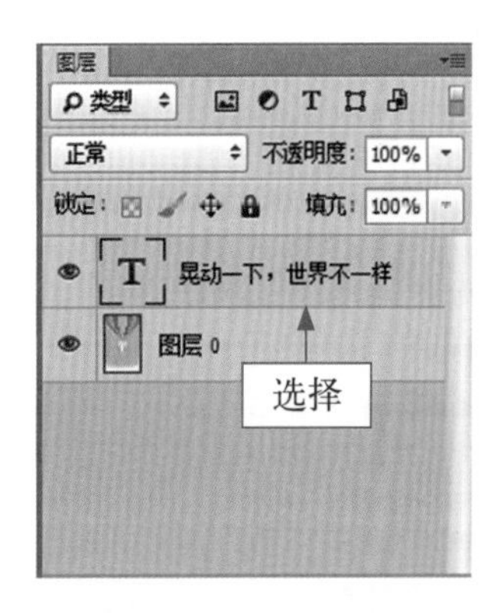

图 7-40　选择文字图层

专家指点

点文本的文字行是独立的，即文字的长度随文本的增加而变长却不会自动换行，如果在输入点文字时需要换行则必须按 Enter 键；输入段落文本时，文字基于定界框的尺寸将自动换行，用户可以输入多个段落文本，也可以进行段落文本调整，定界框的大小可以任意调整，以便重新排列文字。

步骤 03 选择“类型”|“转换为段落文本”命令，如图 7-41 所示。

步骤 04 执行上述操作后，即可将点文本转换为段落文本。选择工具箱中的横排文字工具，在文本处单击鼠标左键，即可查看段落文本状态，如图 7-42 所示。

图 7-41　选择“转换为段落文本”命令

图 7-42　将点文本转换为段落文本

步骤 05 按Ctrl+Enter组合键确认，选择“类型”|“转换为点文本”命令，如图7-43所示。

步骤 06 执行上述操作后，即可将段落文本转换为点文本，选取工具箱中的横排文字工具，在文字处单击鼠标左键，即可查看点文本状态，如图7-44所示。

图 7-43　选择“转换为点文本”命令

图 7-44　将段落文本转换为点文本

7.2.6　文字的拼写检查

在设计移动UI图像时，可以通过“拼写检查”命令检查输入的拼音文字，系统将对词典中没有的词进行询问，如果被询问的词拼写是正确的，可以将该词添加到拼写检查词典中；如果询问的词的拼写是错误的，可以将其改正。

当移动 UI 图像中出现错误的英文单词时，可以选择“编辑”|“拼写检查”命令，弹出“拼写检查”对话框，系统会自动查找不在词典中的单词，在“更改为”文本框中输入正确的单词，如图 7-45 所示。

图 7-45　在“更改为”文本框中输入英文单词

单击“更改”按钮，弹出信息提示框，如图 7-46 所示。单击“确定”按钮，即可将拼写错误的英文单词更改正确，效果如图 7-47 所示。

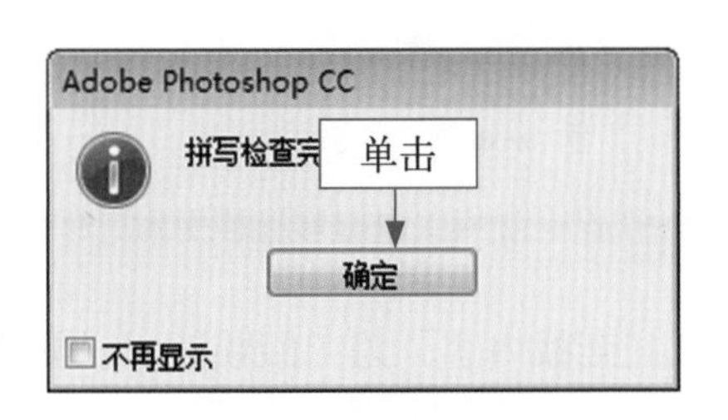

图 7-46　信息提示框

图 7-47　更正错误的英文单词

“拼写检查”对话框中各选项的主要含义如下。

1 忽略：单击此按钮，继续进行拼写检查而不更改文字。

2 更改：单击此按钮可以改正一个拼写错误，但应确保“更改为”文本框中的词语拼写正确。

3 更改全部：要更改文档中重复的拼写错误，可以单击此按钮。

4 添加：单击此按钮，可以将无法识别的词存储在拼写检查词典中。

5 检查所有图层：选中该复选框，可以对整体图像中的不同图层的拼写进行检查。

7.2.7 文字的查找与替换

在移动UI图像中输入大量的文字后，如果出现相同错误的文字很多，可以使用“查找和替换文本”功能对文字进行批量更改，来提高工作效率。

下面详细介绍查找与替换文字的操作方法。

7.2.7 内容
请扫二维码

步骤 01 选择“文件”|“打开”命令，打开一幅素材图像，如图7-48所示。

步骤 02 选择所有的文字图层，选择“编辑”|“查找和替换文本”命令，如图7-49所示。

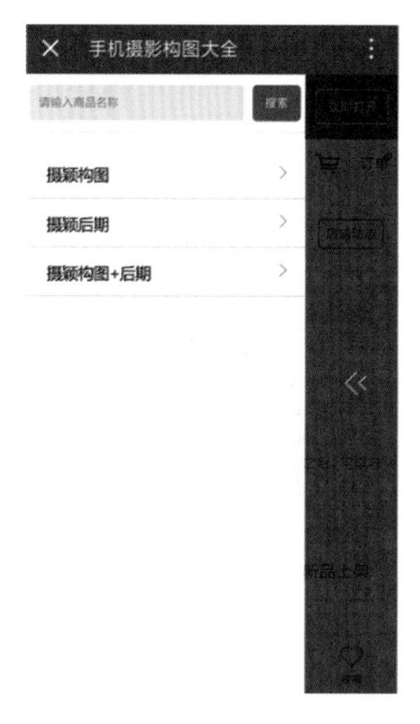

图7-48 打开素材图像

图7-49 选择“查找和替换文本”命令

步骤 03 弹出“查找和替换文本”对话框，设置“查找内容”为“摄颖”、“更改为”为“摄影”，如图7-50所示。

步骤 04 单击“查找下一个”按钮，即可查找到相应文本，如图 7-51 所示。

“查找和替换文本”对话框中各选项的主要含义如下。

1 查找内容：在该文本框中输入需要查找的文本内容。

2 更改为：在该文本框中输入需要更改的文本内容。

3 区分大小写：对于英文字体，查找时严格区分大小写。

4 全字匹配：对于英文字体，查找的内容必须与分隔符之间的部分完全一致。

5 向前：选中该复选框时，只查找光标所在点前面的文字。

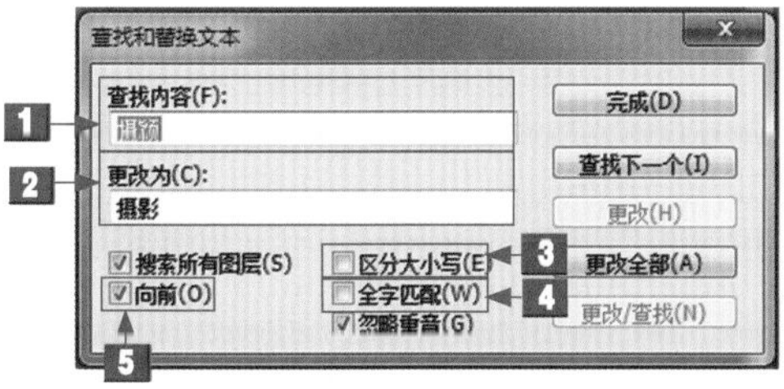

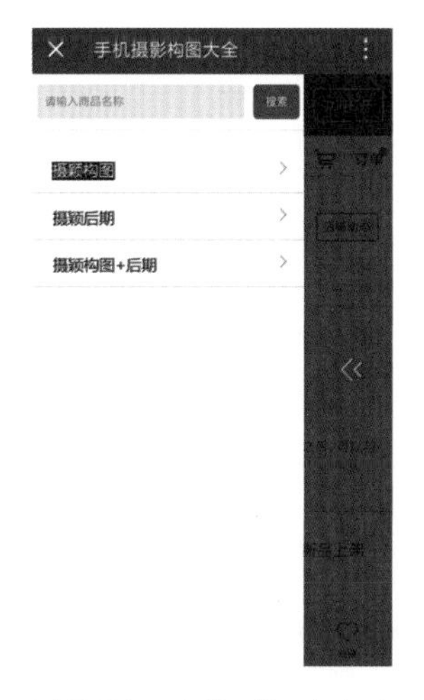

图 7-50　设置各选项

图 7-51　查找到相应文本

步骤 05 单击“更改全部”按钮，弹出信息提示框，如图 7-52 所示。

步骤 06 单击“确定”按钮，即可完成文字的替换，效果如图 7-53 所示。

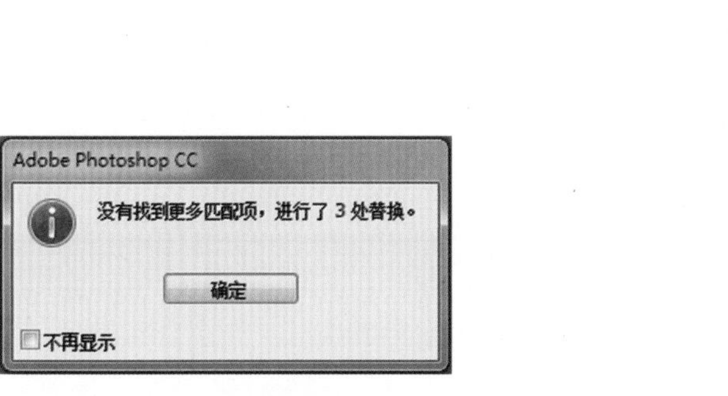

图 7-52　弹出信息提示框

图 7-53　最终效果

第 8 章 界面合成：移动 UI 图像抠取与合成

学习提示

在移动 UI 的设计过程中，由于拍摄时的取景问题，往往会使拍摄出来的照片内容过于复杂。如果直接使用照片内容会降低产品的表现力，需要抠取出主要部分单独使用。本章介绍如何使用 Photoshop 中的工具和命令进行抠图与合成。

本章重点导航

◎ “反向”命令
◎ “扩大选取”命令
◎ 快速选择工具
◎ 矩形选框工具
◎ 套索工具
◎ 磁性套索工具
◎ 钢笔工具
◎ “色彩范围”命令
◎ “选取相似”命令
◎ 魔棒工具
◎ 椭圆选框工具
◎ 多边形套索工具
◎ 魔术橡皮擦工具
◎ 自由钢笔工具

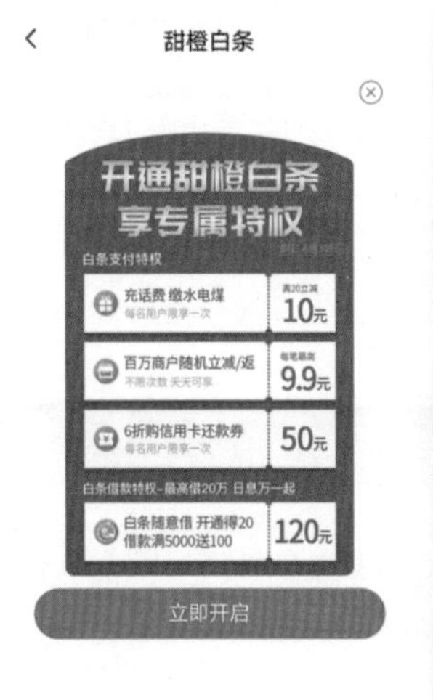

8.1 抠图命令：掌握移动UI图像命令抠图技法

本节主要介绍通过运用“反向”“色彩范围”“扩大选取”“选取相似”及“调整边缘”命令对移动UI图像进行抠图操作的方法。

8.1.1 “反向”命令

在选取图像时，不但要根据不同的图像类型选择不同的选取工具，还要根据不同的图像类型选择不同的选取方式。在移动UI的设计过程中，“反向”命令是比较常用的选取方式之一，也是抠图合成处理中常用的操作。

下面介绍使用“反向”命令抠图的具体操作方法。

8.1.1 内容
请扫二维码

步骤 01 选择“文件”|“打开”命令，打开一幅素材图像，如图8-1所示。

步骤 02 在“背景”图层上双击鼠标左键，将“背景”图层转换为普通图层，选取工具箱中的磁性套索工具，在图像编辑窗口中创建一个选区，如图8-2所示。

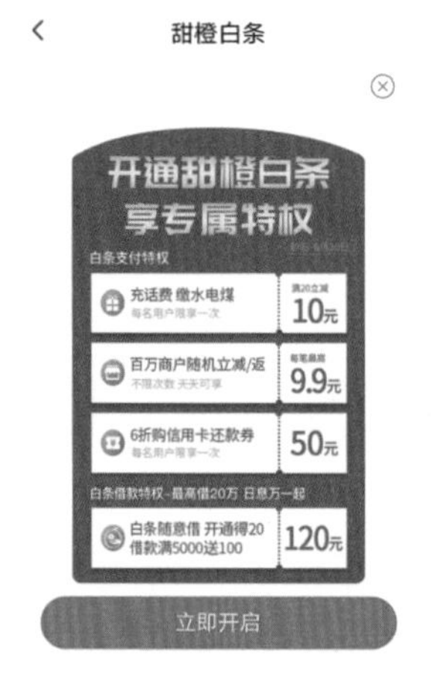

图8-1 打开素材图像

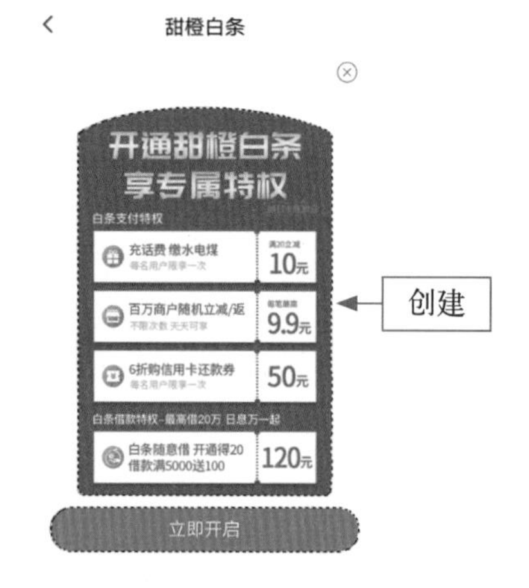

图8-2 选中白色区域

专家指点

用户可以选择“选择”|“反向”命令反选选区，也可以按Ctrl+Shift+I组合键，将选区反选。

步骤 03 选择“选择”|“反向”命令，反选选区，如图 8-3 所示。

步骤 04 按 Delete 键，删除选区内的图像，即可抠取图像，如图 8-4 所示。

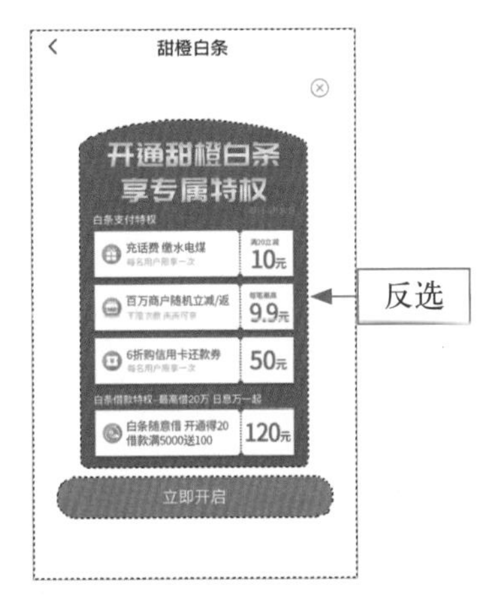

图 8-3 反选选区

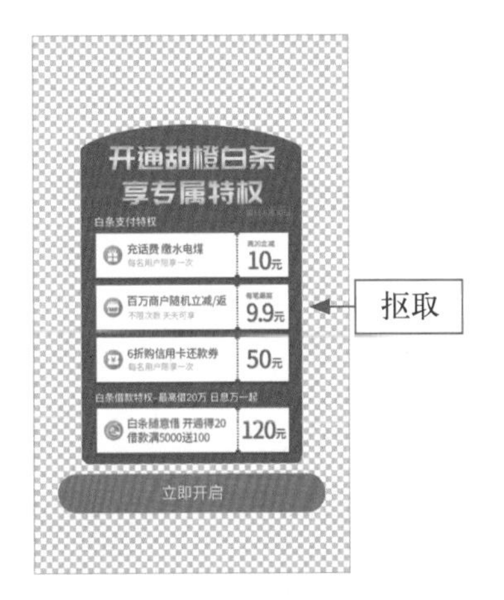

图 8-4 抠取图像

8.1.2 “色彩范围”命令

使用“色彩范围”命令快速创建选区，其原理是以颜色作为依据，类似于魔棒工具，但是它比魔棒工具更加强大。

下面介绍运用“色彩范围”命令抠图的具体操作方法。

8.1.2 内容
请扫二维码

步骤 01 选择“文件”|“打开”命令，打开一幅素材图像，如图 8-5 所示。

步骤 02 选择“选择”|“色彩范围”命令，弹出“色彩范围”对话框，将鼠标指针移至图像编辑窗口中的白色区域，并且单击鼠标左键，如图 8-6 所示。

图 8-5 打开素材图像

图 8-6 单击白色区域

专家指点

应用“色彩范围”命令指定颜色范围时，可以调整所需按区域的预览方式。通过“选区预览”选项可以设置预览方式，包括“灰色”“黑色杂边”“白色杂边”和“快速蒙版”4种预览方式。

步骤 03 单击“确定”按钮，即可在图像中选择相应区域，用矩形选框工具增加相应图像选区，如图8-7所示。

步骤 04 按Ctrl+J组合键复制一个新图层，并隐藏“背景”图层，图像被抠取出来如图8-8所示。

图8-7 创建选区

图8-8 复制新图层并隐藏“背景”图层

专家指点

“色彩范围”命令是一种利用图像中的颜色变化关系来创建选区的命令，此命令根据选取色彩的相似程度，在图像编辑窗口中提取相似的色彩区域而生成选区。在编辑图像的过程中，若像素图像的元素过多或者需要对整幅图像进行调整，则可以使用“选择”|“全部”命令对图像进行调整。

8.1.3 “扩大选取”命令

在Photoshop CC中，选择“扩大选取”命令时，Photoshop会基于魔棒工具属性栏中的“容差”值来决定选区的扩展范围。首先确定小块的选区，然后再执行此命令来选取相邻的像素。Photoshop CC会查找并选择与当前选区中的像素颜色相近的像素，从而扩大选区，但该命令只扩大到与原选区相连接的区域。

选取工具箱中的魔棒工具，在移动UI图像中单击鼠标左键，创建一个选区，如图8-9所示。

专家指点

使用“扩大选取”命令可以将原选区扩大，所扩大的范围是与原选区相邻且颜色相近的区域，扩大的范围由魔棒工具属性栏中的容差值决定。

图 8-9　创建选区

连续多次选择“选择”|“扩大选取”命令，即可扩大选区，如图 8-10 所示。按 Ctrl+J 组合键复制一个新图层，并隐藏“背景”图层，即可将选取的图像抠取出来，效果如图 8-11 所示。

图 8-10　扩大选区

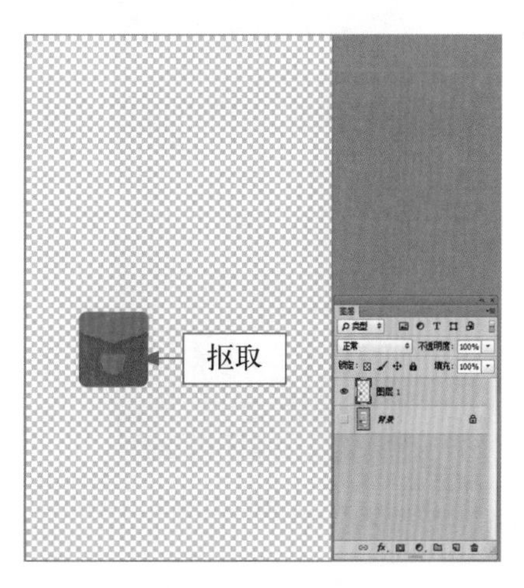

图 8-11　复制新图层并隐藏“背景”图层

8.1.4　“选取相似”命令

在移动 UI 设计过程中，使用“选取相似”命令，可以根据现有的选区及包含的容差值，自动将图像中颜色相似的所有区域选中，使选区在整个图像中进行不连续的扩展。

选择工具箱中的魔棒工具，在工具属性栏中设置“容差”为20，在图像中单击鼠标左键，创建选区，如图8-12所示。

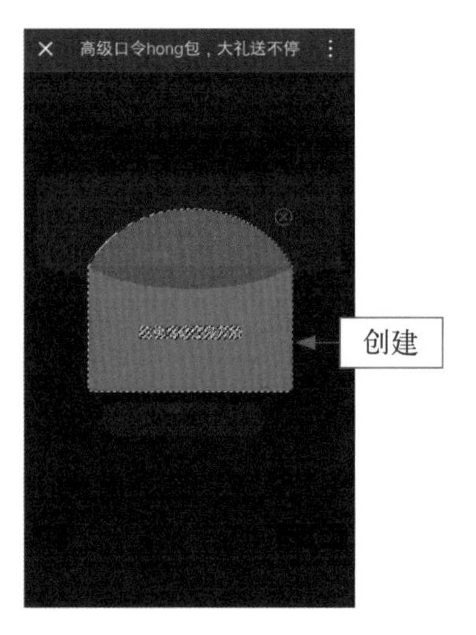

图8-12　创建选区

连续多次选择“选择”|“选取相似”命令，选取颜色相似的区域，如图8-13所示。按Ctrl+J组合键复制一个新图层，并隐藏“背景”图层，图像被抠取出来如图8-14所示。

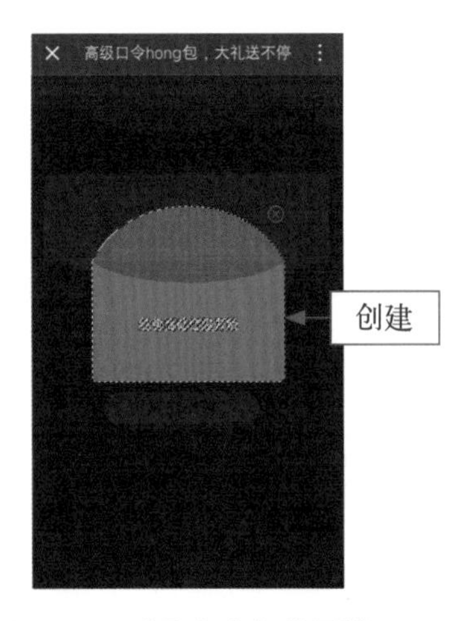

图8-13　选取颜色相似区域

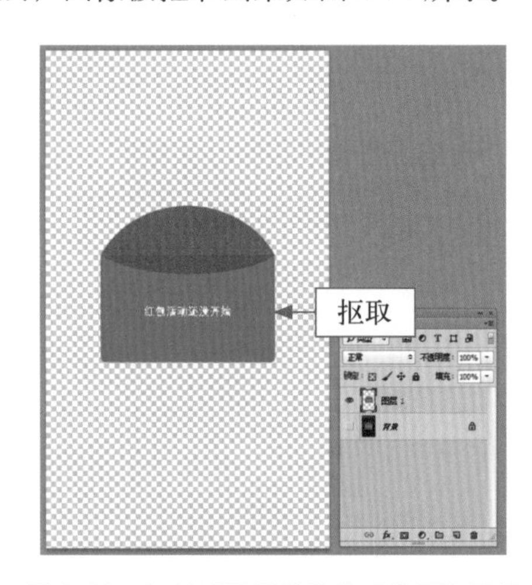

图8-14　复制新图层并隐藏“背景”图层

专家指点

按Alt+S+R组合键，也可以创建相似选区。

“选取相似”命令是将图像中所有与选区内像素颜色相近的像素都扩充到选区中，不适合用于复杂像素图像。

8.2 工具抠图：掌握移动 UI 工具抠图技法

在移动 UI 的设计过程中，对图像进行抠图合成处理时，经常需要借助选区来确定操作对象的区域，选区的功能在于准确地限制抠取图像的范围，从而得到精确的效果，因此选区工具尤为重要。

8.2.1 快速选择工具 

在移动 UI 的设计过程中，运用快速选择工具可以通过调整画笔的笔触、硬度和间距等参数再快速单击或拖动创建选区，然后进行抠图合成处理。拖动时，选区会向外扩展并自动查找和跟随图像中定义的边缘。

用快速选择工具创建选区通常用于在一定容差范围内的颜色选取，在进行选取时，需要设置相应的画笔大小。

下面介绍运用快速选择工具抠图的具体操作方法。

8.2.1 内容
请扫二维码

步骤 01 选择“文件”|“打开”命令，打开一幅素材图像，如图 8-15 所示。

步骤 02 选择工具箱中的快速选择工具，在工具属性栏中设置画笔“大小”为 10 像素，在相应图像上拖曳鼠标指针，如图 8-16 所示。

图 8-15　打开素材图像

图 8-16　拖动鼠标指针

专家指点

快速选择工具默认选择光标周围与光标范围内的颜色类似且连续的图像区域，因此，光标的大小决定着选取的范围。

步骤 03 继续在图像中拖曳鼠标指针，直至选择需要的图像范围，如图 8-17 所示。

步骤 04 按 Ctrl+J 组合键复制一个新图层，并隐藏“背景”图层，图像被抠取出来效果如图 8-18 所示。

图 8-17 继续拖曳鼠标指针

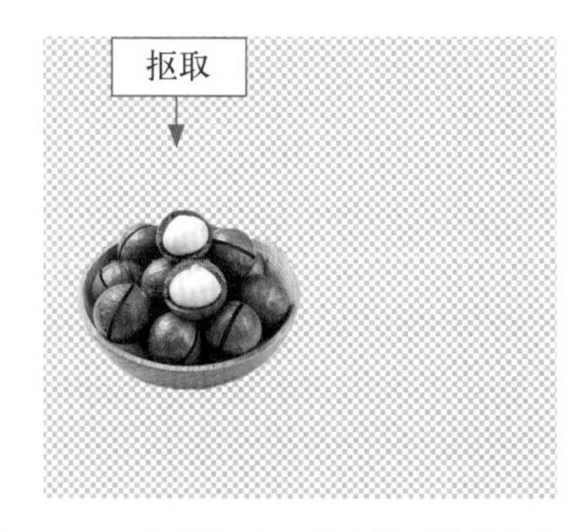

图 8-18 复制新图层并隐藏“背景”图层

专家指点

快速选择工具是根据颜色相似性来选择区域的，可以将画笔大小内的相似颜色一次性选中。在工具箱中选择快速选择工具后，其工具属性栏变化如图 8-19 所示。

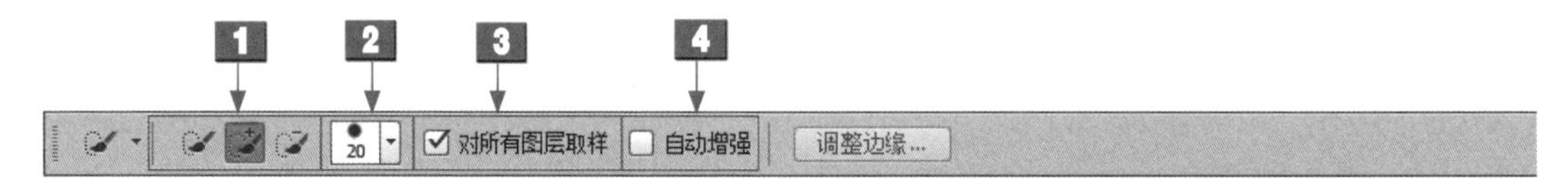

图 8-19 快速选择工具的工具属性栏

快速选择工具的工具属性栏中各选项的主要含义如下。

1 选区运算按钮：分别为“新选区”按钮，可以创建一个新的选区；“添加到选区”按钮，可在原选区的基础上添加新的选区；“从选区减去”按钮，可在原选区的基础上减去当前绘制的选区。

2 “画笔拾取器”：单击按钮，可以设置画笔笔尖的大小、硬度和间距。

3 对所有图层取样：可基于所有图层创建选区。

4 自动增强：可以减少选区边界的粗糙度和块效应。

下面介绍运用快速选择工具创建选区的操作方法。

在拖动过程中，如果有少选或多选的现象，可以单击工具属性栏中的“添加到选区”按钮或“从选区减去”按钮，在相应区域适当拖动，以进行适当调整。

在快速选择工具属性栏中有一个“对所有图层取样”选项，在选中“对所有图层取样”复选框后，拖动鼠标进行快速选择时，不仅对“图层 1”图层中的图像进行了取样，而且“背景”图层中的图像也被选中。如果取消选中“对所有图层取样”复选框，在进行对“图层 1”图层进行取样时，将不能同时选中“背景”图层中的图像。

8.2.2 魔棒工具

在移动 UI 的设计过程中，使用魔棒工具可以在图像中颜色相近或相同的区域创建选区。在颜色相近的图像上单击鼠标左键，即可选取图像中的相近颜色范围。在工具箱中选择魔棒工具后，其工具属性栏如图 8-20 所示。

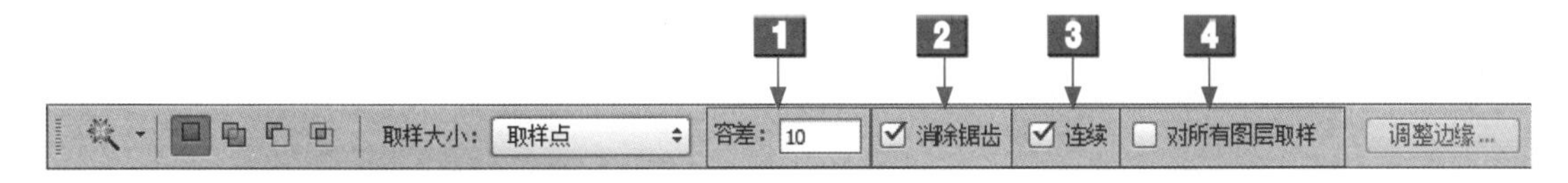

图 8-20 魔棒工具属性栏

魔棒工具的工具属性栏中各选项的主要含义如下。

1 容差：用来控制创建选区范围的大小，数值越小，所要求的颜色越相近，数值越大，则颜色相差越大。

2 消除锯齿：用来模糊羽化边缘的像素，使其与背景像素产生颜色的过渡，从而消除边缘明显的锯齿。

3 连续：在使用魔棒工具选择图像时，在工具属性栏中勾选“连续”复选框，只选取与单击处相邻的、容差范围内的颜色区域，如图 8-21 所示。

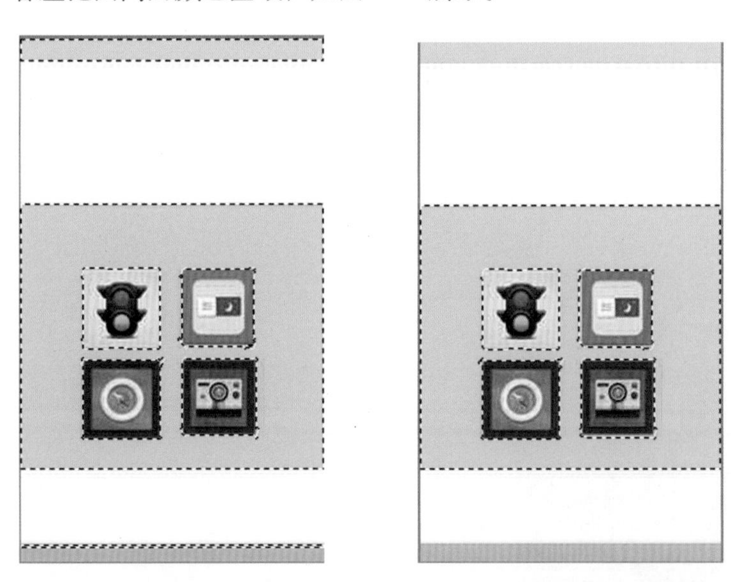

图 8-21 取消勾选（左）与勾选（右）“连续”复选框的选区效果

4 对所有图层取样：用于有多个图层的文件。勾选该复选框后，能选取图像文件中所有图层中相近颜色的区域，取消勾选时，只选取当前图层中相近颜色的区域。

下面介绍运用魔棒工具进行抠图的操作方法。

8.2.2 内容
请扫二维码

步骤 01 选择“文件”|“打开”命令，打开一幅素材图像，如图 8-22 所示。

步骤 02 选取工具箱中的魔棒工具，在工具属性栏上设置“容差”为 50，将鼠标指针移至图像编辑窗口中的红色区域上，单击鼠标左键，即可创建选区，如图 8-23 所示。

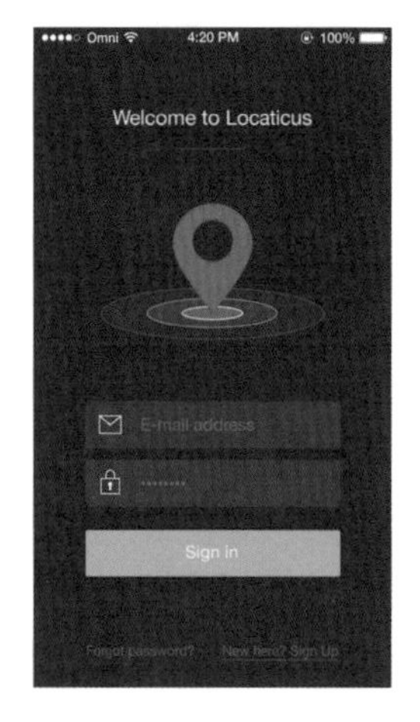

图 8-22　打开素材图像

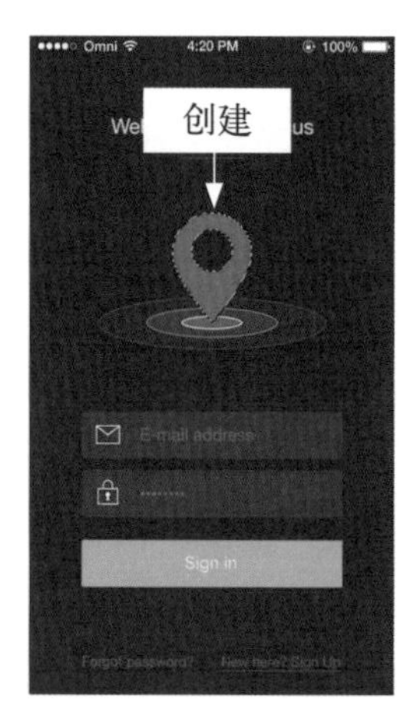

图 8-23　创建选区

步骤 03 在工具属性栏上单击“添加到选区”按钮，再将鼠标指针移至红色区域上，单击鼠标左键，加选选区，如图 8-24 所示。

步骤 04 按 Ctrl+J 组合键复制一个新图层，并隐藏“背景”图层，图像被抠取出来效果如图 8-25 所示。

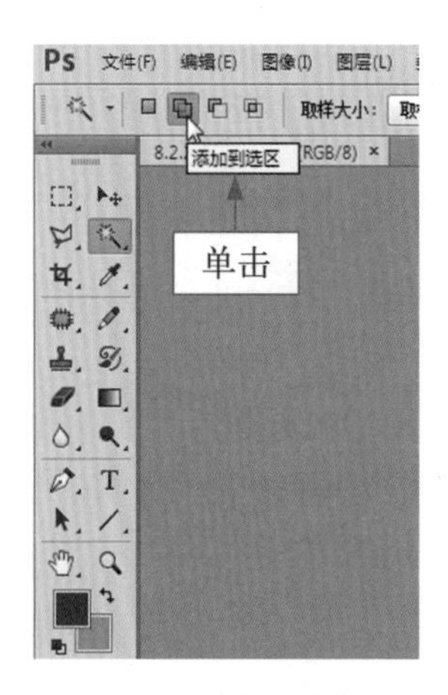

图 8-24　加选选区

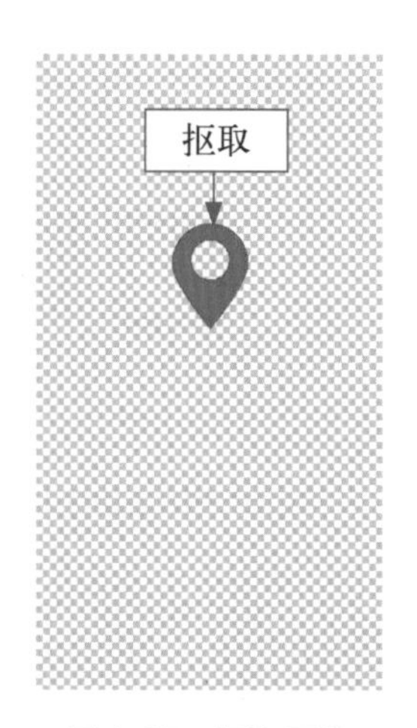

图 8-25　抠取图像

专家指点

魔棒工具属性栏中的“容差”选项含义是：在其右侧的文本框中可以设置0～255之间的数值，其主要用于确定选择范围的容差，默认值为32。设置的数值越小，选择的颜色范围越相近，范围也就越小，如图8-26和图8-27所示。

图8-26　容差为60的选取效果

图8-27　容差为100的选取效果

8.2.3　矩形选框工具

在移动UI的设计过程中，使用矩形选框工具可以建立矩形选区或正方形选区，该工具是区域选择工具中最基本、最常用的工具，选择矩形选框工具后，其工具属性栏如图8-28所示。

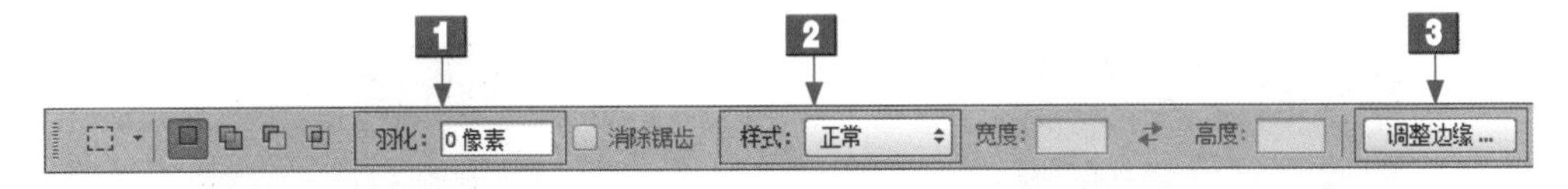

图8-28　矩形选框工具属性栏

矩形选框工具的工具属性栏中各选项的含义如下。

1 羽化：用来设置选区的羽化范围，从而得到柔化效果。

2 样式：用来设置选区的创建方法。选择“正常”选项，可以自由创建任何宽高比例、长宽大小的矩形选区；选择“固定比例”选项，可在“宽度”和“高度”文本框中输入数值，设置选区高度与宽度的比例，得到精确的固定宽高比的矩形选区；选择“固定大小”选项，可在“宽度”和“高度”文本框中输入数值，确定新选区高度与宽度的精确数值，创建大小精确的选区。

3 调整边缘：单击该按钮，可以打开“调整边缘”对话框，对选区进行平滑、羽化等处理。

下面介绍运用矩形选框工具抠图的操作方法。

8.2.3 内容
请扫二维码

步骤 01 选择“文件”|“打开”命令，打开 8.2.3(a).jpg、8.2.3(b).jpg 两幅素材图像，如图 8-29 所示。

图 8-29　打开素材图像

步骤 02 确认 8.2.3(b).jpg 图像编辑窗口为当前编辑窗口，选取工具箱中的矩形选框工具，将鼠标指针移至图像编辑窗口中的合适位置，单击鼠标左键的同时进行拖曳，创建一个矩形选区，如图 8-30 所示。

步骤 03 选取工具箱中的移动工具，将鼠标指针移至图像中的矩形选区内，按住鼠标左键的同时拖曳选区内图像至 8.2.3(a).jpg 图像编辑窗口中，如图 8-31 所示。

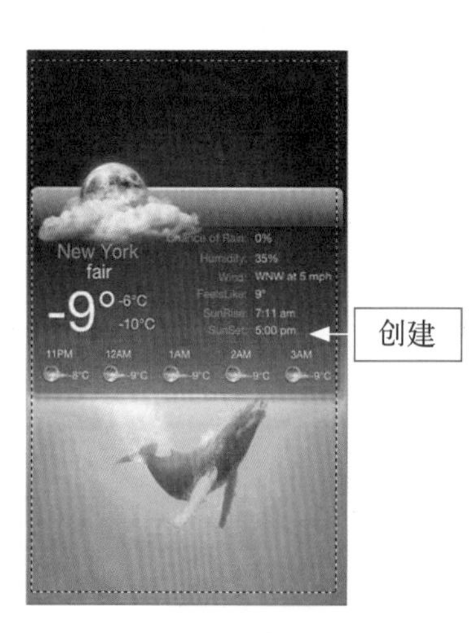

图 8-30　创建矩形选区

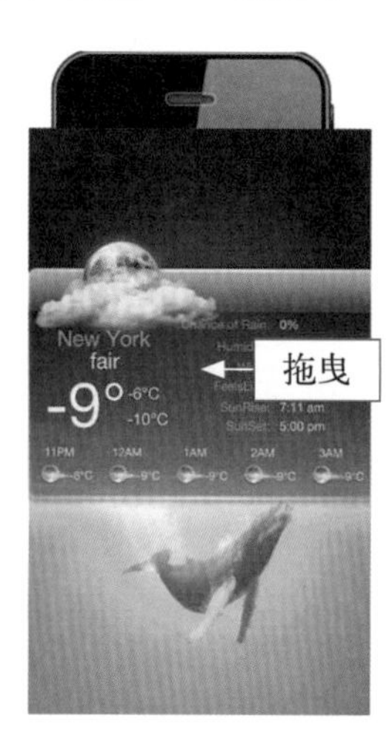

图 8-31　移动矩形选区内图像

专家指点

与矩形选框工具有关的技巧如下。

- 按 M 键，可快速选择矩形选框工具。
- 拖动鼠标指针的同时按 Shift 键，可创建正方形选区。
- 拖动鼠标指针的同时按 Alt 键，可创建以起点为中心的矩形选区。
- 拖动鼠标指针的同时按 Alt+Shift 组合键，可创建以起点为中心的正方形选区。

步骤 04 移动图像至合适位置，选择“编辑”|“变换”|“缩放”命令，调出变换控制框，如图 8-32 所示。

步骤 05 适当调整图像的大小，按 Enter 键选择确认操作，效果如图 8-33 所示。

图 8-32 调出变换控制框

图 8-33 最终效果

8.2.4 椭圆选框工具

在移动 UI 的设计过程中，使用椭圆选框工具可以创建椭圆选区或正圆选区。选择椭圆选框工具后，其属性栏的变化如图 8-34 所示。

图 8-34 椭圆选框工具的工具属性栏

选择工具箱中的椭圆选框工具，将鼠标指针移至图像编辑窗口中，单击鼠标左键的同时按住 Shift 键进行拖曳，创建一个正圆形选区，如图 8-35 所示。

专家指点

与椭圆选框工具有关的技巧如下。

- 按 Shift+M 组合键，可快速选择椭圆选框工具。
- 拖动鼠标指针的同时按 Shift 键，可创建正圆选区。
- 拖动鼠标指针的同时按 Alt 键，可创建以起点为中心的椭圆选区。
- 拖动鼠标指针的同时按 Alt+Shift 组合键，可创建以起点为中心的正圆选区。

图 8-35　创建一个椭圆选区

按 Ctrl+J 组合键复制选区内的图像，建立一个新图层，并隐藏“背景”图层，图像被抠取出来效果如图 8-36 所示。

图 8-36　抠图效果

8.2.5 套索工具

在移动 UI 的设计过程中，使用套索工具可以在图像编辑窗口中创建任意形状的选区。套索工具一般用于创建不太精确的选区，并进行抠图处理。

选择工具箱中的套索工具，在图像编辑窗口中的合适位置创建选区，如图 8-37 所示。

图 8-37 创建选区

按 Ctrl+J 组合键，复制选区内的图像，建立一个新图层，并隐藏“背景”图层，图像被抠取出来效果如图 8-38 所示。

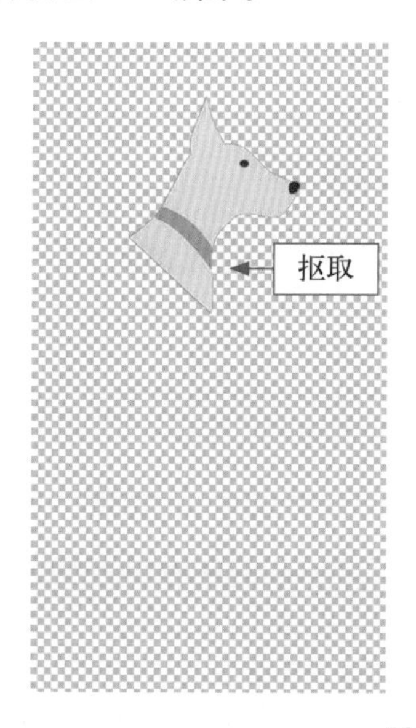

图 8-38 抠图效果

专家指点

套索工具主要用来选取对精度要求不高的区域，该工具的最大优势是绘制选区的效率很高。

8.2.6 多边形套索工具

在移动UI的设计过程中，使用多边形套索工具可以在图像编辑窗口中绘制不规则的选区以进行抠图处理。多边形套索工具创建的选区可以非常精确。

下面介绍运用多边形套索工具抠图的操作方法。

8.2.6 内容
请扫二维码

步骤 01 选择“文件”|“打开”命令，打开8.2.6(a).jpg、8.2.6(b).jpg两幅素材图像，如图8-39所示。

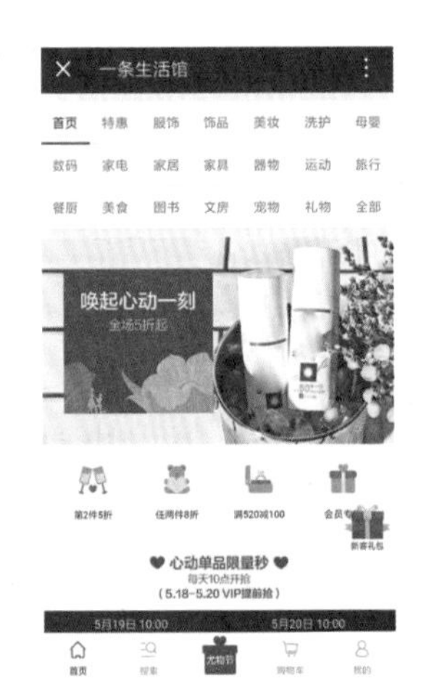

图8-39 打开素材图像

步骤 02 选择工具箱中的多边形套索工具，在8.2.6(a).jpg图像编辑窗口中创建一个选区，如图8-40所示。

步骤 03 切换至8.2.6(b).jpg图像编辑窗口，按Ctrl+A组合键全选图像，如图8-41所示。

步骤 04 按Ctrl+C组合键复制图像，切换至8.2.6(a).jpg图像编辑窗口，按Alt+Shift+Ctrl+V组合键贴入图像，如图8-42所示。

步骤 05 按Ctrl+T组合键，调出变换控制框，如图8-43所示。

步骤 06 移动鼠标指针至变换控制柄上，按住鼠标左键并进行拖曳，适当缩小图像，按Enter键确认操作，效果如图8-44所示。

图 8-40　创建选区

图 8-41　全选图像

图 8-42　贴入图像

图 8-43　调出变换控制框

图 8-44　最终效果

专家指点

使用多边形套索工具创建选区时，按住Shift键的同时单击鼠标左键，可以沿水平、垂直或45°角方向创建选区。

8.2.7 磁性套索工具

在Photoshop CC中，磁性套索工具是套索工具组中的选取工具之一。在移动UI的设计过程中，使用磁性套索工具可以快速选择与背景对比强烈并且边缘复杂的对象，它可以沿着图像的边缘生成选区进行抠图与合成处理。

选择磁性套索工具后，其工具属性栏如图8-45所示。

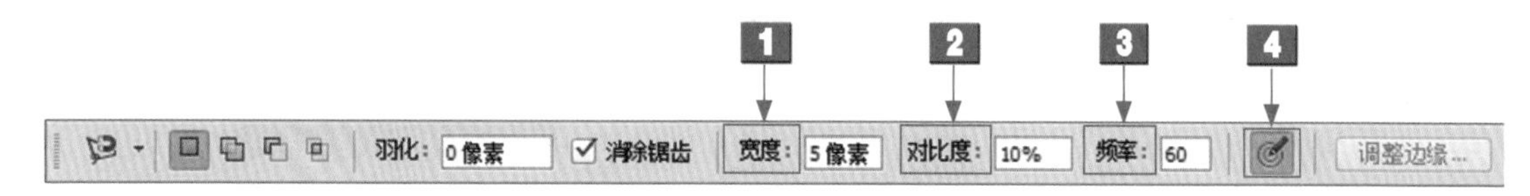

图8-45 磁性套索工具属性栏

磁性套索工具的工具属性栏中各选项的主要含义如下。

1 宽度：表示以光标中心为准，其周围有多少个像素能够被工具检测到。如果对象的边界不是特别清晰，需要使用较小的宽度值。

2 对比度：用来设置工作区感应图像边缘的灵敏度。如果图像的边缘清晰，可将该数值设置得高一些；反之，则设置得低一些。

3 频率：用来设置创建选区时生成锚点的数量，如图8-46所示。

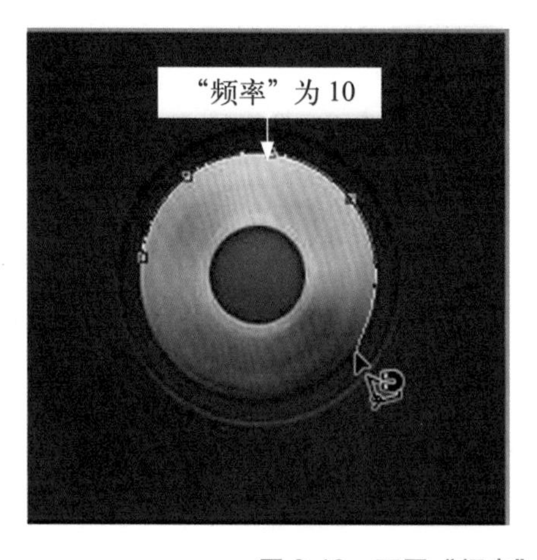

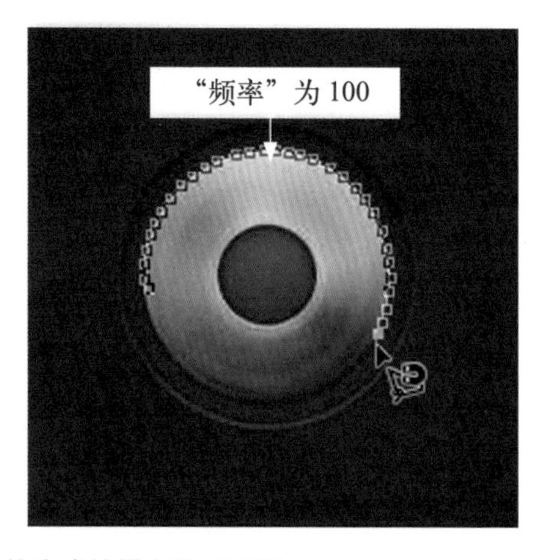

图8-46 不同"频率"值生成的锚点数量不同

4 使用绘图板压力以更改钢笔宽度：在计算机配置有数位板和压感笔，单击此按钮，Photoshop会根据压感笔的压力自动调整工具的检测范围。

专家指点

使用磁性套索工具自动创建边界选区时，按 Delete 键可以删除上一个锚点和线段。若套索工具选择边线没有贴近被选图像，可以在被选图像相应区域上单击鼠标左键，手动添加一个锚点，然后将其调整至合适位置。

下面介绍运用磁性套索工具抠图的操作方法。

8.2.7 内容
请扫二维码

步骤 01 选择“文件”|“打开”命令，打开一幅素材图像，如图 8-47 所示。

步骤 02 选取工具箱中的磁性套索工具，在工具属性栏中设置“羽化”为 0 像素，沿着素材图像中图标的边缘拖曳鼠标指针，如图 8-48 所示。

图 8-47 打开素材图像

图 8-48 沿边缘处移动鼠标

步骤 03 执行上述操作后，将鼠标指针移至起始点处，单击鼠标左键，即可创建选区，选区的效果如图 8-49 所示。

步骤 04 按 Ctrl+J 组合键复制一个新图层，并隐藏“背景”图层，图像被抠取出来最终效果如图 8-50 所示。

图 8-49　创建选区

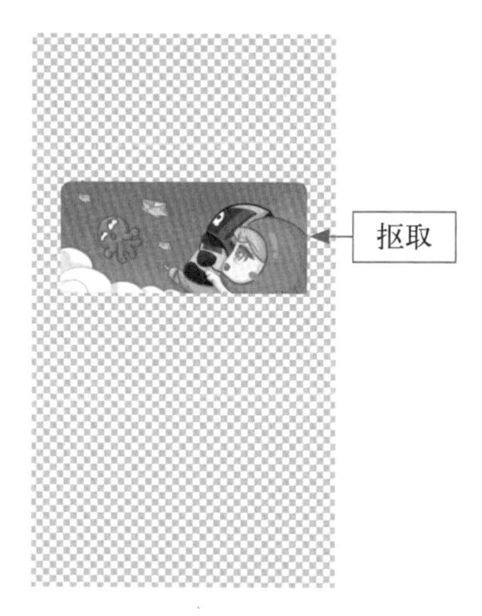

图 8-50　最终效果

8.2.8　魔术橡皮擦工具

在移动UI的设计过程中，使用魔术橡皮擦工具可以自动擦除当前图层中与选中颜色相近的像素。下面介绍使用魔术橡皮擦工具抠图的操作方法。

8.2.8 内容
请扫二维码

步骤 01　选择"文件"|"打开"命令，打开一幅素材图像，如图 8-51 所示。

步骤 02　选取工具箱中的魔术橡皮擦工具，如图 8-52 所示。

图 8-51　素材图像

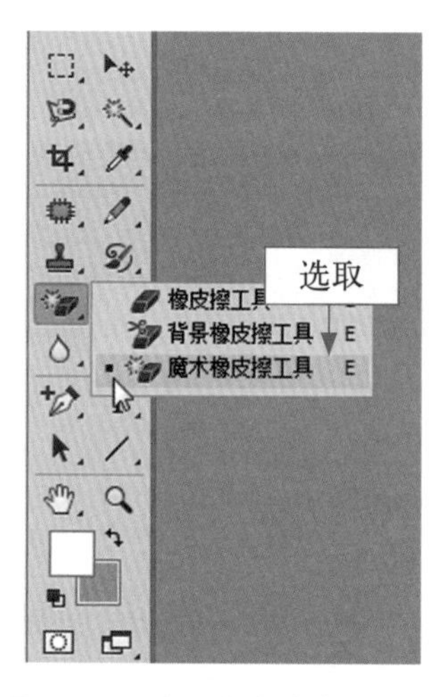

图 8-52　选取魔术橡皮擦工具

步骤 03 在图像编辑窗口中单击鼠标左键，即可擦除图像，如图 8-53 所示。

步骤 04 使用与上述同样的方法，擦除多余背景图像，获得抠图效果，如图 8-54 所示。

图 8-53　擦除图像

图 8-54　最终效果

专家指点

使用魔术橡皮擦工具可以擦除图像中所有与鼠标指针单击处颜色相近的像素。当在被锁定透明像素的普通图层中擦除图像时，被擦除的图像将显示为背景色；当在背景图层或普通图层中擦除图像时，被擦除的图像将显示为透明色。

8.2.9　钢笔工具

在移动 UI 的设计过程中，钢笔工具是最常用的路径绘制工具，可以创建直线和平滑流畅的曲线。钢笔工具创建形状路径，通过编辑路径的锚点，可以很方便地改变路径的形状。选择工具箱中的钢笔工具后，其工具属性栏如图 8-55 所示。

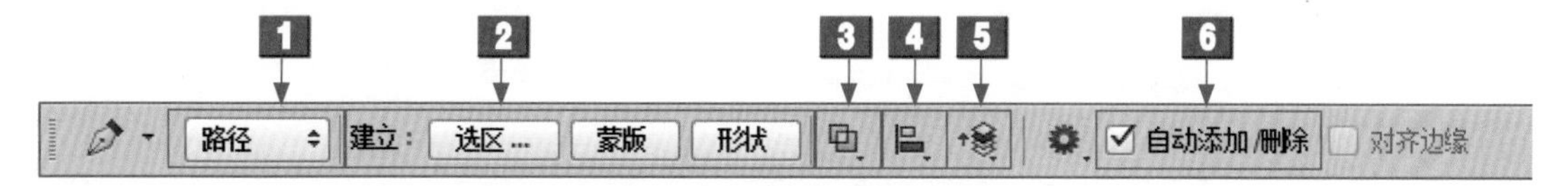

图 8-55　钢笔工具属性栏

钢笔工具的工具属性栏中各选项的主要含义如下。

1 路径：该列表框中包括“图形”“路径”和“像素”3 个选项。

2 建立：该选项区中包括有“选区”“蒙版”和“形状”3 个按钮，单击相应的按钮可以创建选区、蒙版和图形。

3 路径操作按钮：该列表框中有“新建图层”“合并形状”“减去顶层形状”“与形状区域相交”“排除重叠形状”以及“合并形状组件”6种路径操作选项，可以选择相应的选项，对路径进行操作。

4 路径对齐方式按钮：该列表框中有“左边”“水平居中”“右边”“顶边”“垂直居中”“底边”“按宽度均匀分布”“按高度均匀分布”“对齐到选区”以及“对齐到画布”10种路径对齐方式，可以选择相应的选项对齐路径。

5 路径排列方式按钮：该列表框中有“将形状置为顶层”“将形状前移一层”“将形状后移一层”以及“将形状置为底层”4种排列方式，可以选择相应的选项排列路径。

6 自动添加/删除：勾选该复选框后，可以增加和删除锚点。

下面介绍使用钢笔工具抠图的操作方法。

8.2.9 内容
请扫二维码

步骤 01 选择“文件”|“打开”命令，打开一幅素材图像，如图8-56所示。

步骤 02 选取工具箱中的钢笔工具，如图8-57所示。

图8-56　打开素材图像

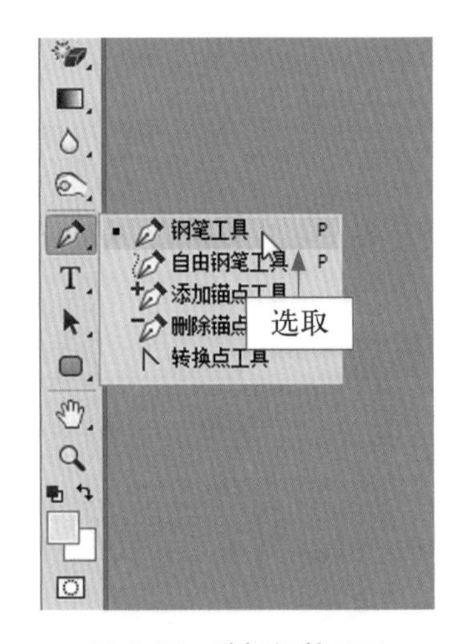

图8-57　选择钢笔工具

专家指点

路径是Photoshop CC中的强大功能，它是基于贝塞尔曲线建立的矢量图形，所有使用矢量绘图软件制作的线条，原则上都可以称为“路径”。

路径是通过钢笔工具或形状工具创建出的直线和曲线，因此，无论路径缩小或放大都不会影响其分辨率。

步骤 03 将鼠标指针移至图像编辑窗口的合适位置，单击鼠标左键，绘制路径的第 1 个点，如图 8-58 所示。

步骤 04 将鼠标指针移至另一位置，单击鼠标左键并拖曳，至适当位置后释放鼠标左键，绘制路径的第 2 个点，使用与上述同样的方法依次绘制出第 4 点，如图 8-59 所示。

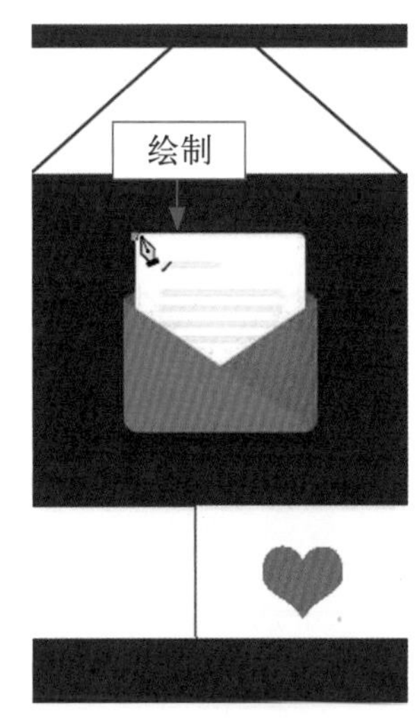

图 8-58　绘制路径的第 1 点

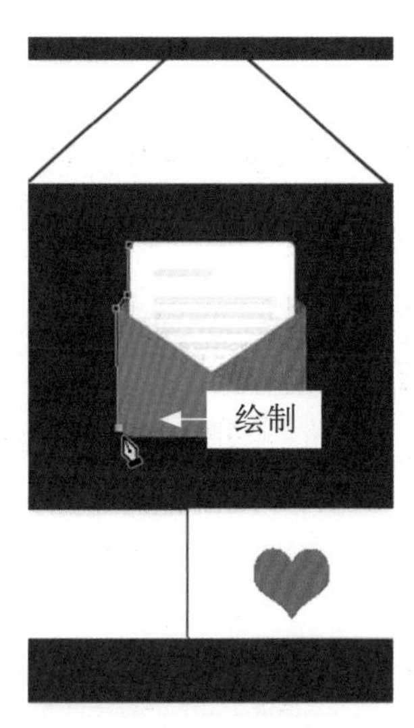

图 8-59　绘制路径第 4 点

步骤 05 再次将鼠标指针移至合适位置，单击鼠标左键并拖曳至合适位置，释放鼠标左键，绘制路径的第 6 个点，如图 8-60 所示。

步骤 06 用与上述同样的方法，依次单击鼠标左键，创建路径，效果如图 8-61 所示。

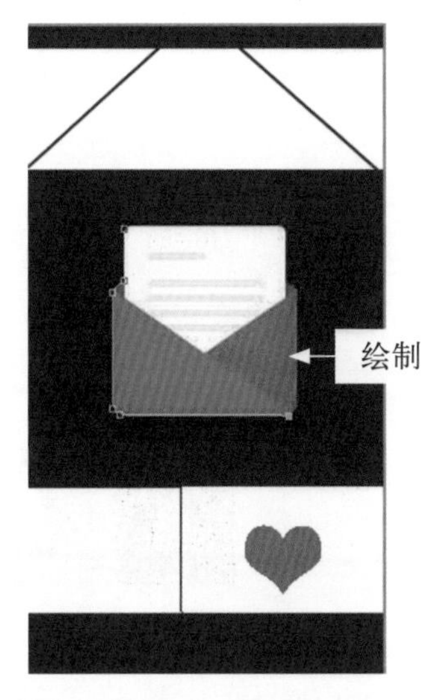

图 8-60　绘制路径的第 6 点

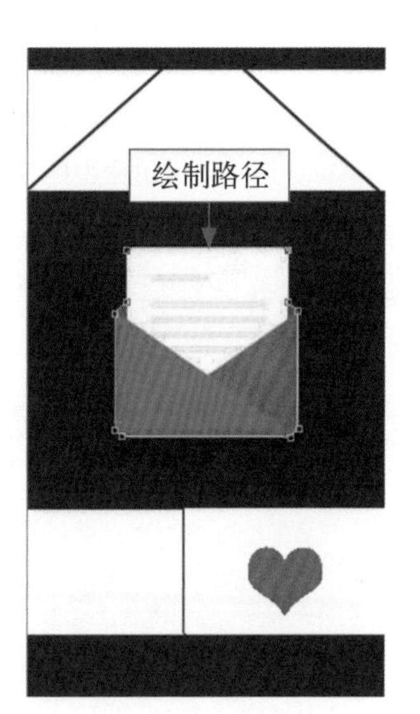

图 8-61　绘制路径

步骤 07 按 Ctrl+Enter 组合键，将路径转换为选区，如图 8-62 所示。

步骤 08 按 Ctrl+J 组合键复制一个新图层，并隐藏“背景”图层，图像被抠取出来效果如图 8-63 所示。

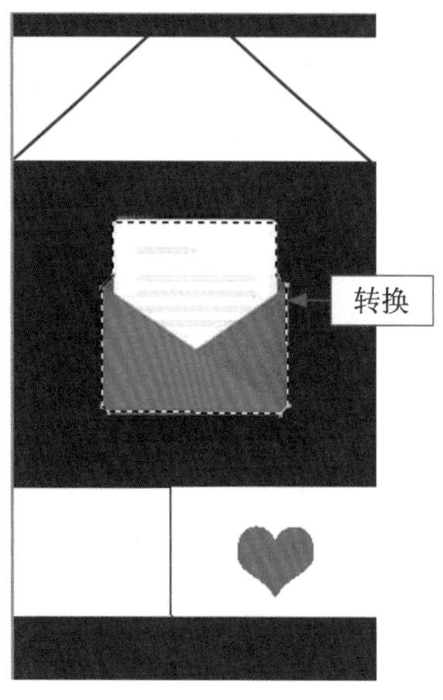

图 8-62　将路径转换为选区

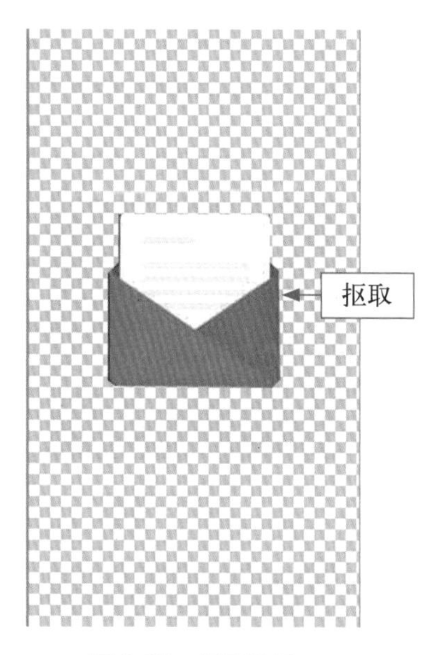

图 8-63　抠图效果

8.2.10　自由钢笔工具

在移动 UI 的设计过程中，使用自由钢笔工具可以随意绘图，不需要像使用钢笔工具那样通过锚点来创建路径。

自由钢笔工具的工具属性栏与钢笔工具的工具属性栏基本一致，只是将“自动添加/删除”变为“磁性的”复选框，如图 8-64 所示。

图 8-64　自由钢笔工具的工具属性栏

下面详细介绍使用自由钢笔工具抠图的操作方法。

8.2.10 内容
请扫二维码

步骤 01 选择“文件”|“打开”命令，打开一幅素材图像，如图 8-65 所示。

步骤 02 选取工具箱中的自由钢笔工具，在工具属性栏中勾选 “磁性的”复选框，如图 8-66 所示。

图 8-65　打开素材图像

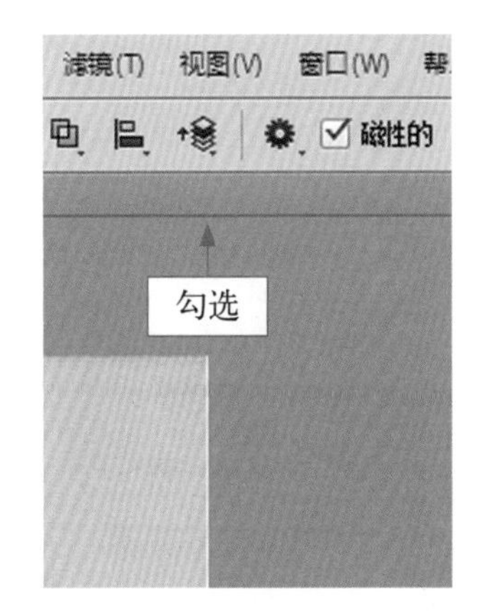

图 8-66　勾选“磁性的”复选框

专家指点

在 Photoshop CC 中提供了两种用于选择路径的工具，如果在编辑过程中要选择整条路径，可以使用路径选择工具；如果只需要选择路径中的某一个锚点，则可以使用直接选择工具。

步骤 03 移动鼠标指针至图像编辑窗口中，单击鼠标左键，确定起始位置，如图 8-67 所示。

步骤 04 沿图像边缘拖曳鼠标指针，至起始点处，单击鼠标左键，创建闭合路径，如图 8-68 所示。

图 8-67　确认起始位置

图 8-68　创建闭合路径

步骤 05 按Ctrl+Enter组合键，将路径转换为选区，如图8-69所示。

步骤 06 按Ctrl+J组合键复制一个新图层，并隐藏“背景”图层，效果如图8-70所示。

图8-69　将路径转换为选区

图8-70　抠图效果

专家指点

选择“窗口”|“路径”命令，展开“路径”面板，当创建路径后，在“路径”面板中就会自动生成一个新的工作路径，如图8-71所示。

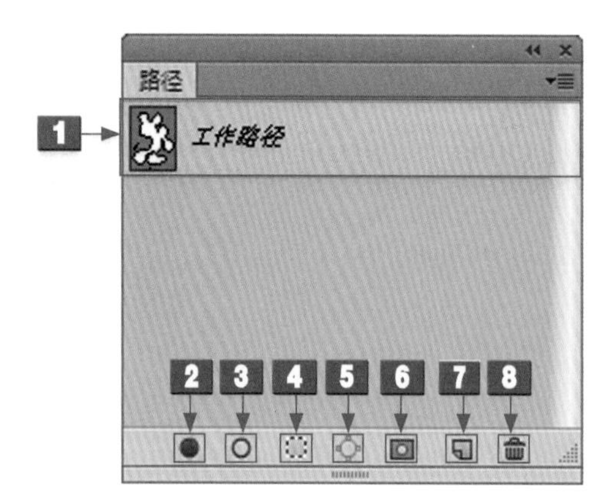

图8-71　“路径”面板

“路径”面板中各选项的主要含义如下。

1 工作路径：显示了当前文件中包含的临时路径和矢量蒙版。

2 用前景色填充路径：可以用当前设置的前景色填充被路径包围的区域。

3 用画笔描边路径：可以用当前选择的绘图工具和前景色沿路径进行描边。

4 将路径作为选区载入：可以将创建的路径作为选区载入。

5 从选区生成工作路径：可以将当前创建的选区生成为工作路径。

6 添加图层蒙版：可以为当前图层创建一个图层蒙版。

7 创建新路径：可以创建一个新路径层。

8 删除当前路径：可以删除当前选择的工作路径。

第 9 章 界面特效：移动 UI 图像特效质感设计

学习提示

Photoshop 提供了多种滤镜，包括 6 种独立特殊滤镜和 14 种特效滤镜，即可以为移动 UI 图像制作丰富多彩的艺术效果。本章主要讲解运用滤镜制作各种特效质感的方法，滤镜功能是本章的重点和难点。

本章重点导航

◎ 编辑智能滤镜
◎ 添加波浪效果
◎ 添加玻璃效果
◎ 添加水波效果
◎ 添加旋转扭曲效果
◎ 添加点状化效果
◎ 添加彩块化效果
◎ 添加液化的方法
◎ 使用滤镜库编辑的方法
◎ 添加切变的方法
◎ 添加波纹的方法
◎ 添加海洋波纹的方法
◎ 添加扩散亮光的方法
◎ 创建智能滤镜

9.1 特效解析：为移动 UI 图像添加简单的特效

在移动 UI 的设计中，UI 素材图片的简单特效处理，能够为界面带来更好的视觉感受，本节将讲解一些初级的 UI 特效处理技巧。

9.1.1 编辑智能滤镜

在 Photoshop CC 中为移动 UI 图像创建智能滤镜后，可以根据需要反复编辑所应用的滤镜参数。展开“图层”面板，如图 9-1 所示，将鼠标指针移至“图层 1”图层中的“球面化”滤镜效果图层上。双击鼠标左键，弹出“球面化”对话框，如图 9-2 所示。然后设置“模式”为“水平优先”，单击“确定”按钮，即可编辑智能滤镜，效果如图 9-3 所示。

图 9-1　移动鼠标至相应位置

图 9-2　设置选项

图 9-3　编辑智能滤镜效果

9.1.2 添加波浪效果

在 Photoshop 中设计移动 UI 图像时，使用“波浪”滤镜可以在图像上创建类似于波浪起伏的效果。在需要编辑的移动 UI 图像中，如图 9-4 所示，选择“滤镜”|“扭曲”|“波浪”命令，弹出“波浪”对话框，保持默认设置，单击“确定”按钮，即可为图像添加波浪效果，如图 9-5 所示。

图 9-4　原图

图 9-5　波浪效果

9.1.3　添加玻璃效果

在 Photoshop 中设计移动 UI 图像时，使用“玻璃”滤镜可以使图像具有像是透过不同类型的玻璃进行观看的效果。单击“滤镜”|“扭曲”|“玻璃”命令，弹出“玻璃”对话框，设置“纹理”为“块状”，如图 9-6 所示，单击“确定”按钮，即可为图像添加玻璃效果，如图 9-7 所示。

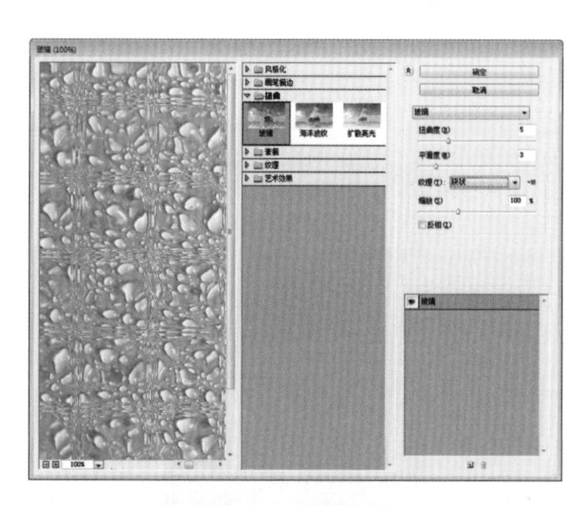

图 9-6　设置参数

图 9-7　玻璃效果

9.1.4　添加水波效果

在 Photoshop 中设计移动 UI 图像时，使用“水波”滤镜可以在图像上创建水面波纹荡漾效果。打开需要编辑的移动 UI 图像，如图 9-8 所示，选择“滤镜”|“扭曲”|“水波”命令。弹出“水波”对话框，设置“数量”与“起伏”参数，单击“确定”按钮，即可为图像添加水波效果，最终效果如图 9-9 所示。

图 9-8　原图

图 9-9　水波效果

9.1.5　添加旋转扭曲效果

在 Photoshop 中设计移动 UI 图像时，使用“旋转扭曲”滤镜可以沿顺时针或者逆时针方向围绕图像中心旋转图像。

打开需要编辑的移动 UI 图像，如图 9-10 所示，选择“滤镜”|“扭曲”|“旋转扭曲”命令，弹出“旋转扭曲”对话框，设置“角度”为 65°，单击“确定”按钮，即可为图像添加旋转扭曲效果，如图 9-11 所示。

图 9-10　原图

图 9-11　旋转扭曲效果

9.1.6　添加点状化效果

在 Photoshop 中设计移动 UI 图像时，使用“点状化”滤镜可以使图像晶块化，在晶块间产生空隙，空隙内用背景色填充，通过“单元格大小”选项来控制晶块的大小。

打开需要编辑的移动 UI 图像，如图 9-12 所示，选择“滤镜”|“像素化”|“点状化”命令，弹出“点状化”对话框，设置“单元格大小”为 3，单击“确定”按钮，即可为图像添加点状化效果，如图 9-13 所示。

图 9-12　原图

图 9-13　添加点状化效果

9.1.7　添加彩块化效果

在 Photoshop 中设计移动 UI 图像时，使用“彩块化”滤镜可以将纯色或近似色的像素结成相近颜色的像素块。选择“滤镜”|“像素化”|“彩块化”命令，即可为图像添加彩块化效果，如图 9-14 所示。

图 9-14　为图像添加彩块化效果

9.2 特效实操：为移动UI图像添加复杂的特效

在移动UI的制作过程中需要不断地创新，以创造新的视觉亮点。本节将讲解如何应用Photoshop中的一些操作来实现UI的视觉创新。

专家指点

Photoshop是一款十分优秀的图像处理软件，功能强大，对于素材图像的处理不仅仅是局限于在原图的基础上进行美化，还可以应用命令操作对图像进行一种另类的创新。

9.2.1 添加彩色半调的方法

在Photoshop中设计移动UI图像时，使用“彩色半调”滤镜可以模拟在图像的每个通道上使用放大半调网屏的效果。下面详细介绍掌握移动UI图像添加彩色半调的操作方法。

9.2.1 内容
请扫二维码

步骤 01 选择“文件”|“打开”命令，打开一幅素材图像，选择“图层1”图层，如图9-15所示。

图9-15 选择图层

步骤 02 选择“滤镜”|“像素化”|“彩色半调”命令，如图9-16所示。

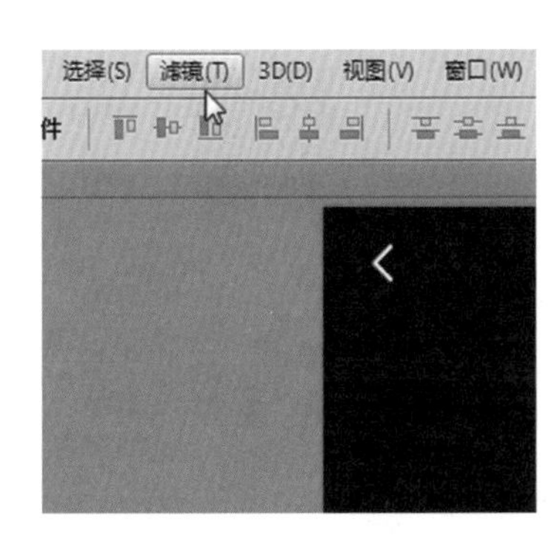

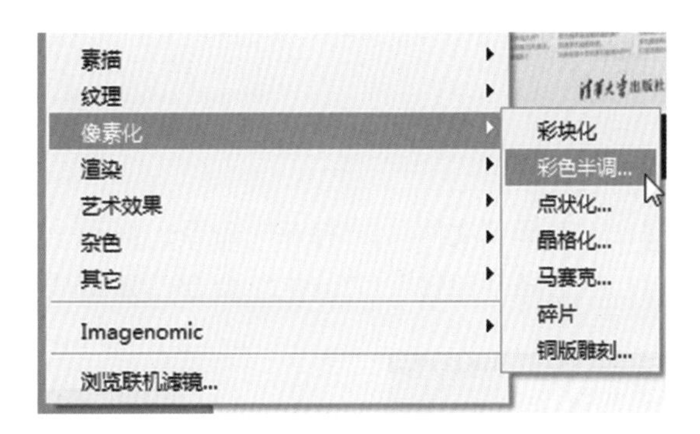

图 9-16　选择“色彩半调”命令

步骤 03 弹出“彩色半调”对话框，设置“最大半径”为 8 像素，如图 9-17 所示。

步骤 04 单击“确定”按钮，即可为图像添加彩色半调效果，如图 9-18 所示。

步骤 05 选择“编辑”|“渐隐彩色半调”命令，弹出“渐隐”对话框，设置“不透明度”为 80%、“模式”为“柔光”，单击“确定”按钮，即可制作出渐隐滤镜图像效果，最终效果如图 9-19 所示。

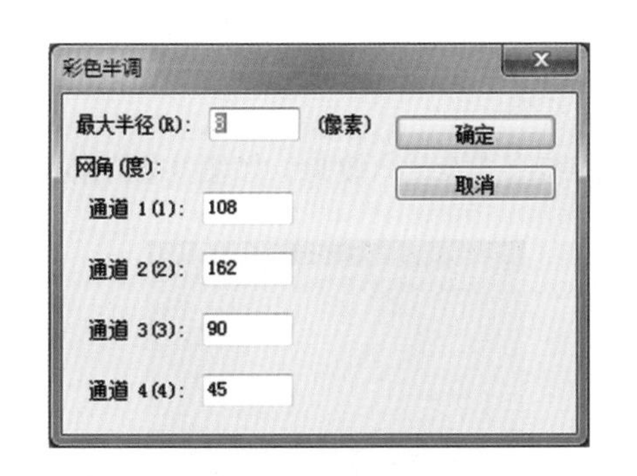

图 9-17　设置参数

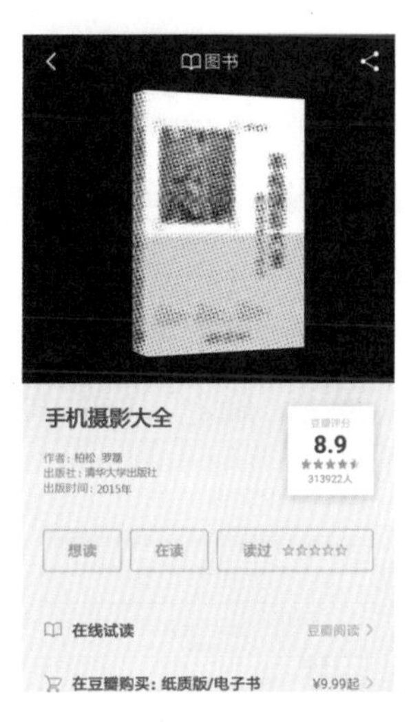

图 9-18　添加色彩半调效果

图 9-19　最终效果

9.2.2　添加液化的方法

在 Photoshop CC 中，特殊滤镜是相对于众多滤镜组中的滤镜而言的，其相对独立，但功能强大，使用频率也较高。

在 Photoshop 中设计移动 UI 图像时，使用“液化”滤镜可以模拟液化流动的效果，可以对图像进行弯曲、旋转、扩展和收缩等。下面详细介绍为移动 UI 图像添加液化效果的操作方法。

9.2.2 内容
请扫二维码

步骤 01 选择“文件”|“打开”命令，打开一幅素材图像，如图 9-20 所示。

步骤 02 选择“滤镜”|“液化”命令，弹出“液化”对话框，如图 9-21 所示。

图 9-20　原图

图 9-21　液化对话框

步骤 03 单击“向前变形工具”按钮，移动鼠标指针至缩略图中的红心图像上，单击鼠标左键并拖曳，重复操作，以调整图像形状，如图 9-22 所示。

步骤 04 执行上述操作后，单击“确定”按钮，即可制作出“液化”效果，如图 9-23 所示。

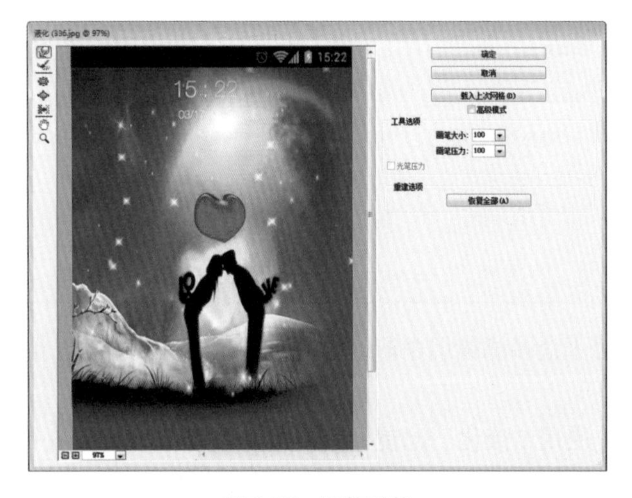

图 9-22　调整形状

图 9-23　最终效果

9.2.3 使用滤镜库编辑移动 UI 图像的方法

滤镜库是 Photoshop 滤镜的一个集合体，在此对话框中包括了绝大部分的内置滤镜，如图 9-24 所示，可以实现移动 UI 图像的各种特殊效果。

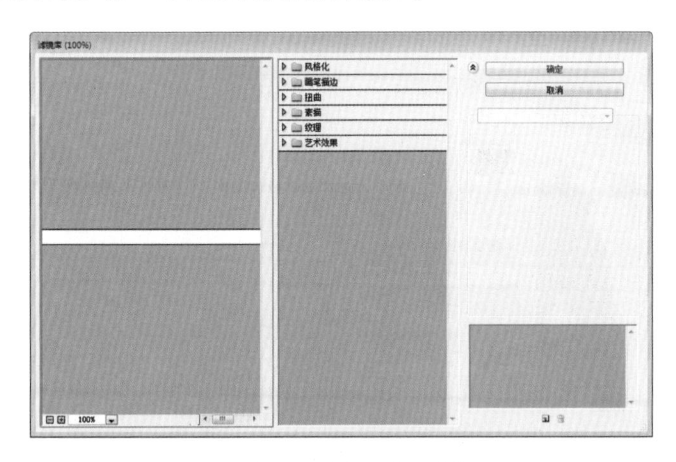

图 9-24 “滤镜库”对话框

下面详细介绍掌握滤镜库编辑移动 UI 图像的操作方法。

9.2.3 内容
请扫二维码

步骤 01 选择“文件”|“打开”命令，打开一幅素材图像，选择“图层 1”图层，如图 9-25 所示。

图 9-25 选择“图层 1”图层

步骤 02 选择“滤镜”|“滤镜库”命令，在弹出的对话框中选择“艺术效果”|“木刻”选项，如图 9-26 所示。

步骤 03 单击“确定”按钮，为图像应用“木刻”滤镜效果，如图 9-27 所示。

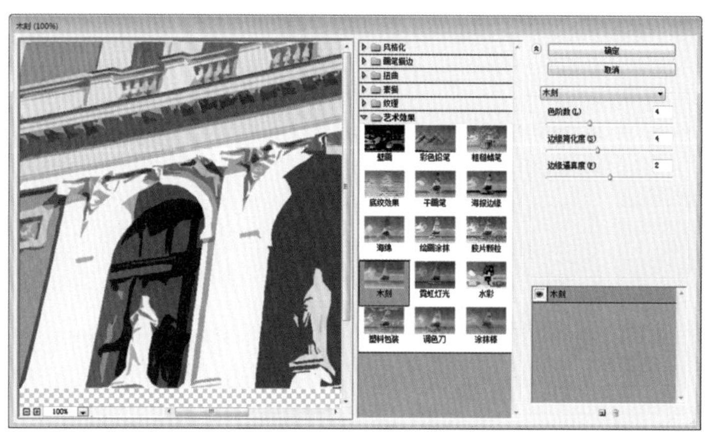

图 9-26 选择“木刻”选项

图 9-27 应用“木刻”滤镜效果

步骤 04 选择“编辑”|“渐隐滤镜库”命令，弹出“渐隐”对话框，设置“不透明度”为 80%、“模式”为“柔光”，单击“确定”按钮，即可制作出渐隐滤镜图像效果，如图 9-28 所示。

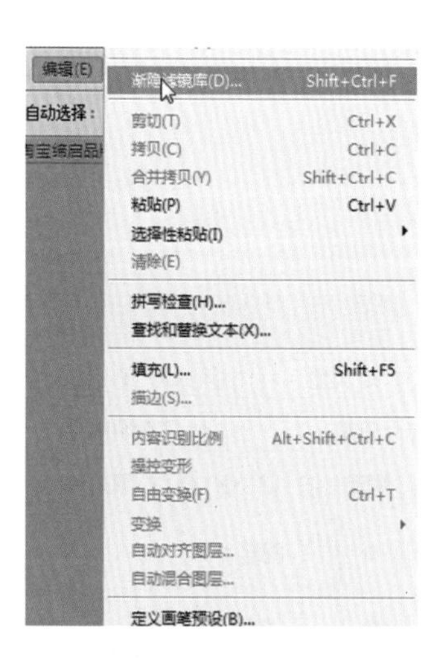

图 9-28 最终效果

9.2.4 添加切变的方法

使用“切变”滤镜，可以沿一条曲线扭曲图像。在“切变”对话框中，可以通过拖曳框中的线条或添加锚点来设定扭曲曲线形状。

下面介绍为移动 UI 图像添加切变效果的操作方法。

9.2.4 内容
请扫二维码

步骤 01 选择“文件”|“打开”命令，打开一幅素材图像，选择“背景”图层，如图 9-29 所示。

步骤 02 选择“滤镜”|“扭曲”|“切变”命令，如图 9-30 所示。

图 9-29　原图

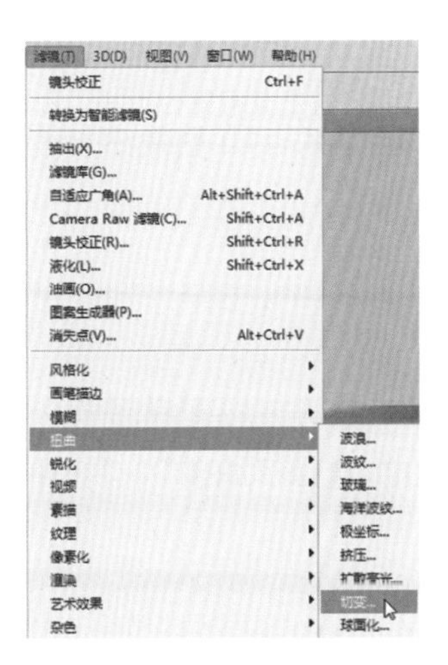

图 9-30　选择命令

步骤 03 弹出“切变”对话框，在其中设置各选项，如图 9-31 所示。

步骤 04 单击“确定”按钮，即可为图像添加切变效果，如图 9-32 所示。

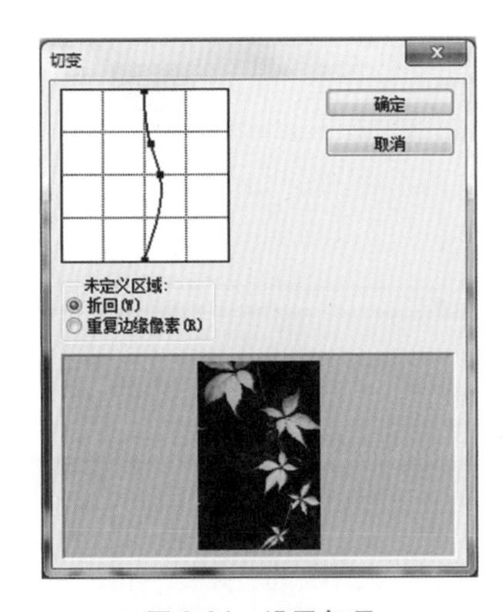

图 9-31　设置各项

图 9-32　最终效果

专家指点

“切变”对话框中各主要选项含义如下。

- “折回”：选中该单选按钮，则在空白区域中填入溢出图像之外的图像内容。
- “重复边缘像素”：选中该单选按钮，将按指定的方向扩充图像的边缘像素。

9.2.5 添加波纹的方法

“波纹”滤镜与“波浪”滤镜的工作方式相同，但是提供的选项较少，只能控制图像中的波纹数量和大小。

下面介绍为移动UI图像添加波纹的操作方法。

9.2.5 内容
请扫二维码

步骤 01 打开一幅素材图像，如图9-33所示，选择“图层2”图层。

步骤 02 选择“滤镜”|“扭曲”|“波纹”命令，如图9-34所示。

图9-33 原图

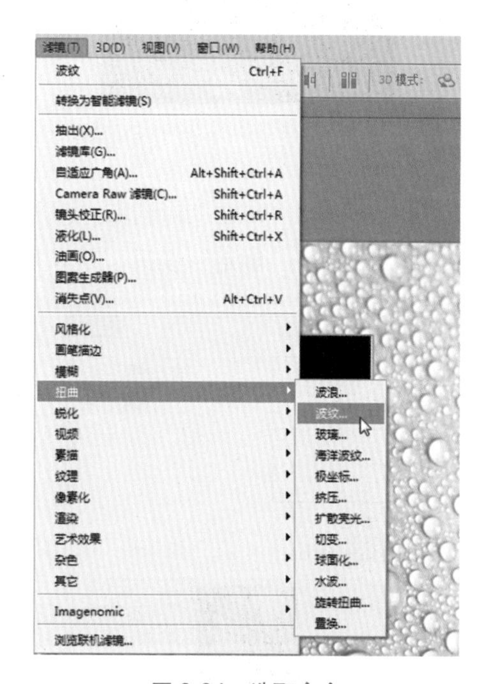

图9-34 选取命令

步骤 03 执行上述操作后，弹出“波纹”对话框，设置“大小”为“大”，如图9-35所示。

步骤 04 单击“确定”按钮，即可为图像添加波纹效果，如图9-36所示。

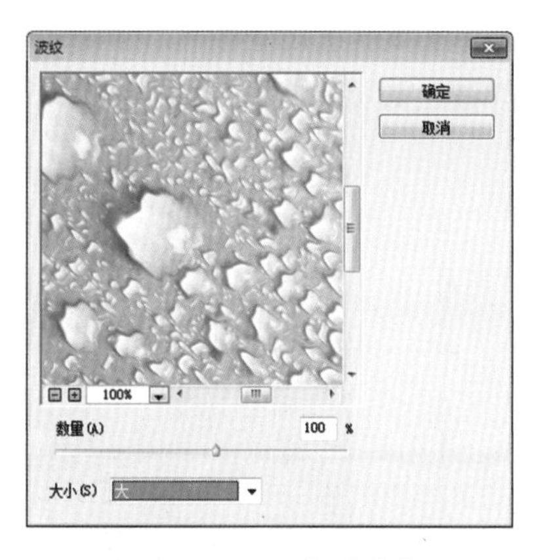

图 9-35　设置相应参数

图 9-36　最终效果

9.2.6　添加海洋波纹的方法

在 Photoshop 中设计移动 UI 图像时，使用“海洋波纹”滤镜可以将随机分隔的波纹添加到图像表面，使图像看上去像是在水中一样。

下面介绍为移动 UI 图像添加海洋波纹的操作方法。

9.2.6 内容
请扫二维码

步骤 01 选择“文件”|“打开”命令，打开一幅素材图像，选择“图层 1”图层，如图 9-37 所示。

步骤 02 选择“滤镜”|“扭曲”|“海洋波纹”命令，如图 9-38 所示。

图 9-37　打开素材图像

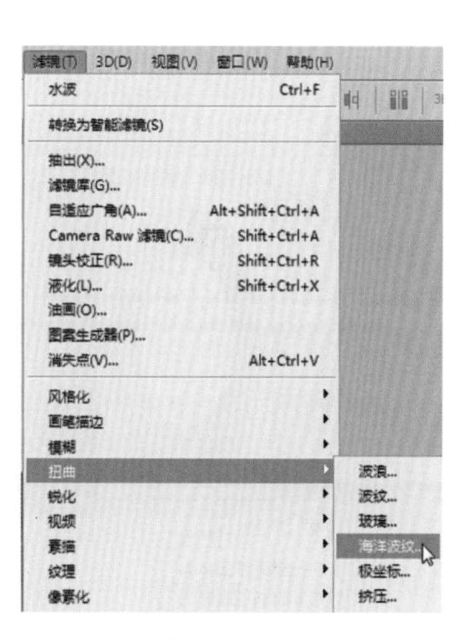

图 9-38　选择“海洋波纹”命令

步骤 03 执行上述操作后，弹出“海洋波纹”对话框，保持默认设置即可，如图9-39所示。

步骤 04 单击“确定”按钮，即可为图像添加海洋波纹效果，如图9-40所示。

图9-39　设置海洋波纹效果

图9-40　最终效果

专家指点

在Photoshop中设计移动UI图像时，使用“极坐标”滤镜可使图像坐标从平面坐标转换为极坐标，或从极坐标转换为平面坐标，产生一种图像极度变形的效果。选择“滤镜”|“扭曲”|“极坐标”命令，弹出“极坐标”对话框，保持默认设置即可，单击“确定”按钮，即可为图像添加极坐标效果，如图9-41所示。

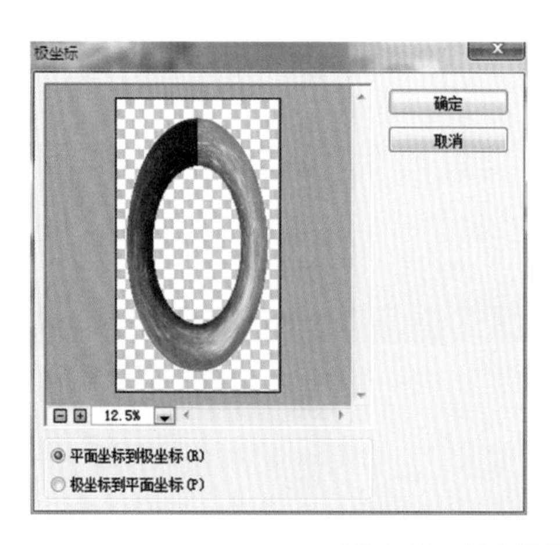

图9-41　极坐标效果

9.2.7 添加扩散亮光的方法

在 Photoshop 中设计移动 UI 图像时，使用“扩散亮光”滤镜可以在图像中添加白色杂色，并从图像中心向外渐隐高光，使图像产生一种光芒四射的效果。

下面介绍为移动 UI 图像添加扩散亮光的操作方法。

9.2.7 内容
请扫二维码

步骤 01 选择“文件”|“打开”命令，打开一幅素材图像，如图 9-42 所示，选择“图层 1”图层。

步骤 02 选择“滤镜”|“扭曲”|“扩散亮光”命令，如图 9-43 所示。

图 9-42 原图

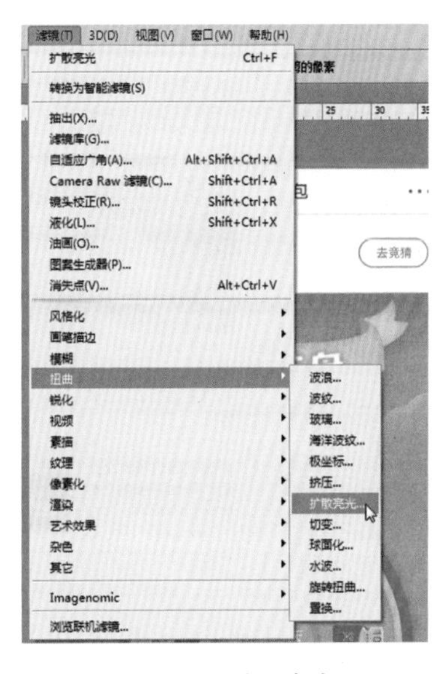

图 9-43 选取命令

步骤 03 执行上述操作后，弹出“扩散亮光”对话框，保持默认设置即可，如图 9-44 所示。

步骤 04 单击“确定”按钮，即可为图像添加“扩散亮光”效果，如图 9-45 所示。

专家指点

在 Photoshop 中设计移动 UI 图像时，使用“挤压”滤镜可以将选区内的图像或者整个图像向外或者向内挤压。选择“滤镜”|“扭曲”|“挤压”命令，弹出“挤压”对话框，设置“数量”为 19%，单击“确定”按钮，即可添加挤压效果，如图 9-46 所示为添加挤压效果前后的图像对比。

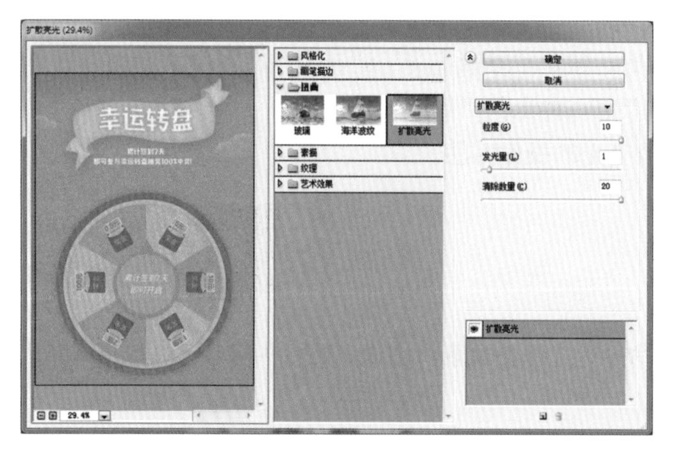

图 9-44　设置扩散亮光效果

图 9-45　最终效果

图 9-46　原图与效果图对比

9.2.8　创建智能滤镜

智能滤镜是 Photoshop CC 中的一个强大功能，当所选择的移动 UI 图像包含智能对象并运用了滤镜后，即可生成一个智能滤镜，通过智能滤镜可以进行反复编辑、修改、删除或停用等操作，但图像所应用的滤镜效果不会被保存。将图层转换为智能对象才能应用智能滤镜，“图层”面板中的智能对象可以直接将滤镜添加到图像中，但不破坏图像本身的像素。

下面介绍为移动 UI 图像创建智能滤镜的操作方法。

9.2.8 内容
请扫二维码

步骤 01 选择“文件”|“打开”命令，打开一幅素材图像，如图 9-47 所示，设置前景色为白色，在“图层”面板中，选择“图层 1”图层。

步骤 02 单击鼠标右键，在弹出的快捷菜单中选择“转换为智能对象”命令，将“图层 1”图层中的图像转换为智能对象，如图 9-48 所示。

图 9-47　素材

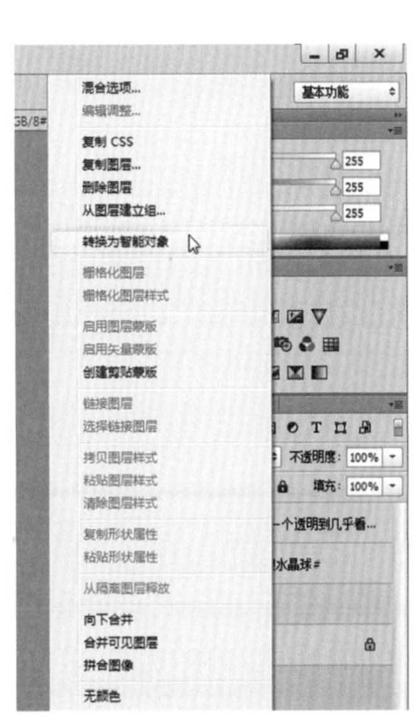

图 9-48　转换智能对象

步骤 03 选择“滤镜”|“扭曲”|“球面化”命令，弹出“球面化”对话框，设置“数量”为 30%，单击“确定”按钮，即可生成一个对应的智能滤镜图层，如图 9-49 所示。

步骤 04 素材图像呈球面化滤镜效果显示，如图 9-50 所示。

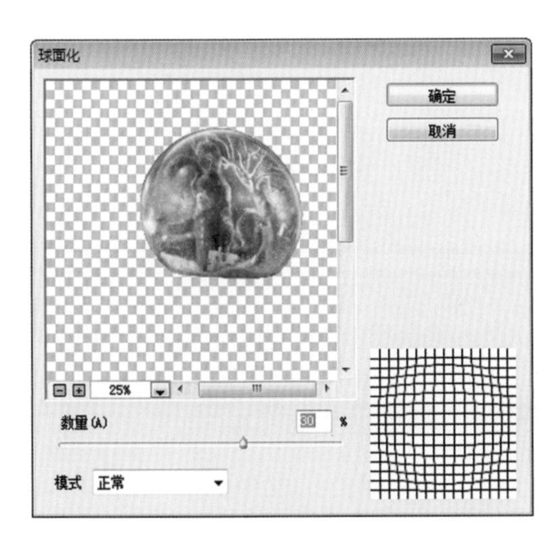

图 9-49　设置参数

图 9-50　最终效果

专家指点

在添加了多个智能滤镜的情况下，如果编辑先添加的智能滤镜，将会弹出信息提示框，提示需要在修改参数后才能看到这些滤镜叠加在一起应用的效果。

第10章 常用元素：图标、图形、按钮设计

学习提示

图标的制作在移动UI设计中占有很主要的地位，是移动UI设计中不可或缺的一部分。在移动UI设计中，图形的应用范围非常广泛，如图标、按钮、自定义控件、界面边框和界面中文字效果的制作等，这些都需要基础图形的绘制打底，可以说UI设计的基础就是图形。

本章重点导航

- ◎ 音乐APP图标的背景效果设计
- ◎ 音乐APP图标的主体效果设计
- ◎ 音乐APP图标的细节效果设计
- ◎ 切换条的背景效果设计
- ◎ 切换条的主体效果设计
- ◎ 切换条的细节效果设计
- ◎ 搜索框的主体效果设计
- ◎ 搜索框搜索图标的效果设计
- ◎ 搜索框二维码的效果设计

10.1 图标元素：掌握移动UI图标的设计

如今，音乐已经成为人们生活中必不可少的一味调剂品，移动客户端音乐产品的竞争也越来越激烈，纷纷推出许多个性十足的新功能，让人眼花缭乱。图标是用户接触音乐APP的第一个UI，好的图标制作可以使音乐APP在众多同类产品中吸引用户的关注。

本节主要讲解移动UI图标设计的操作方法。

10.1.1 内容
请扫二维码

10.1.2 内容
请扫二维码

10.1.3 内容
请扫二维码

10.1.1 音乐APP图标的背景效果设计

下面主要介绍使用圆角矩形工具、“属性”面板、渐变工具、“内发光”图层样式、“投影”图层样式等设计音乐APP图标的背景效果。

步骤 01 选择“文件”|“新建”命令，弹出“新建”对话框，设置“名称”为“音乐APP图标”、“宽度”为500像素、“高度”为500像素、“分辨率”为300像素/英寸，如图10-1所示，单击“确定”按钮，新建一个空白图像文件。

步骤 02 展开“图层”面板，新建“图层1”图层，如图10-2所示。

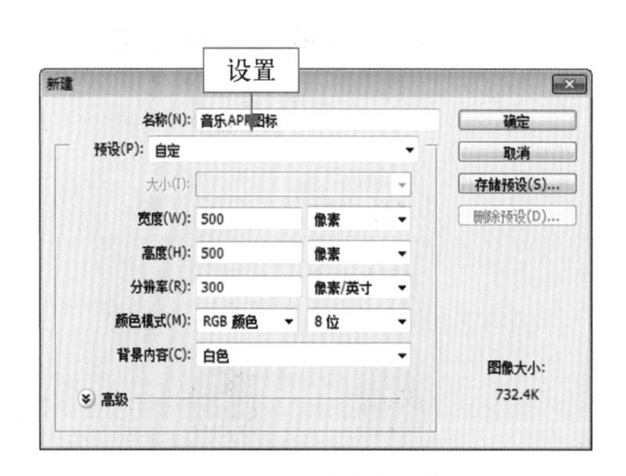

图10-1 新建空白图像

图10-2 选择图层

步骤 03 选择工具箱中的圆角矩形工具，在工具属性栏中设置“选择工具模式”为“路径”、“半径”为50像素，绘制一个圆角矩形路径，如图10-3所示。

步骤 04 展开“属性”面板，设置 W 和 H 均为 400 像素、X 和 Y 均为 50 像素，如图 10-4 所示。

图 10-3 绘制圆角矩形路径

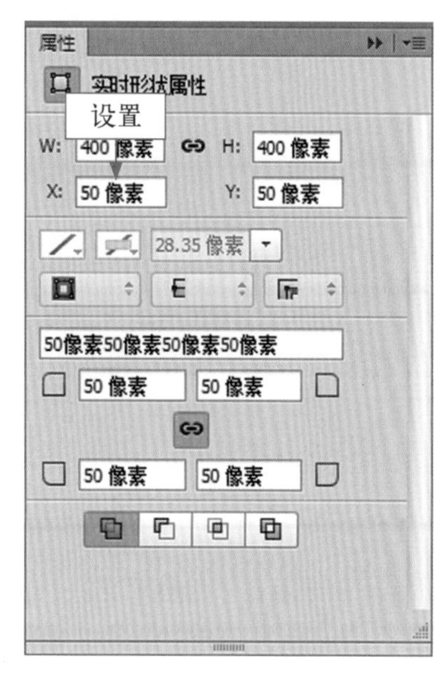

图 10-4 设置参数

步骤 05 执行上述操作后，即可修改路径的大小和位置，如图 10-5 所示。

步骤 06 按 Ctrl+Enter 组合键，将路径转换为选区，如图 10-6 所示。

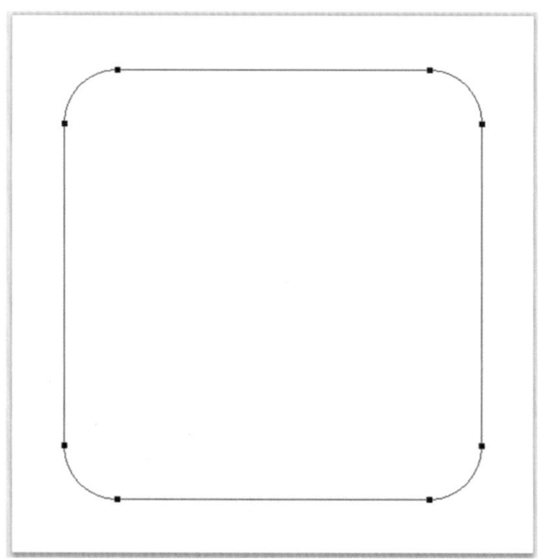

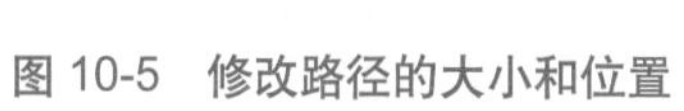

图 10-5 修改路径的大小和位置

图 10-6 将路径转换为选区

步骤 07 选择工具箱中的渐变工具，从上至下为选区填充深蓝色 (RGB 参数值为 2、32、83) 到浅蓝色 (RGB 参数值为 172、195、243) 的线性渐变，如图 10-7 所示。

步骤 08 按Ctrl+D组合键，取消选区，如图10-8所示。

图10-7 填充线性渐变

图10-8 取消选区

步骤 09 双击“图层1”图层，弹出“图层样式”对话框，勾选“内发光”复选框，设置“发光颜色”为白色、“大小”为2像素，如图10-9所示。

步骤 10 勾选“投影”复选框，保持默认设置，单击“确定”按钮，应用图层样式，如图10-10所示。

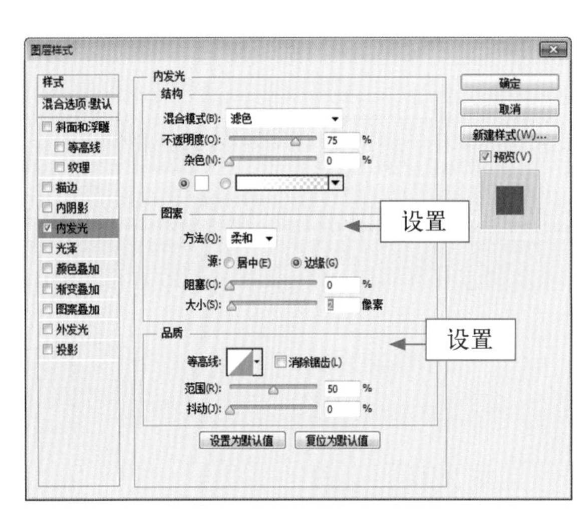

图10-9 设置图层样式

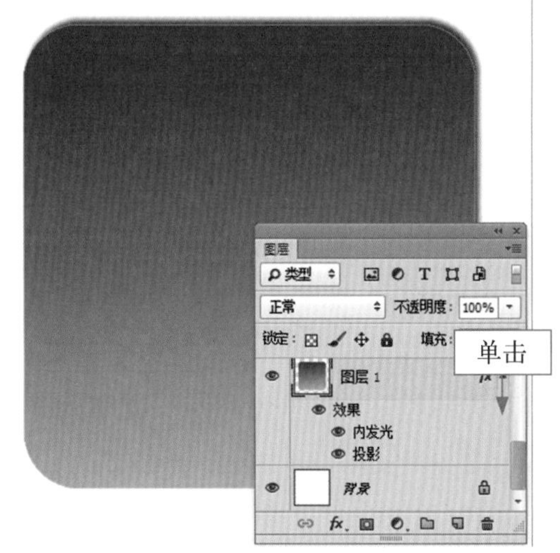

图10-10 应用图层样式

10.1.2 音乐APP图标的主体效果设计

下面主要介绍使用自定形状工具、“投影”图层样式等设计音乐APP图标的主体效果。

步骤 01 展开“图层”面板，新建“图层2”图层，如图10-11所示。

步骤 02 选择工具箱中的自定形状工具，在工具属性栏中设置“选择工具模式”为“路径”，在“形状”下拉列表中选择“窄边圆形边框”形状，如图 10-12 所示。

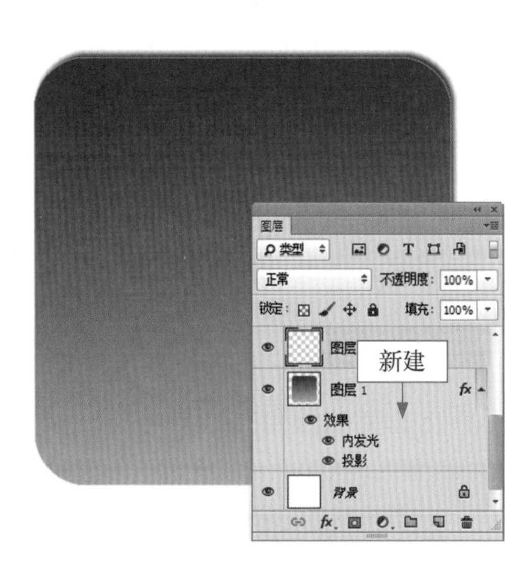

图 10-11　新建图层

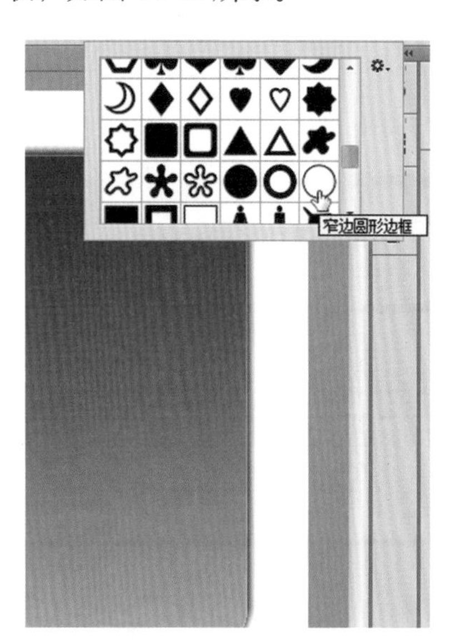

图 10-12　选择形状样式

步骤 03 在图像编辑窗口中绘制一个窄边圆形边框路径，如图 10-13 所示。

步骤 04 按 Ctrl+Enter 组合键，将路径转换为选区，如图 10-14 所示。

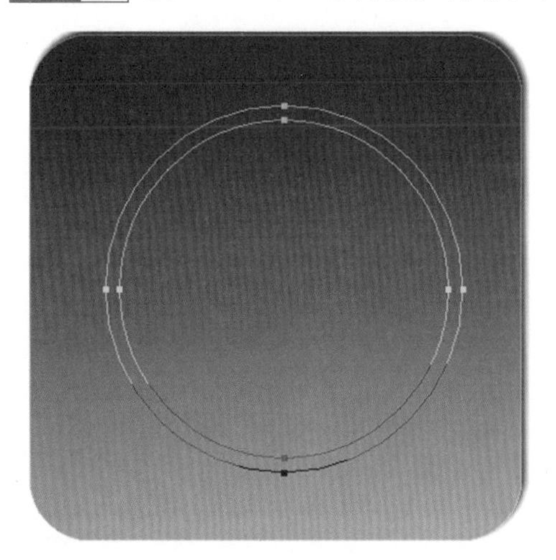

图 10-13　绘制路径

图 10-14　将路径转换为选区

步骤 05 设置前景色为白色，按 Alt+Delete 组合键为选区填充白色，如图 10-15 所示。

步骤 06 按 Ctrl+D 组合键，取消选区，如图 10-16 所示。

图 10-15 填充白色

图 10-16 取消选区

步骤 07 双击“图层 2”图层，弹出“图层样式”对话框，勾选“投影”复选框，取消勾选“使用全局光”复选框，并设置“角度”为 30 度，如图 10-17 所示。

步骤 08 单击“确定”按钮，应用“投影”图层样式，如图 10-18 所示。

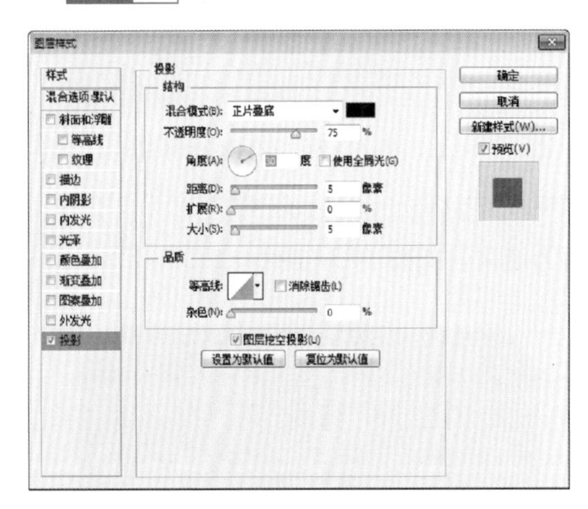

图 10-17 设置图层样式

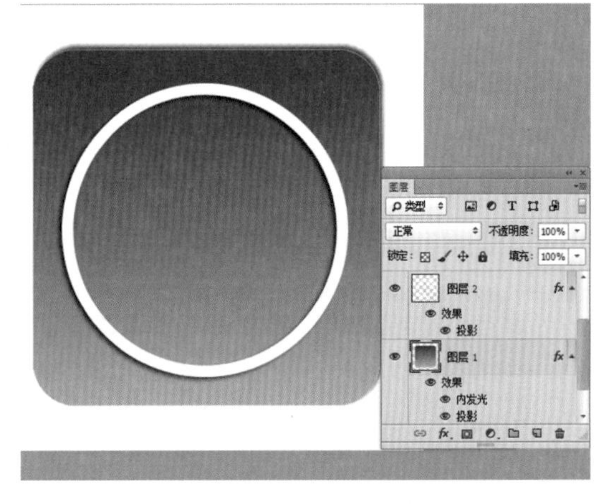

图 10-18 应用图层样式

专家指点

使用图层样式可以为当前图层添加特殊效果，如投影、内阴影、外发光及浮雕等。在不同的图层中应用不同的图层样式，可以使整幅图像更加富有真实感，且重点突出。

10.1.3 音乐 APP 图标的细节效果设计

下面主要介绍使用自定形状工具、变换控制框等设计音乐 APP 图标的细节效果。

步骤 01 展开“图层”面板，新建“图层 3”图层，如图 10-19 所示。

步骤 02 选择工具箱中的自定形状工具，在工具属性栏中设置“选择工具模式”为“路径”，在“形状”下拉列表中选择“八分音符”形状，如图 10-20 所示。

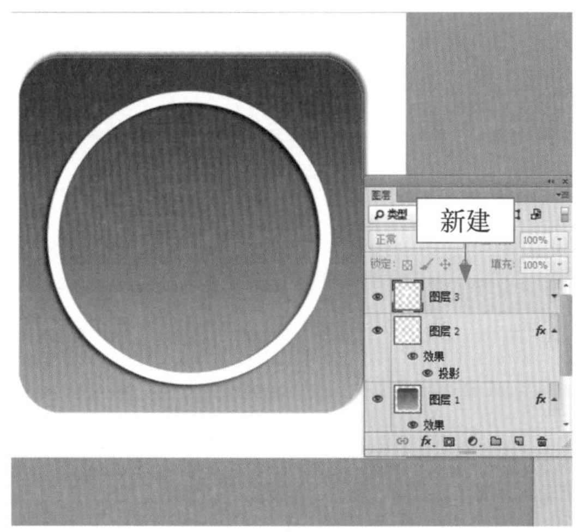

图 10-19　新建图层

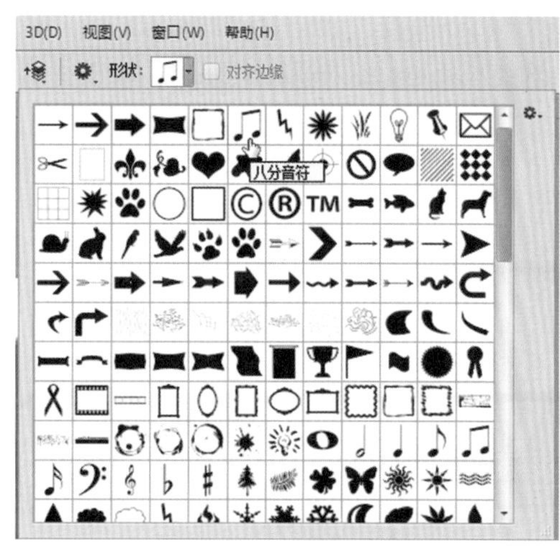

图 10-20　选择形状样式

专家指点

如果默认状态下的形状效果不能满足工作需要，可以单击“形状”列表框右上角的按钮，在弹出的菜单中选择“全部”选项，弹出提示信息框，单击“确定”按钮，即可将 Photoshop CC 中提供的所有预设形状载入当前的“形状”列表框中。

步骤 03 在图像编辑窗口中绘制一个八分音符路径，如图 10-21 所示。

步骤 04 按 Ctrl+Enter 组合键，将路径转换为选区，如图 10-22 所示。

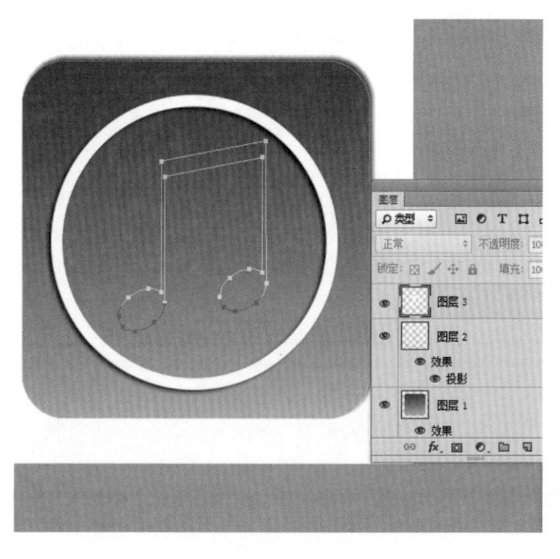

图 10-21　绘制路径

图 10-22　将路径转换为选区

步骤 05 选择“选择”|“修改”|“扩展”命令，弹出“扩展选区”对话框，在其中设置“扩

展量”为10像素，如图10-23所示。

步骤 06 单击“确定”按钮，即可扩展选区，如图10-24所示。

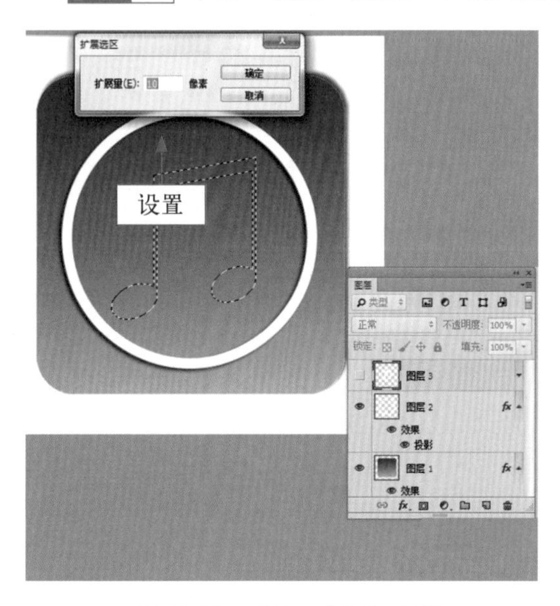

图10-23 “扩展选区”对话框

图10-24 选区扩展效果

步骤 07 设置前景色为白色，按Alt+Delete组合键为选区填充白色，如图10-25所示。

步骤 08 按Ctrl+D组合键，取消选区，如图10-26所示。

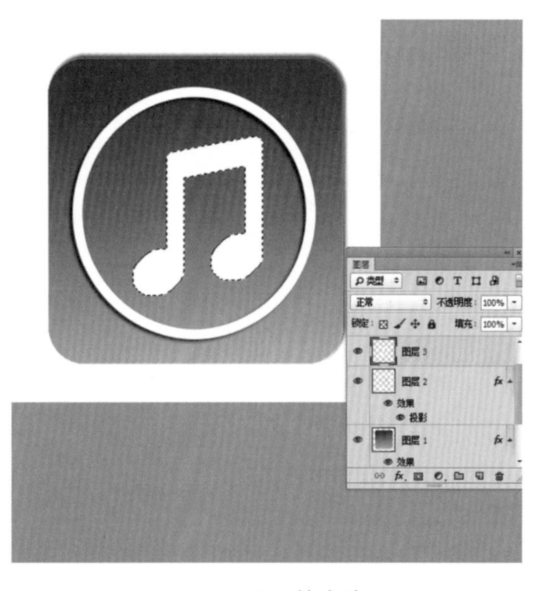

图10-25 填充选区

图10-26 取消选区

步骤 09 按Ctrl+T组合键，调出变换控制框，适当调整音符图形的大小和位置，如图10-27所示。

步骤 10 执行上述操作后，按 Enter 键确认操作，如图 10-28 所示。

图 10-27　调整音符图形的大小和位置

图 10-28　确认调整效果

步骤 11 复制“图层 2”图层的图层样式，并将其粘贴到“图层 3”图层中，为“图层 3”图层添加图层样式。可以将制作好的音乐 APP 图标应用到应用程序上，以查看图标效果，如图 10-29 所示。

图 10-29　最终效果

10.2 图形元素：掌握移动UI控件的设计

在移动UI设计中，常见控件的制作也是十分重要的，进度条、滑块、切换条、开关等控件在移动UI中是不可或缺的重要元素。

本节主要讲解移动UI控件设计的操作方法。

10.2.1 内容
请扫二维码

10.2.2 内容
请扫二维码

10.2.3 内容
请扫二维码

10.2.1 切换条的背景效果设计

切换条在移动UI特别是手机APP的界面中是很常见的。下面主要使用裁剪工具等制作切换条的背景效果。

步骤 01 选择“文件”|“打开”命令，打开一幅素材图像，如图10-30所示。

步骤 02 选择工具箱中的裁剪工具，调出裁剪控制框，如图10-31所示。

图10-30　打开素材图像

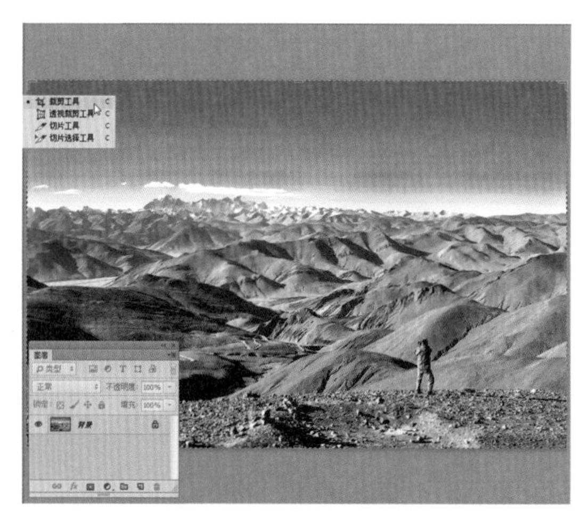

图10-31　调出裁剪控制框

步骤 03 在工具属性栏中设置裁剪控制框的长宽比为1280 ： 800，如图10-32所示。

步骤 04 执行上述操作后，即可调整裁剪控制框的长宽比。将鼠标指针移至裁剪控制框内，按住鼠标左键的同时拖曳图像至合适位置，如图10-33所示。

步骤 05 执行上述操作后，按Enter键确认裁剪操作，即可按固定的长宽比来裁剪图像，如图10-34所示。

步骤 06 打开另一幅素材图像，将其拖曳至当前图像编辑窗口中的合适位置，如图10-35所示。

图 10-32　调整裁剪控制框的长宽比

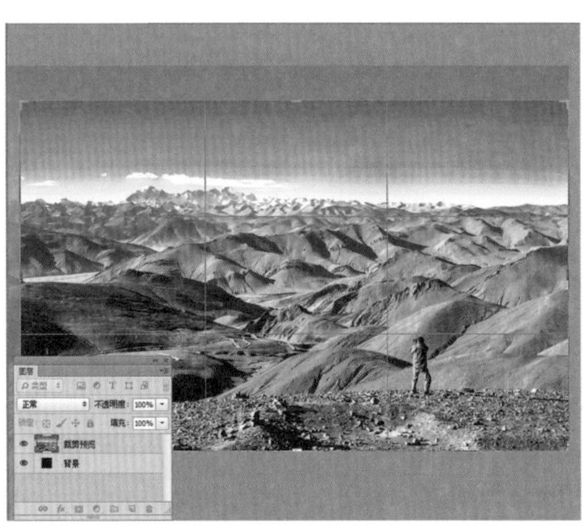

图 10-33　调整裁剪位置

图 10-34　确认裁剪操作

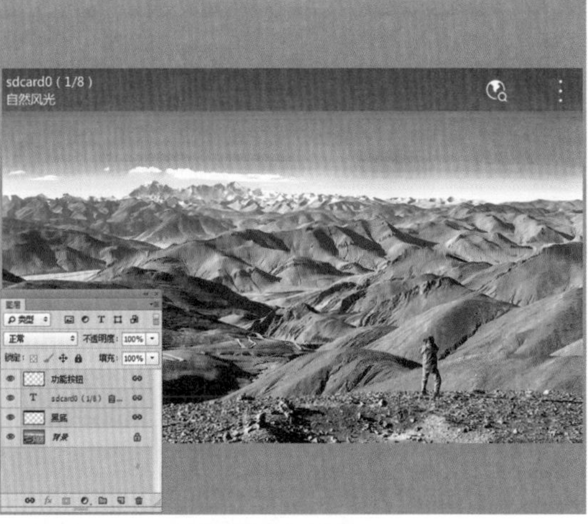

图 10-35　拖曳素材图像至当前图像编辑窗口

10.2.2　切换条的主体效果设计

下面主要使用圆角矩形工具、“描边”图层样式、“内阴影”图层样式、“渐变叠加”图层样式、“投影”图层样式等制作切换条的主体效果。

步骤 01 选择工具箱中的圆角矩形工具，在工具属性栏中设置“选择工具模式”为“形状”、“填充”为黑色、“描边”为无、“半径”为 8 像素，执行上述操作后，绘制一个圆角矩形形状，如图 10-36 所示。

步骤 02 设置“圆角矩形 1”图层的“不透明度”为 70%，如图 10-37 所示。

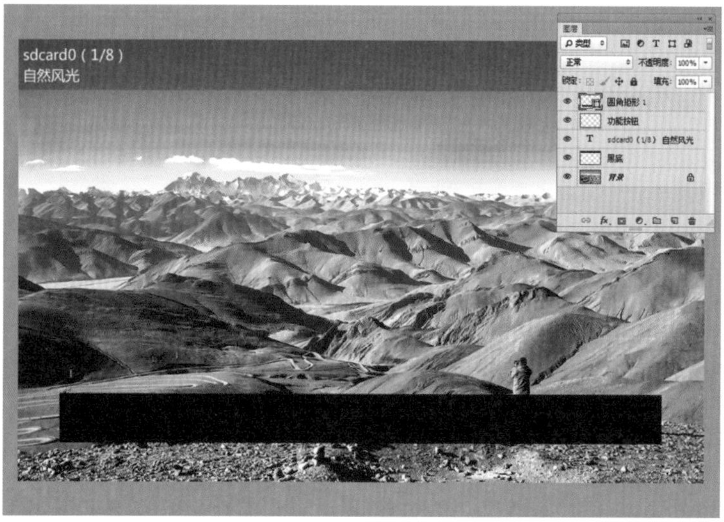

图 10-36　绘制圆角矩形形状

图 10-37　调整图层的不透明度

步骤 03　双击“圆角矩形 1”图层，在弹出的“图层样式”对话框中，勾选“描边”复选框，设置“大小”为 2 像素、“颜色”为黑色，如图 10-38 所示。

步骤 04　勾选“内阴影”复选框，取消勾选“使用全局光”复选框，设置“混合模式”为“正常”、“阴影颜色”为白色、“不透明度”为 15%、“角度”为 90 度、“距离”为 5 像素、“阻塞”为 0、“大小”为 0 像素，如图 10-39 所示。

步骤 05　勾选“渐变叠加”复选框，并设置相应的参数，如图 10-40 所示。

步骤 06　勾选“投影”复选框，并设置相应的参数，如图 10-41 所示。

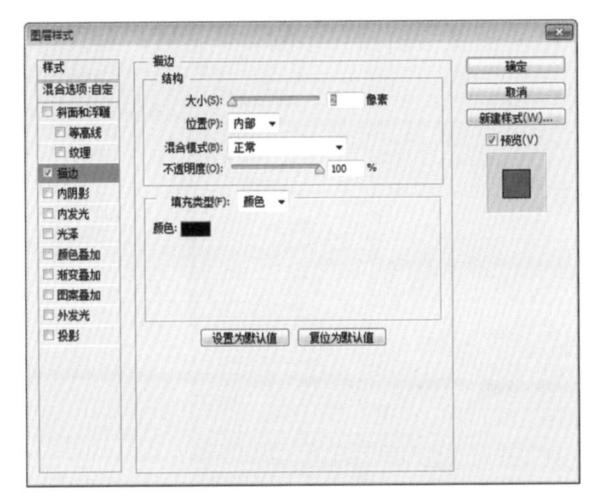

图 10-38　设置“描边”图层样式

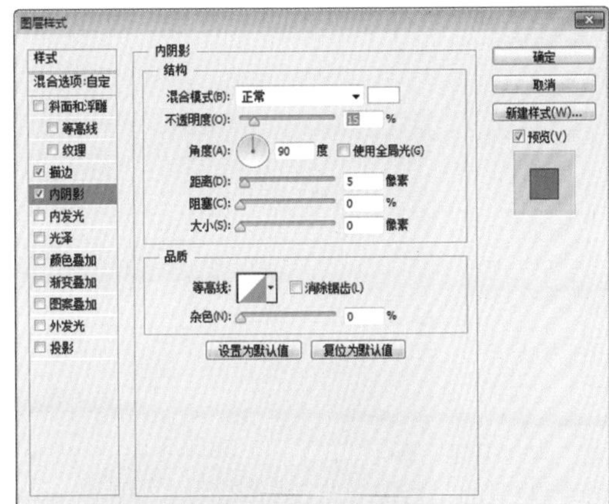

图 10-39　设置“内阴影”图层样式

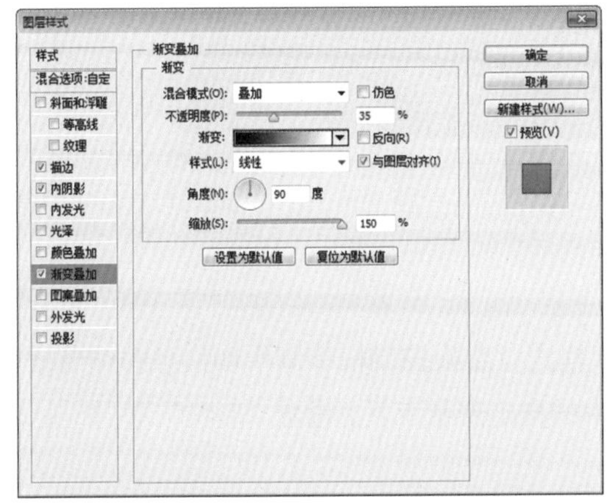

图 10-40　设置“渐变叠加”图层样式

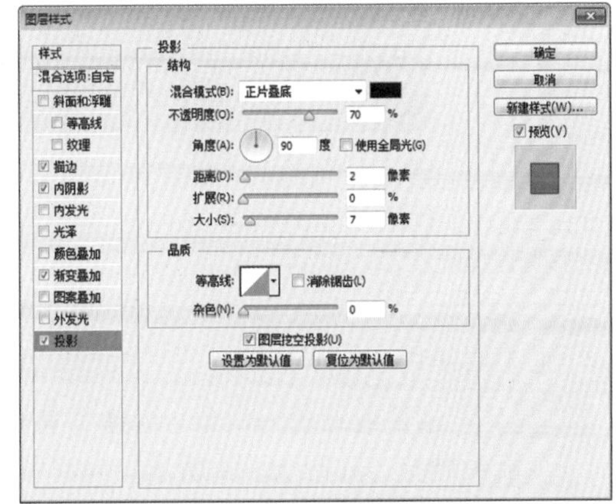

图 10-41　设置“投影”图层样式

步骤 07 单击“确定”按钮，即可为“圆角矩形”图层添加相应的图层样式，如图 10-42 所示。

图 10-42　添加图层样式

步骤 08 打开反光条素材图像，将其拖曳至当前图像编辑窗口中的合适位置，如图 10-43 所示。

图 10-43　合成素材图像

10.2.3　切换条的细节效果设计

下面主要使用自定形状工具、“投影”图层样式、变换控制框等制作切换条的细节效果。

步骤 01 设置前景色为白色，选择工具箱中的自定形状工具，设置“形状”为“箭头 2”，绘制一个箭头形状，如图 10-44 所示。

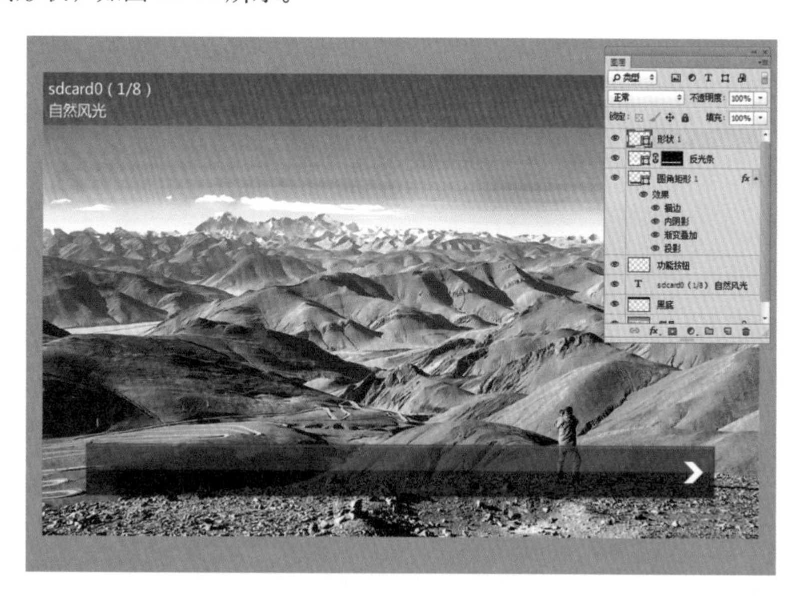

图 10-44　添加自定义形状

步骤 02 双击“形状 1”图层，在弹出的“图层样式”对话框中，勾选“投影”复选框，设置相应的参数，如图 10-45 所示。

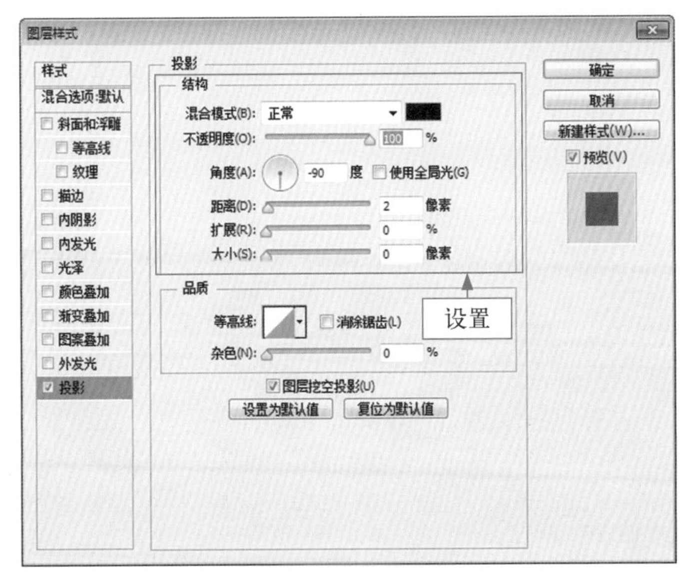

图 10-45 设置图层样式

步骤 03 单击“确定”按钮，即可为“形状 1”图层添加“投影”图层样式，如图 10-46 所示。

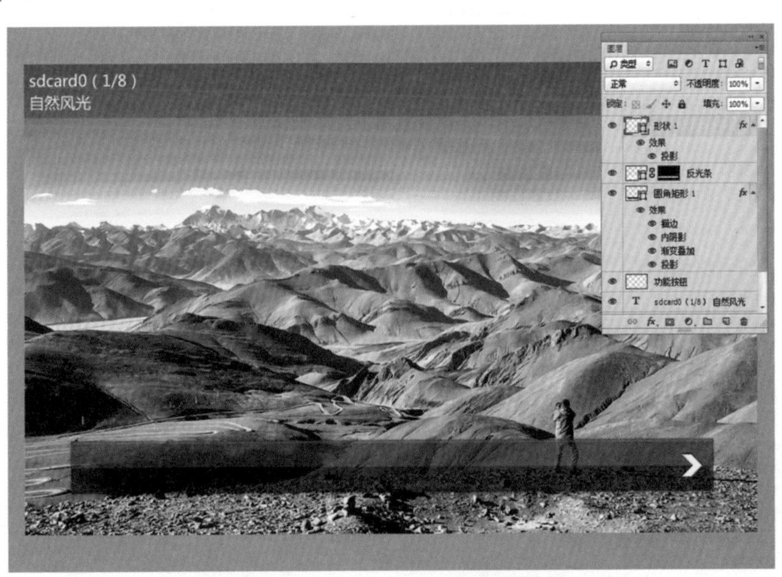

图 10-46 添加“投影”图层样式

步骤 04 复制“形状 1”图层，得到“形状 1 拷贝”图层，如图 10-47 所示。

步骤 05 按 Ctrl+T 组合键，调出变换控制框，在变换控制框内单击鼠标右键，在弹出的快捷菜单中选择“旋转 180 度”命令，如图 10-48 所示。

步骤 06 执行上述操作后，即可旋转图像，如图 10-49 所示。

图 10-47 复制形状图层

图 10-48 选择“旋转 180 度”命令

图 10-49　旋转图像效果

步骤 07 按 Enter 键确认变换操作，并调整形状至合适位置，如图 10-50 所示。

图 10-50　确认变换并调整位置

步骤 08 打开线条素材图像，将其拖曳至当前图像编辑窗口中的合适位置，并适当调整其他图像的位置，最终效果如图 10-51 所示。

图 10-51　最终效果

10.3　基础元素：掌握移动 UI 搜索框的设计

APP 的界面是由多个不同的基本元素组成的，这些基本元素通过外形的组合、色彩的搭配、材质和风格的统一，以及合理的布局，构成一个完整的 UI 效果。其中，功能框是最常用的基本元素。导航和通知列表可以通过垂直或者水平排列的方式显示多行条目，导航、标签和列表等通常用于数据、信息的展示与选择。

本节主要讲解移动 UI 搜索框设计的操作方法。

10.3.1 内容
请扫二维码

10.3.2 内容
请扫二维码

10.3.3 内容
请扫二维码

10.3.1　搜索框的主体效果设计

在智能手机系统的主界面中会有一个智能搜索框插件，用户可以通过这个搜索框插件进行本地搜索和网络搜索，如网络音乐、视频、地图及商城中的 APP 等各种资源。

下面主要使用圆角矩形工具、“内发光”图层样式、“投影”图层样式等制作搜索框的主体效果。

步骤 01 选择“文件”|“打开”命令，打开一幅素材图像，如图 10-52 所示。

步骤 02 在“图层”面板中，新建“图层 1”图层，如图 10-53 所示。

图 10-52　打开素材图像

图 10-53　新建图层

步骤 03 设置前景色为白色，选择工具箱中的圆角矩形工具，在工具属性栏中设置“选择工具模式”为“像素”、“半径”为 5 像素，绘制一个圆角矩形，如图 10-54 所示。

步骤 04 双击“图层 1”图层，弹出“图层样式”对话框，勾选“内发光”复选框，设置“不透明度”为 50%、“阻塞”为 0、“大小”为 4 像素，如图 10-55 所示。

图 10-54　绘制圆角矩形

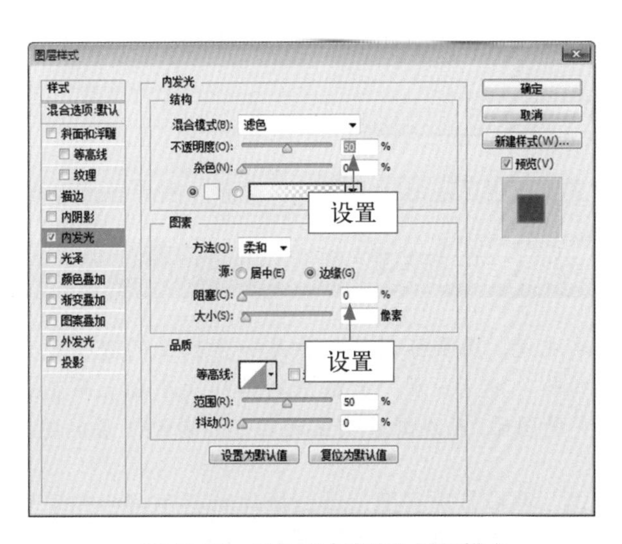

图 10-55　设置“内发光”图层样式

专家指点

在使用圆角矩形工具绘制图形时，如果按住 Shift 键的同时，单击鼠标左键并进行拖曳，可绘制一个正圆角矩形；如果按住 Alt 键的同时，单击鼠标左键并进行拖曳，可绘制以起点为中心的圆角矩形。

步骤 05 勾选“投影”复选框，设置“角度”为120度，勾选“使用全局光”复选框，设置“距离”为0像素、“扩展”为0、“大小”为6像素，如图10-56所示。

步骤 06 单击“确定”按钮，即可为“图层1”图层添加图层样式，设置“图层1”图层的“不透明度”为75%，效果如图10-57所示。

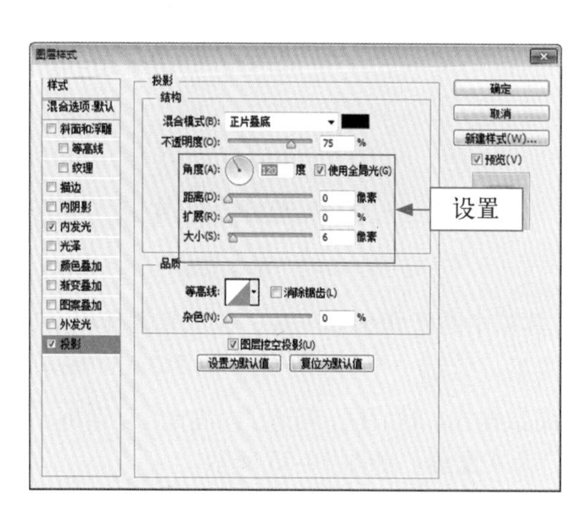

图10-56 设置“投影”图层样式

图10-57 设置不透明度

10.3.2 搜索框搜索图标的效果设计

下面主要使用自定形状工具、“投影”图层样式等制作搜索图标效果。

专家指点

简单地说，图层可以被看作是一张独立的透明胶片，其中每张胶片上都绘有图像，将所有的胶片按“图层”面板中的排列次序自上而下进行叠加，最上层的图像遮住下层同一位置的图像，而在其透明区域则可以看到下层的图像，最终通过叠加得到完整的图像。

“图层”面板是进行图层编辑操作时必不可少的工具。“图层”面板显示了当前图像的图层信息，从中可以调节图层的叠放顺序、图层的透明度及图层的混合模式等，几乎所有的图层操作都可以通过它来实现。

步骤 01 在“图层”面板中，新建“图层2”图层，如图10-58所示。

步骤 02 选择工具箱中的自定形状工具，在工具属性栏中设置“选择工具模式”为“路径”，在“形状”下拉列表中选择“搜索”形状，如图10-59所示。

图 10-58　新建图层

图 10-59　选择自定形状工具

步骤 03 按住 Alt 键的同时，在圆角矩形上绘制一个搜索形状路径，如图 10-60 所示。

步骤 04 按 Ctrl+Enter 组合键，将路径转换为选区，如图 10-61 所示。

专家指点

在自定形状里有许多的分类，要寻找合适的素材来进行创作。在图像编辑窗口中绘制自定形状时，按住 Shift 键，单击鼠标左键进行拖曳，就能绘制出正确比例的形状。

图 10-60　绘制路径

图 10-61　将路径转换为选区

步骤 05 按 Alt+Delete 组合键，填充选区为白色，如图 10-62 所示。

步骤 06 按 Ctrl+D 组合键，取消选区，如图 10-63 所示。

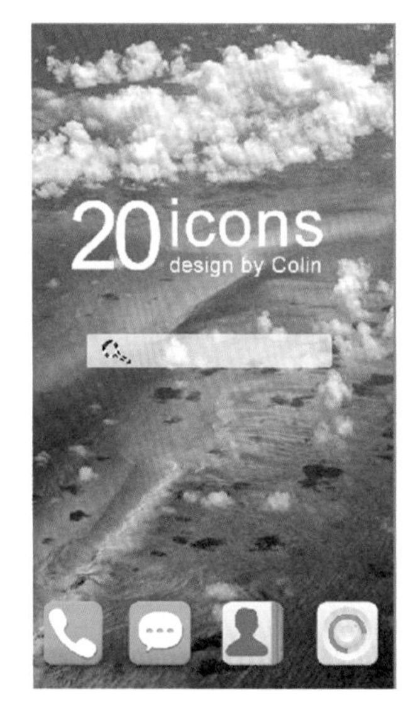

图 10-62　填充选区

图 10-63　取消选区

步骤 07　双击“图层 2”图层，在弹出的“图层样式”对话框中勾选“投影”复选框，设置“不透明度”为 75%、“距离”为 0 像素、“扩展”为 0、“大小”为 3 像素，如图 10-64 所示。

步骤 08　单击“确定”按钮，即可为“图层 2”图层添加图层样式，调整搜索图形至合适位置，如图 10-65 所示。

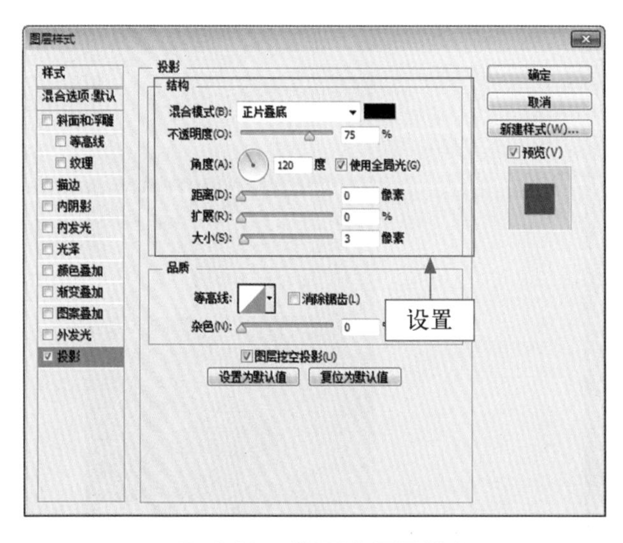

图 10-64　“投影”图层样式

图 10-65　调整效果

10.3.3　搜索框二维码的效果设计

下面主要使用“外发光”图层样式、“投影”图层样式等制作二维码图标效果。

步骤 01 打开二维码素材图像，将其拖曳至当前图像编辑窗口中的合适位置，如图 10-66 所示。

步骤 02 双击“图层 3”图层，在弹出的“图层样式”对话框中勾选“外发光”复选框，设置“扩展”为 0、“大小”为 1 像素，如图 10-67 所示。

图 10-66 添加二维码素材图像

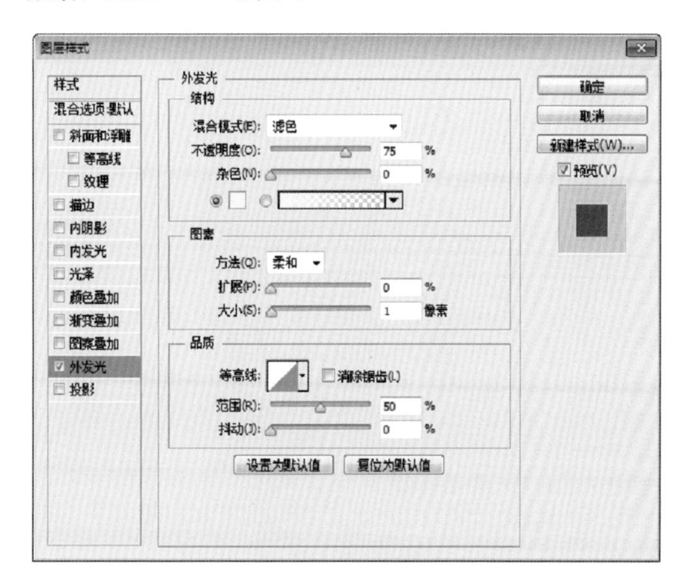

图 10-67 设置“外发光”图层样多

步骤 03 勾选“投影”复选框，设置“距离”为 0 像素、“扩展”为 0、“大小”为 3 像素，如图 10-68 所示。

步骤 04 单击“确定”按钮，即可为“图层 3”图层添加图层样式，最终效果如图 10-69 所示。

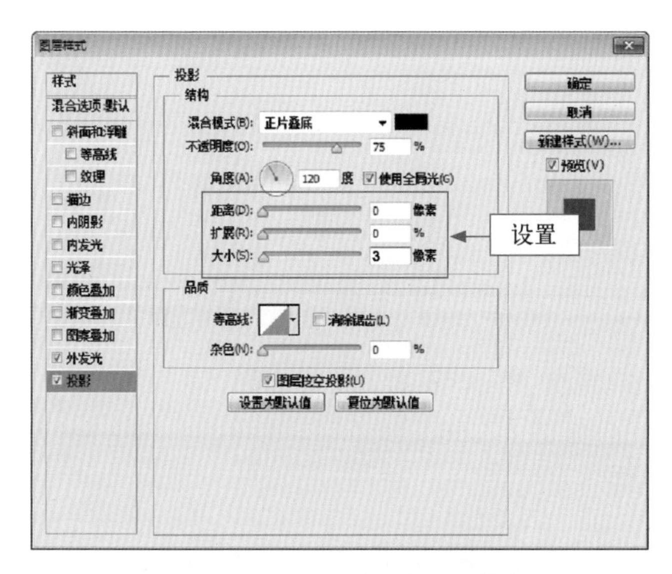

图 10-68 设置“投影”图层样式

图 10-69 最终效果

第11章 苹果系统：常见苹果系统UI设计

学习提示

苹果公司的移动产品（如iPhone系列手机、iPad平板电脑、iPod音乐播放器等）如今已风靡全球，其iOS操作系统对硬件性能要求不高，应用程序丰富，操作非常流畅，其独特的魅力吸引了越来越多的用户。本章主要介绍苹果系统UI的设计方法。

本章重点导航

◎ 设计天气控件界面的背景效果
◎ 设计天气控件界面的主体效果
◎ 设计日历APP界面的背景效果
◎ 设计日历APP界面的主体效果

11.1 天气界面：掌握天气控件界面的设计

在苹果智能移动设备上经常可以看到各式各样的天气软件，这些天气软件的功能都很全面，除了可以随时随地查看本地甚至其他地方连续几天的天气和温度，还有其他资讯小服务，是移动用户居家旅行的必需工具。本实例最终效果如图 11-1 所示。

图 11-1　实例效果

11.1.1 内容
请扫二维码

11.1.2 内容
请扫二维码

11.1.1　设计天气控件界面的背景效果

下面主要使用“亮度 / 对比度”命令、“曲线”命令、“USM 锐化”命令及图层混合模式等，设计苹果系统天气控件界面的背景效果。

步骤 01 选择“文件”|“打开”命令，打开“苹果系统天气控件背景”素材图像；选择“图像”|“调整”|“亮度 / 对比度”命令，弹出“亮度 / 对比度”对话框，设置“亮度”为 18、“对比度”为 31，单击“确定”按钮，即可调整背景图像的亮度与对比度，效果如图 11-2 所示。

步骤 02 选择“图像”|“调整”|“曲线”命令，弹出“曲线”对话框，在曲线上添加一个控制点，设置“输出”和“输入”的参数值分别为 187、175，然后在曲线上添加另一个控制点，设置“输出”和“输入”的参数值分别为 70、77，如图 11-3 所示，单击“确定”按钮，即可调整背景图像的色调。

图 11-2　使用“亮度 / 对比度”命令调节图像

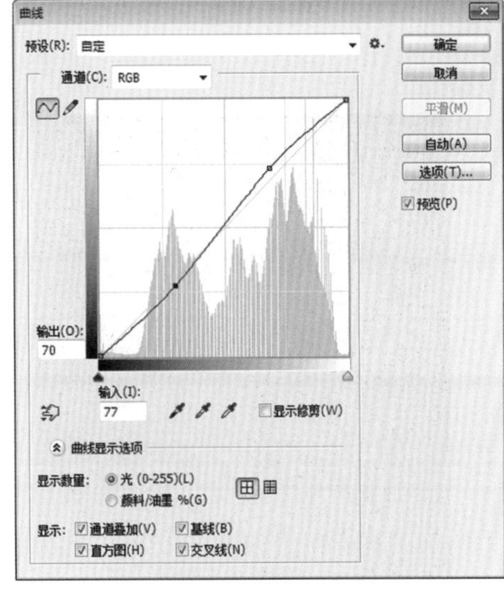

图 11-3　设置“曲线”参数值

步骤 03 选择“滤镜”|“锐化”|“USM 锐化”命令，弹出“USM 锐化”对话框，设置“数量”为 30%、“半径”为 3.6 像素、“阈值”为 19 色阶，单击“确定”按钮，即可锐化背景图像，如图 11-4 所示。

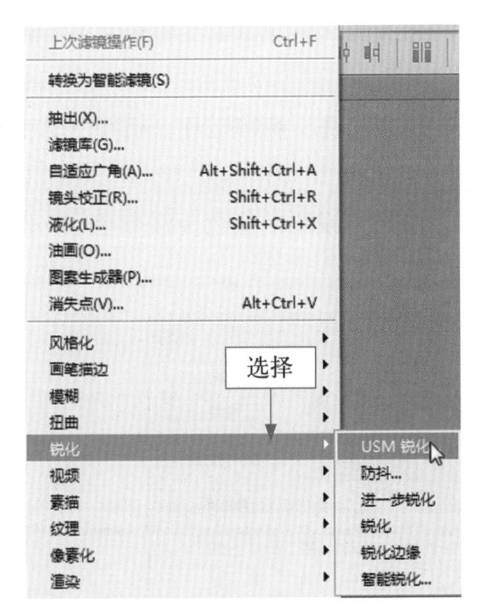

图 11-4　锐化背景图像

步骤 04 展开“图层”面板，按 Ctrl+J 组合键复制“背景”图层，得到“图层 1”图层，设置“图层 1”图层的“混合模式”为“叠加”、“不透明度”为 60%，即可改变图像效果，如图 11-5 所示。

步骤 05 打开“天气控件界面状态栏.psd”素材图像，将其拖曳至“苹果系统天气控件背景”图像编辑窗口中的合适位置处，效果如图 11-6 所示。

图 11-5　调整图像效果

图 11-6　添加状态栏素材图像

11.1.2　设计天气控件界面的主体效果

下面主要使用矩形工具、“投影”图层样式、渐变工具、魔棒工具、横排文字工具等，设计苹果系统天气控件界面的主体效果。

步骤 01 在“图层”面板中，新建“图层 2”图层，设置前景色为浅蓝色 (RGB 参数值为 121、140、239)，如图 11-7 所示。

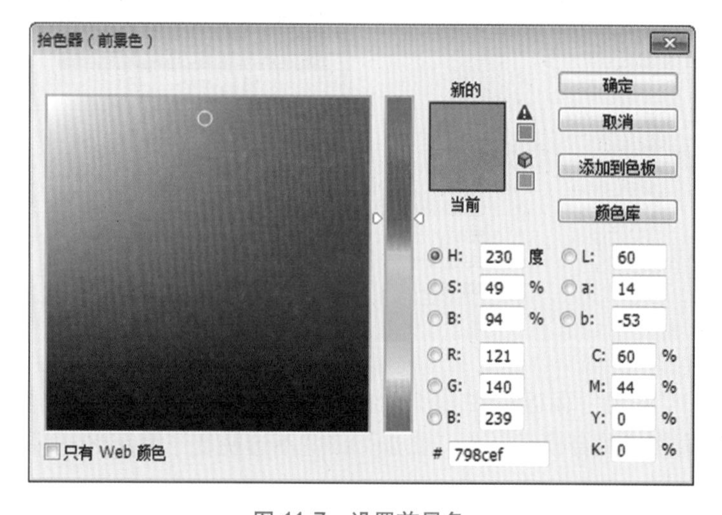

图 11-7　设置前景色

步骤 02 选择工具箱中的矩形工具，在工具属性栏中设置“选择工具模式”为“像素”，绘制一个矩形。双击“图层 2”图层，弹出“图层样式”对话框，勾选“投影”复选框，保持默认设置即可，如图 11-8 所示。

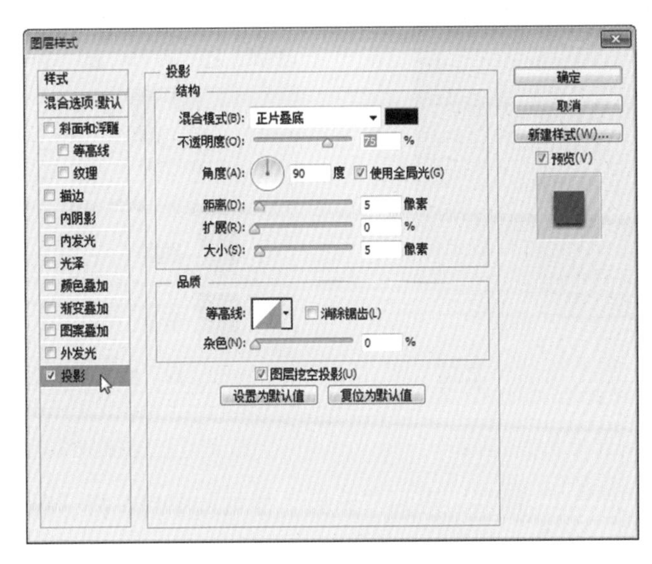

图 11-8　勾选“投影”复选框

步骤 03 单击“确定”按钮，应用“投影”图层样式，效果如图 11-9 所示。

步骤 04 在“图层”面板中，为“图层 2”图层添加图层蒙版，如图 11-10 所示。

图 11-9　应用“投影”图层样式效果

图 11-10　添加图层蒙版

步骤 05 使用渐变工具，从右至左填充黑色到白色的线性渐变，效果如图 11-11 所示。

步骤 06 在“图层”面板中设置“图层 2”图层的“不透明度”为 60%，如图 11-12 所示。

图 11-11　填充线性渐变效果

图 11-12　设置图层的不透明度

步骤 07 复制“图层 2”图层，得到“图层 2 拷贝”图层，将“图层 2 拷贝”图层中的图像拖曳至相应位置处，效果如图 11-13 所示。

步骤 08 按 Ctrl+T 组合键，调出变换控制框，适当调整图像的大小和位置，按 Enter 键确认操作，如图 11-14 所示。

图 11-13　复制并移动图像

图 11-14　调整图像的大小和位置

步骤 09 选择工具箱中的魔棒工具，单击调整后的图像，创建选区，如图 11-15 所示。

步骤 10 设置前景色为蓝色 (RGB 参数值为 78、111、231)，按 Alt+Delete 组合键，为选区填充前景色，按 Ctrl+D 组合键，取消选区，效果如图 11-16 所示。

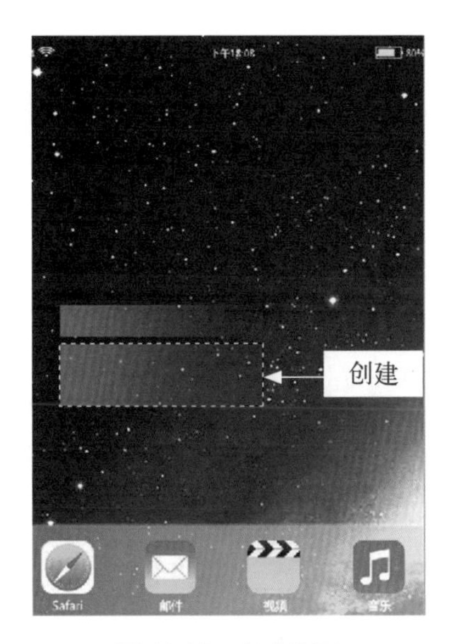

图 11-15 创建选区

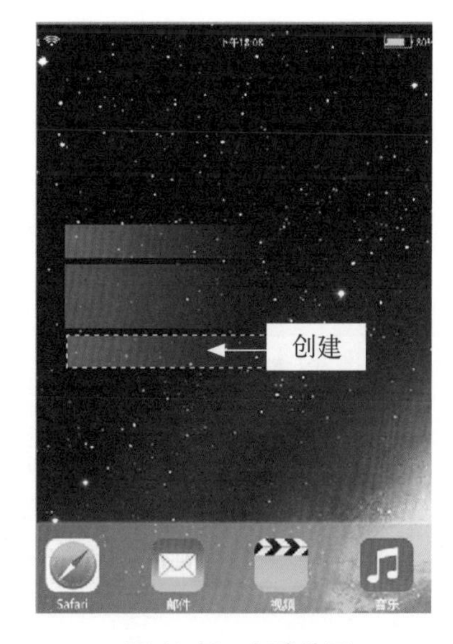

图 11-16 填充效果

步骤 11 在"图层"面板中，复制"图层 2"图层，得到"图层 2 拷贝 2"图层，适当调整"图层 2 拷贝 2"图层中图像的大小和位置，效果如图 11-17 所示。

步骤 12 选择工具箱中的魔棒工具，单击调整后的图像，创建选区，如图 11-18 所示。

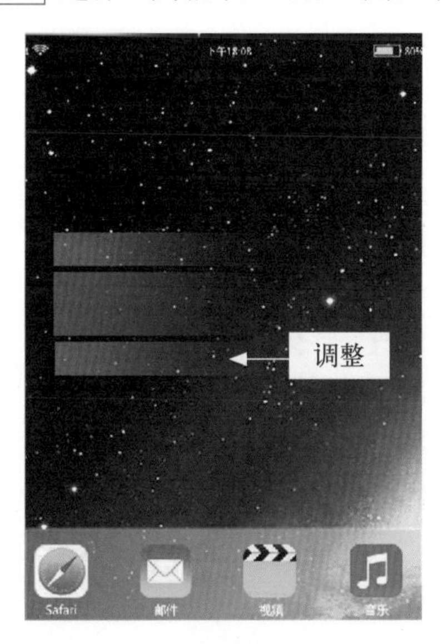

图 11-17 调整图像大小和位置

图 11-18 创建选区

步骤 13 设置前景色为白色，按 Alt+Delete 组合键，为选区填充前景色，按 Ctrl+D 组合键，取消选区，效果如图 11-19 所示。

步骤 14 设置"图层 2 拷贝 2"图层的"不透明度"为 80%，即可改变图像效果，如图 11-20 所示。

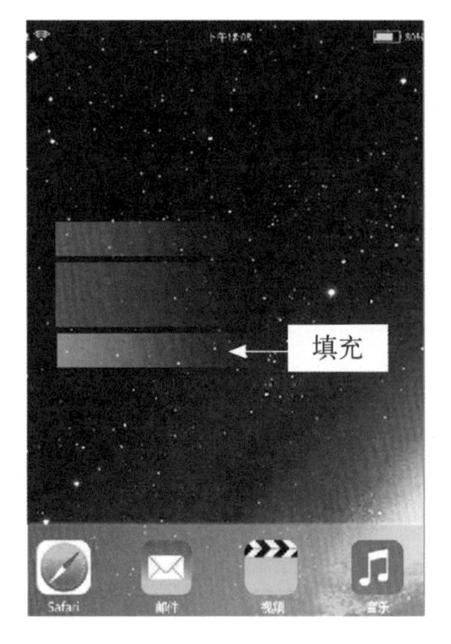

图 11-19　填充效果

图 11-20　调整图层的不透明度

步骤 15 选择“图层 2 拷贝 2”图层，按住 Ctrl+Alt 键的同时向下拖曳，复制两个图层，如图 11-21 所示。

步骤 16 适当调整各图像的位置，效果如图 11-22 所示。

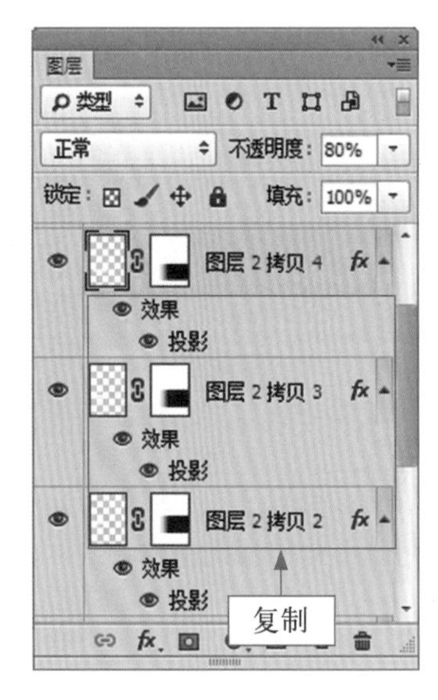

图 11-21　复制图层

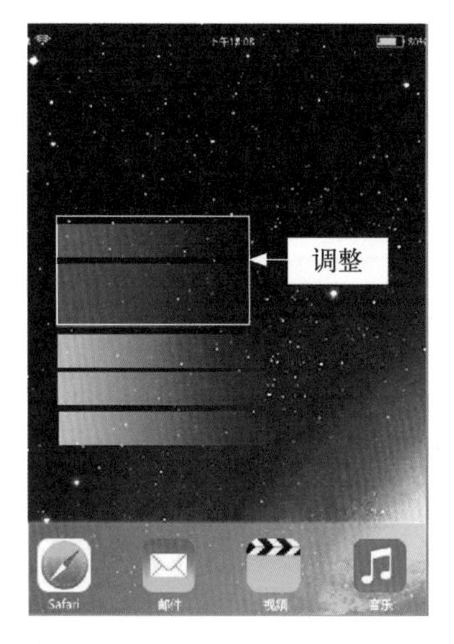

图 11-22　调整图像的位置

步骤 17 打开“天气图标 1.psd”素材图像，将其拖曳至“苹果系统天气控件背景”图像编辑窗口中的合适位置处，效果如图 11-23 所示。

步骤 18 打开“天气图标 2.psd”素材图像，将其拖曳至“苹果系统天气控件背景”图像编辑窗口中，并适当调整各图像的位置，效果如图 11-24 所示。

图 11-23　拖入素材图像

图 11-24　拖入素材图像

步骤 19 选择工具箱中的横排文字工具，确认插入点，在“字符”面板中设置“字体系列”为“微软雅黑”、“字体大小”为“60 点”、“颜色”为白色(RGB 参数值均为 255)，如图 11-25 所示。

步骤 20 使用横排文字工具在图像中输入相应文本，如图 11-26 所示。

图 11-25　设置文字属性

图 11-26　输入相应文本

步骤 21 使用横排文字工具确认插入点，在“字符”面板中设置“字体系列”为“微软雅黑”、“字体大小”为“12 点”、“颜色”为白色 (RGB 参数值均为 255)，如图 11-27 所示。

步骤 22 在图像中输入相应文本，完成苹果系统天气控件界面的设计，最终效果如图 11-28 所示。

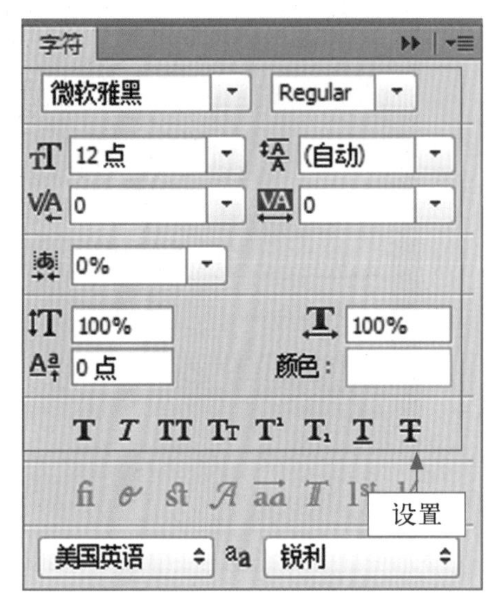

图 11-27 设置文字属性

图 11-28 最终效果

11.2 日历界面：掌握手机日历界面的设计

日历是智能手机必装的生活类 APP，是用户生活中的好帮手，用来记录生活、设置提醒，帮助自己打理生活的方方面面。本实例最终效果如图 11-29 所示。

图 11-29 实例效果

11.2.1 内容
请扫二维码

11.2.2 内容
请扫二维码

11.2.1 设计日历 APP 界面的背景效果

在图像的顶部和底部分别绘制矩形，并确定界面基准颜色。下面介绍苹果手机日历 APP 界面背景效果的制作方法。

步骤 01 选择“文件”|“新建”命令，弹出“新建”对话框，设置“名称”为“苹果系统日历 App 界面”、“宽度”为 720 像素、“高度”为 1280 像素、“分辨率”为 72 像素 / 英寸，如图 11-30 所示，单击“确定”按钮，新建一幅空白图像。

步骤 02 展开“图层”面板，新建“图层 1”图层，如图 11-31 所示。

步骤 03 设置前景色为深红色 (RGB 参数值为 195、46、41)，选择工具箱中的矩形工具，设置“选择工具模式”为“像素”，在图像上方绘制一个矩形，并填充前景色，效果如图 11-32 所示。

步骤 04 在“图层”面板中，新建“图层 2”图层，选择工具箱中的矩形选框工具，创建一个矩形选区，如图 11-33 所示。

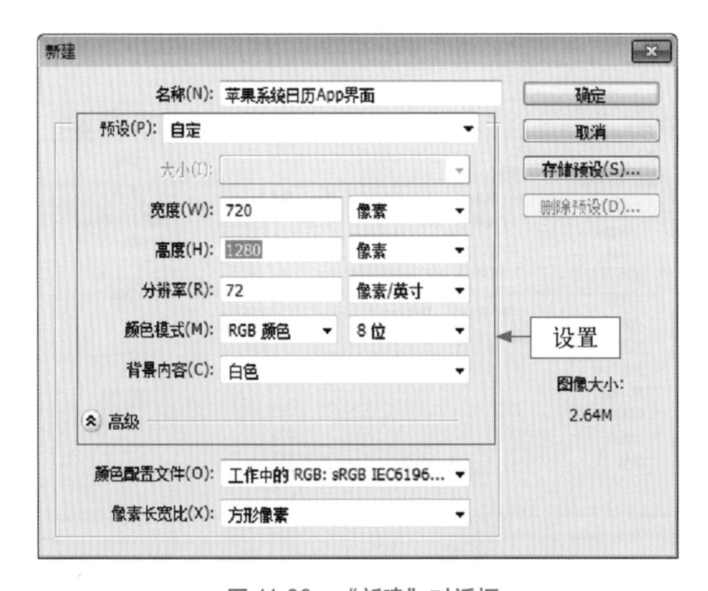

图 11-30 “新建”对话框

图 11-31 新建“图层 1”图层

步骤 05 选择工具箱中的渐变工具，设置浅灰色 (RGB 参数值均为 247) 到灰色 (RGB 参数值均为 218) 的线性渐变，使用渐变工具从上至下为选区填充线性渐变，按 Ctrl+D 组合键取消选区，如图 11-34 所示。

步骤 06 在“图层”面板中，双击“图层 2”图层，在弹出的“图层样式”对话框中，勾选“描边”复选框，设置“大小”为 1 像素、“颜色”为灰色 (RGB 参数值均为 203)，如图 11-35 所示。

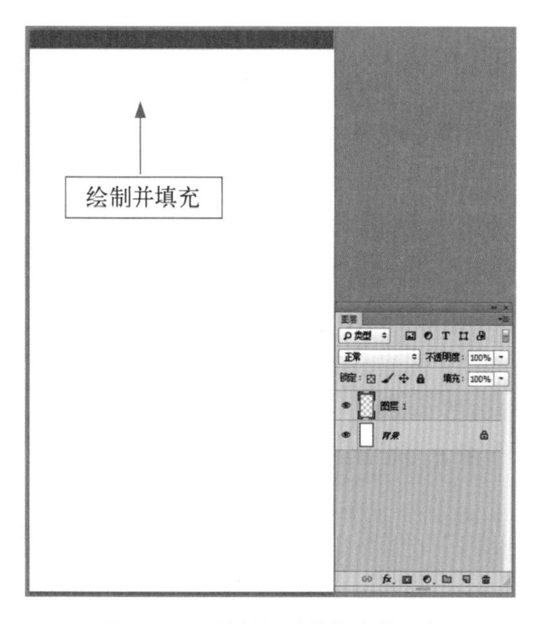

图 11-32 绘制矩形并填充前景色

图 11-33 创建矩形选区

图 11-34 填充线性渐变

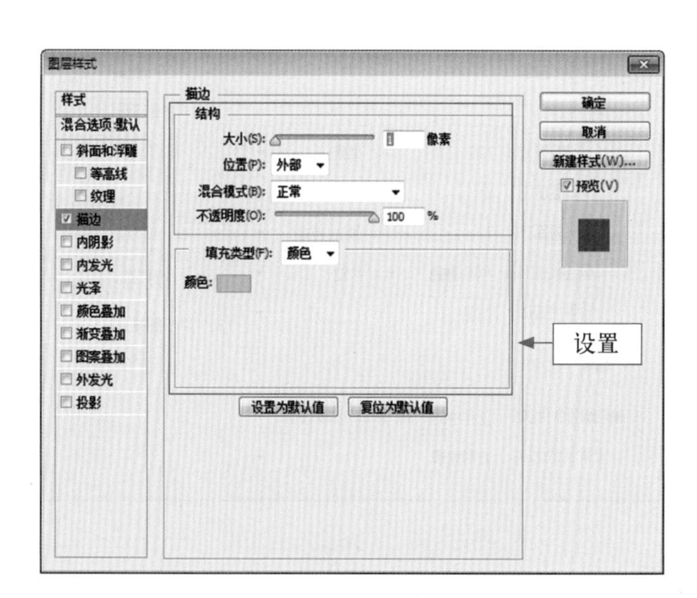

图 11-35 设置“描边”图层样式

步骤 07 勾选“投影”复选框，设置“距离”为 1 像素、“扩展”为 20%、“大小”为 10 像素，单击“确定”按钮，即可应用图层样式，效果如图 11-36 所示。

步骤 08 选择“文件”|“打开”命令，打开“日历 APP 状态栏.psd”素材图像，如图 11-37 所示。

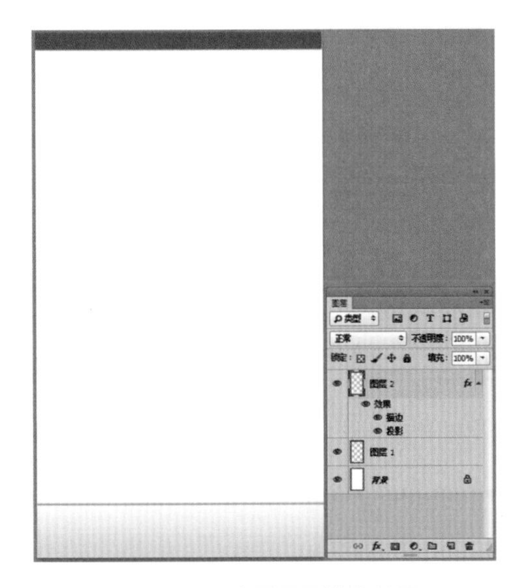

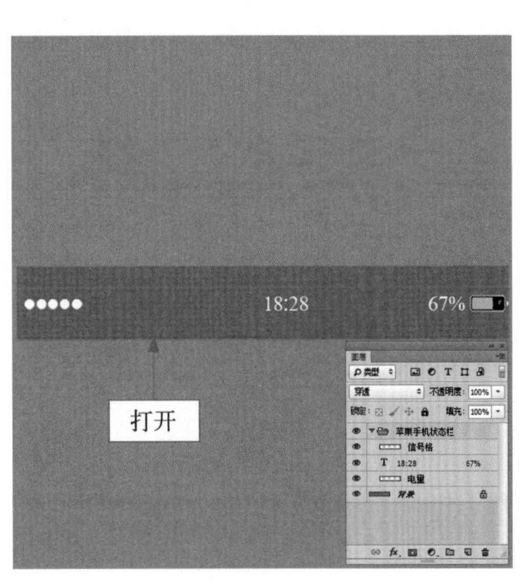

图 11-36　应用图层样式效果

图 11-37　打开状态栏素材图像

步骤 09 使用移动工具将其拖曳至“苹果系统日历 APP 界面”图像编辑窗口中的合适位置处，如图 11-38 所示。

图 11-38　拖入状态栏素材图像

11.2.2　设计日历 APP 界面的主体效果

在制作日历 APP 界面的主体效果时，主要使用了矩形选区、渐变填充、图层样式等功能，其中，为图像添加图层样式，可以使界面中的元素呈现出立体感。下面主要介绍苹果系统日历 APP 界面主体效果的制作方法。

步骤 01 在“图层”面板中，新建“图层 3”图层，如图 11-39 所示。

步骤 02 选择工具箱中的矩形选框工具，绘制一个矩形选区，如图 11-40 所示。

图 11-39　新建“图层 3”图层

图 11-40　绘制矩形选区

步骤 03 选择工具箱中的渐变工具，设置红色 (RGB 参数值为 229、95、86) 到深红色 (RGB 参数值为 186、70、55) 的线性渐变，如图 11-41 所示。

步骤 04 使用渐变工具为选区从上至下填充线性渐变，如图 11-42 所示。

图 11-41　设置线性渐变

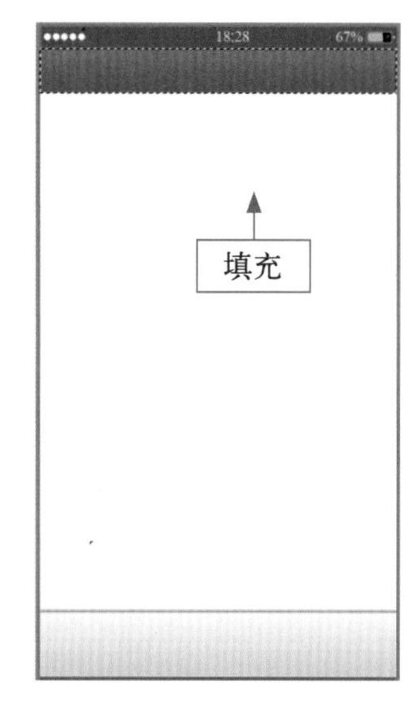

图 11-42　填充线性渐变

步骤 05 按 Ctrl+D 组合键，取消选区，效果如图 11-43 所示。

步骤 06 双击“图层 3”图层，弹出“图层样式”对话框，勾选“描边”复选框，设置“大小”为 1 像素、“颜色”为白色，如图 11-44 所示。

图 11-43　取消选区

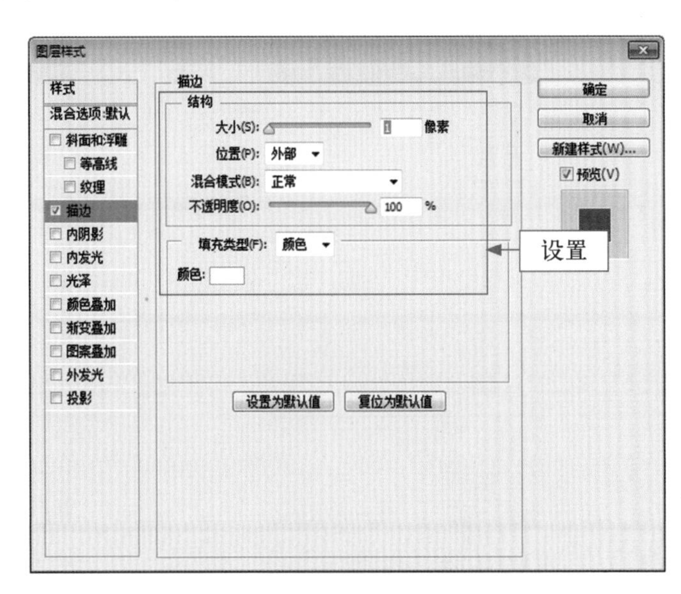

图 11-44　设置“描边”图层样式

步骤 07　勾选“投影”复选框，设置“距离”为 1 像素、“扩展”为 0、“大小”为 10 像素，如图 11-45 所示。

步骤 08　单击“确定”按钮，即可应用图层样式，效果如图 11-46 所示。

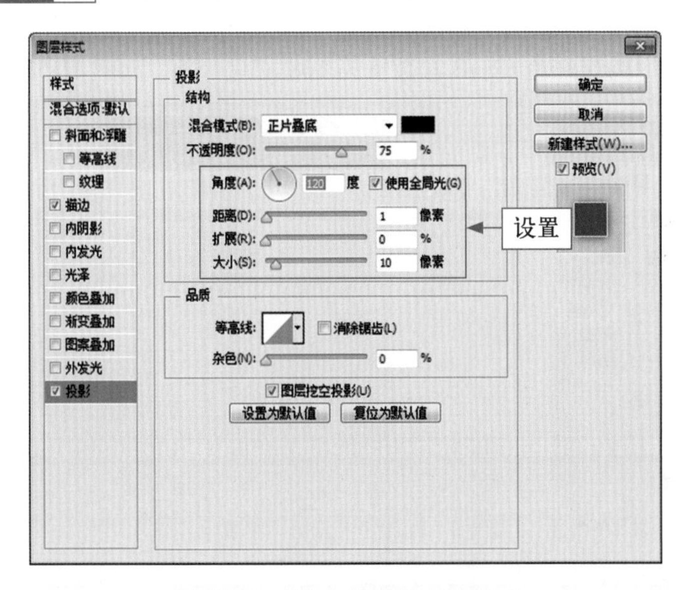

图 11-45　设置“投影”图层样式

图 11-46　应用图层样式效果

步骤 09　选择工具箱中的圆角矩形工具，设置“选择工具模式”为“路径”、“半径”为 8 像素，绘制一个圆角矩形路径，如图 11-47 所示。

步骤 10 按 Ctrl+Enter 组合键，将路径转换为选区，如图 11-48 所示。

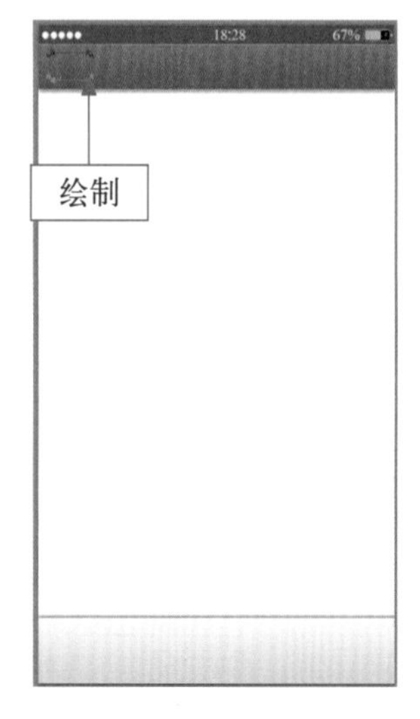

图 11-47 绘制圆角矩形路径

图 11-48 将路径转换为选区

步骤 11 在"图层"面板中，新建"图层 4"图层，如图 11-49 所示。

步骤 12 选择工具箱中的渐变工具，为选区填充红色 (RGB 参数值为 229、95、86) 到深红色 (RGB 参数值为 186、70、55) 的线性渐变，如图 11-50 所示。

步骤 13 按 Ctrl+D 组合键，取消选区，效果如图 11-51 所示。

步骤 14 双击"图层 4"图层，在弹出的"图层样式"对话框中勾选"描边"复选框，设置"大小"为 1 像素、"颜色"为深红色 (RGB 参数值为 168、30、32)，如图 11-52 所示。

图 11-49 新建"图层 4"图层

图 11-50 填充线性渐变

图 11-51　取消选区

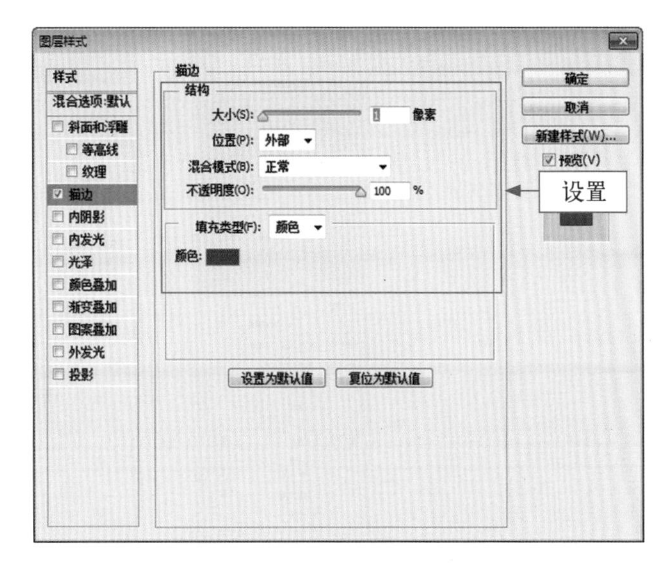

图 11-52　设置“描边”图层样式

步骤 15 勾选“内阴影”复选框，设置“混合模式”为“正常”、“阴影颜色”为浅红色 (RGB 参数值为 223、178、178)、“距离”为 1 像素、“阻塞”为 5%、“大小”为 18 像素，如图 11-53 所示。

步骤 16 单击“确定”按钮，即可应用图层样式，效果如图 11-54 所示。

步骤 17 打开“按钮组 .psd”素材图像，将其拖曳至“苹果系统日历 APP 界面”图像编辑窗口中，并调整至合适位置，如图 11-55 所示。

步骤 18 打开“日历表 .psd”素材图像，将其拖曳至“苹果系统日历 APP 界面”图像编辑窗口中，并调整至合适位置，效果如图 11-56 所示。

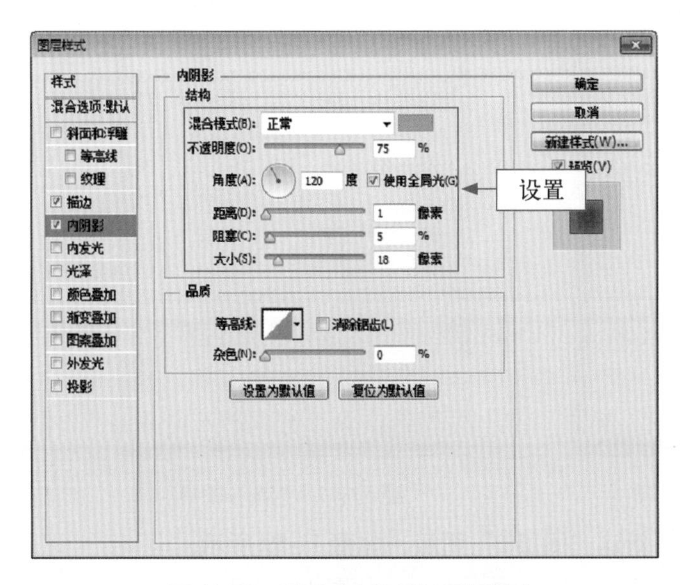

图 11-53　设置“内阴影”图层样式

图 11-54　应用图层样式效果

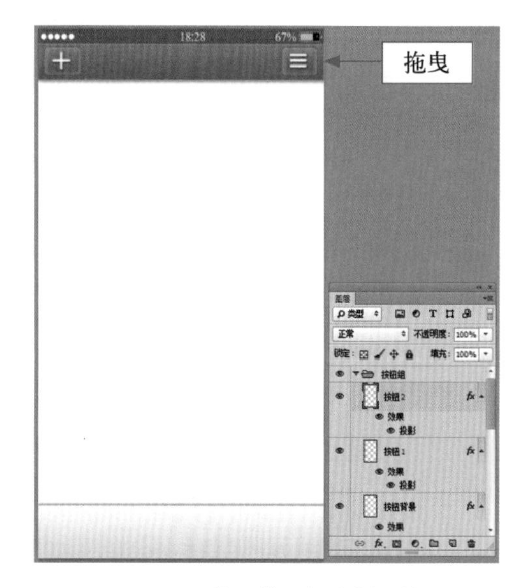

图 11-55　拖入按钮组素材图像

图 11-56　拖入日历表素材图像

步骤 19 选择“视图”|“标尺”命令，即可显示标尺，如图 11-57 所示。

步骤 20 从水平标尺上拖曳出 1 条水平参考线，放置于垂直标尺的 36cm 位置处，如图 11-58 所示。

图 11-57　显示标尺

图 11-58　创建参考线

步骤 21 在“图层”面板中，新建“图层 5”图层，如图 11-59 所示。

步骤 22 设置前景色为灰色 (RGB 参数值均为 141)，如图 11-60 所示。

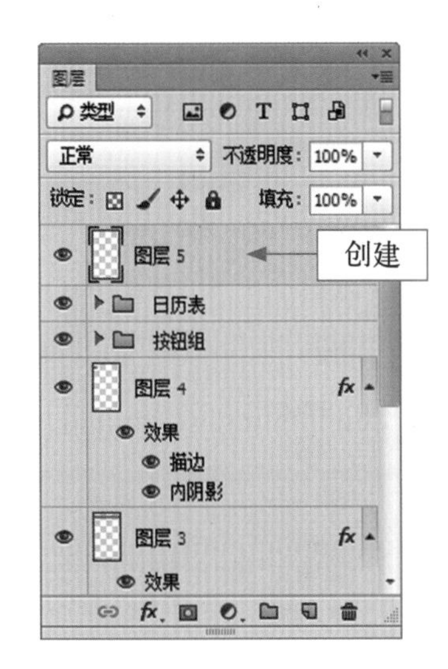

图 11-59　新建“图层 5”图层

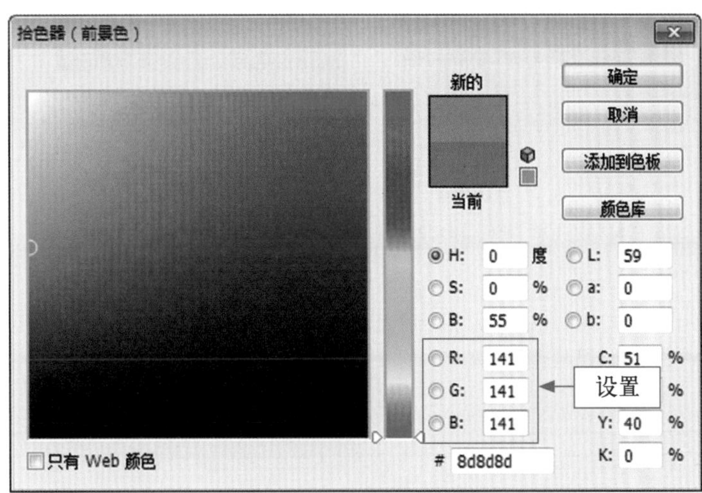

图 11-60　设置前景色

步骤 23 选择工具箱中的单行选框工具，在参考线位置上创建单行选区，如图 11-61 所示。

步骤 24 按 Alt+Delete 组合键，为选区填充前景色，如图 11-62 所示。

图 11-61　创建单行选区

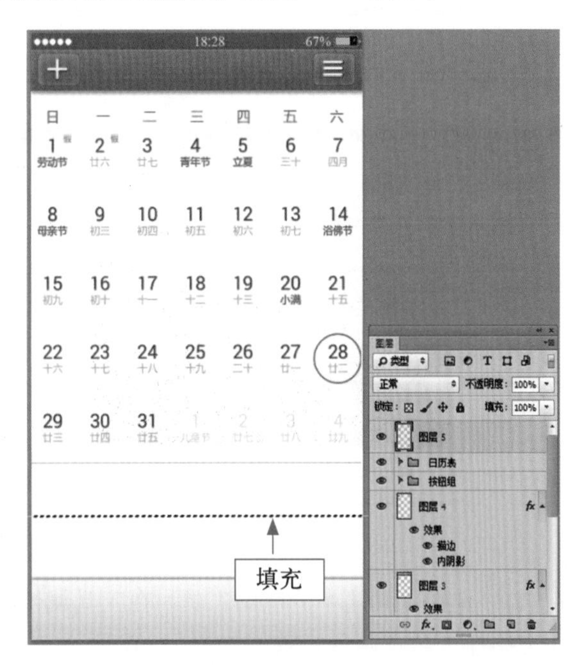

图 11-62　填充前景色

步骤 25 按 Ctrl+D 组合键，取消选区，如图 11-63 所示。

步骤 26 选择“视图”|“清除参考线”命令，清除参考线，如图 11-64 所示。

步骤 27 在“图层”面板中，新建“图层 6”图层，如图 11-65 所示。

步骤 28 设置前景色为红色 (RGB 参数值为 195、46、41)，如图 11-66 所示。

图 11-63　取消选区

图 11-64　清除参考线

图 11-65　新建“图层 6”图层

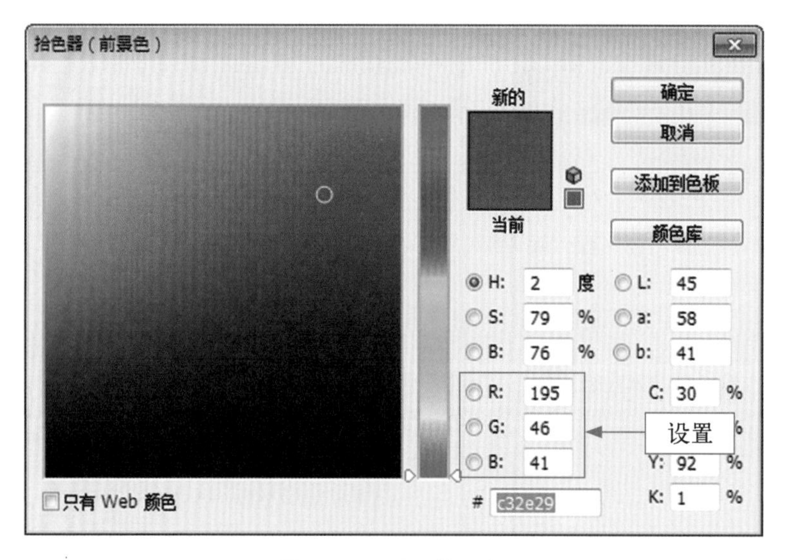

图 11-66　设置前景色

步骤 29　选择工具箱中的椭圆工具，在工具属性栏中设置“选择工具模式”为“像素”，在图像下方绘制一个正圆形，效果如图 11-67 所示。

步骤 30　双击“图层 6”图层，在弹出的“图层样式”对话框中勾选“外发光”复选框，设置“扩展”为 10%、“大小”为 50 像素，如图 11-68 所示。

步骤 31　单击“确定”按钮，应用“外发光”图层样式，效果如图 11-69 所示。

步骤 32　复制“图层 6”图层，得到“图层 6 拷贝”图层，如图 11-70 所示。

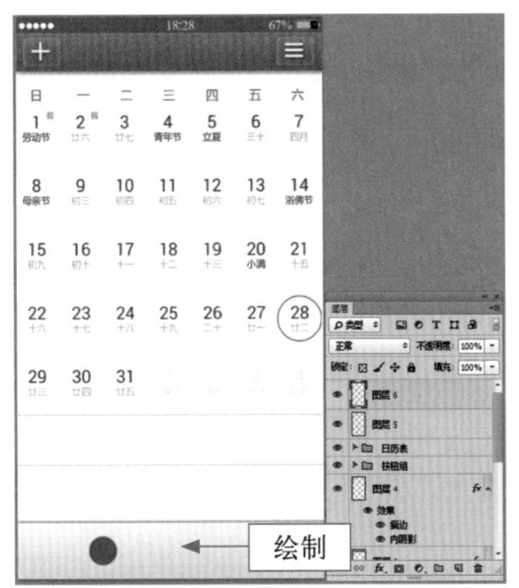

图 11-67　绘制正圆形

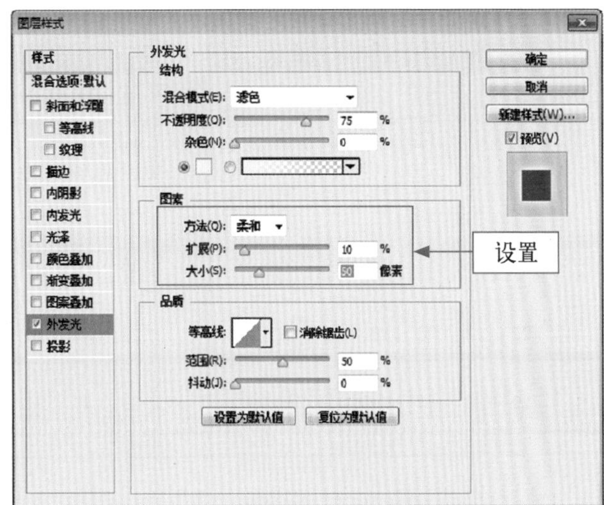

图 11-68　设置“外发光”图层样式

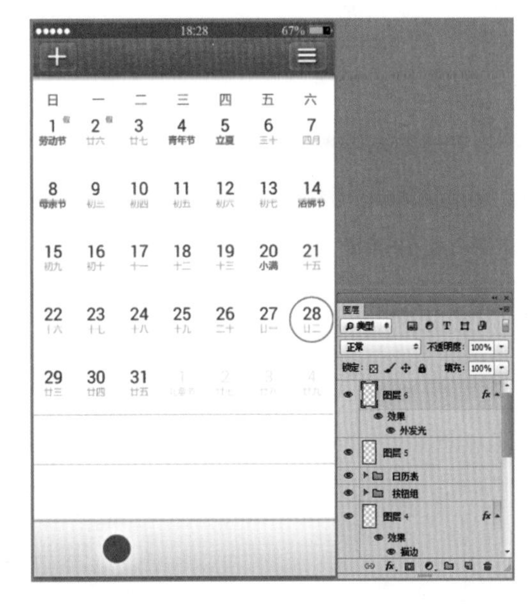

图 11-69　应用“外发光”图层样式效果

图 11-70　复制图层

步骤 33 使用移动工具适当调整“图层 6 拷贝”图层中的图像位置，效果如图 11-71 所示。

步骤 34 使用与上述同样的方法，再复制两个正圆形，并适当调整其位置，效果如图 11-72 所示。

步骤 35 选择工具箱中的横排文字工具，确认插入点，在“字符”面板中设置“字体系列”为“微软雅黑”、“字体大小”为“45 点”、“字距调整”为 100、“颜色”为白色 (RGB 参数值均为 255)，如图 11-73 所示。

步骤 36 在图像标题栏中输入相应文本，如图 11-74 所示。

图 11-71 调整图像的位置

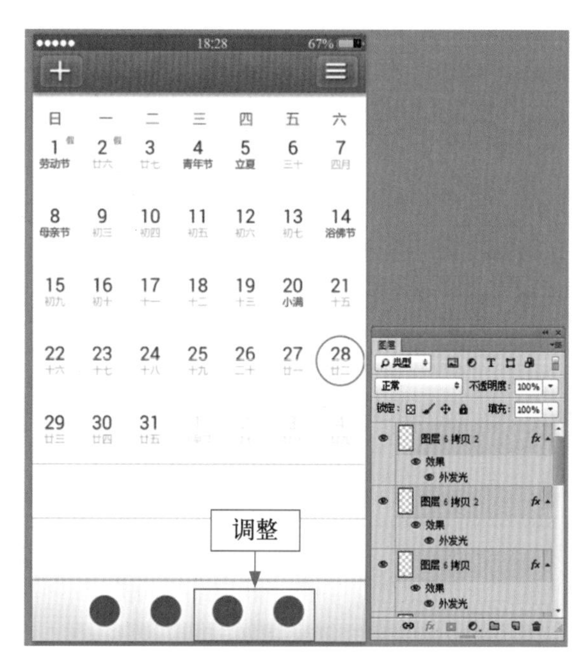

图 11-72 复制图像并调整图像位置

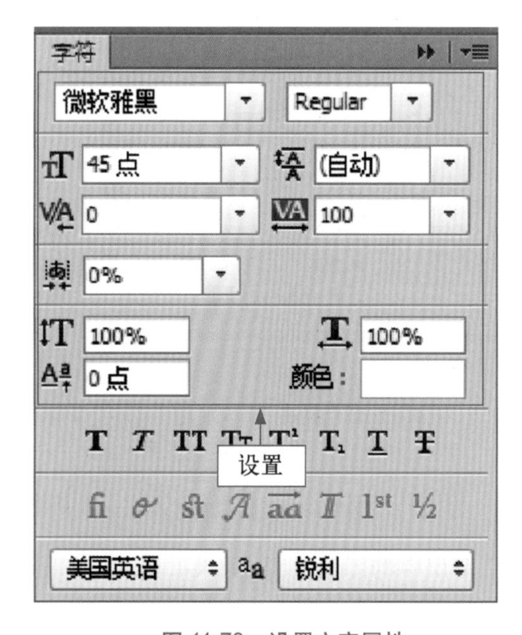

图 11-73 设置文字属性

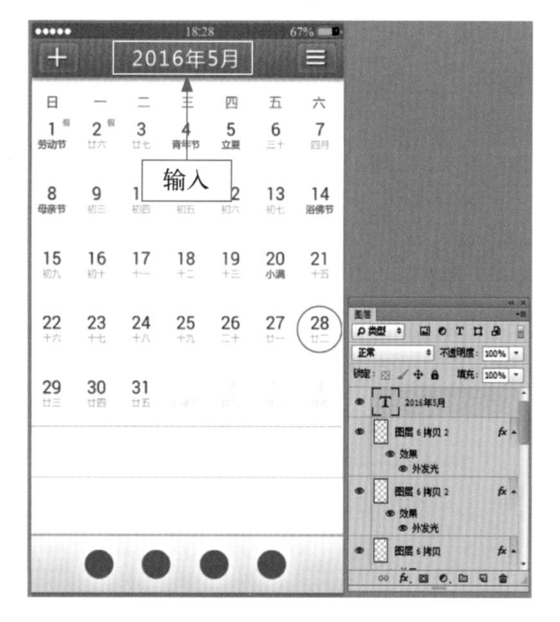

图 11-74 输入相应文本

步骤 37 双击文本图层，在弹出的“图层样式”对话框中勾选“投影”复选框，设置“距离”为1像素、“扩展”为0、“大小”为1像素，如图11-75所示。

步骤 38 单击“确定”按钮，为文本添加“投影”图层样式，效果如图11-76所示。

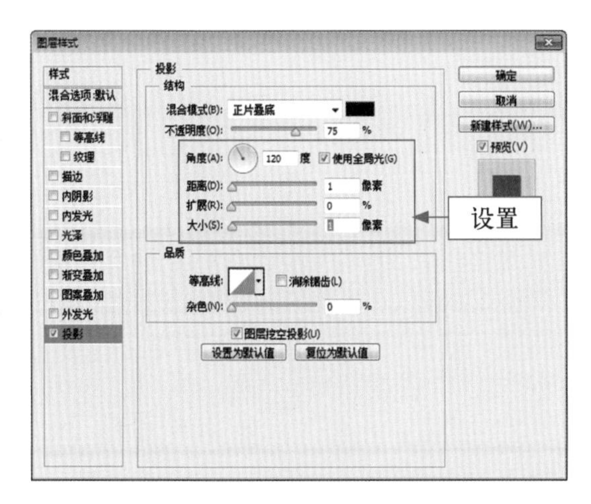

图 11-75　设置“投影”图层样式

图 11-76　应用图层样式效果

步骤 39 打开“日历 APP 文字 .psd”素材图像，将其拖曳至“苹果系统日历 APP 界面”的图像编辑窗口中，并调整至合适位置，最终效果如图 11-77 所示。

图 11-77　最终效果

第12章 安卓系统：常见安卓系统UI设计

学习提示

“安卓”一词的本义指“机器人”，同时也是一个基于Linux平台的开源手机操作系统的名称。该平台由操作系统、中间件、用户界面和应用软件组成，是首个为移动终端打造的真正移动开放性的平台。本章主要介绍安卓系统UI的设计方法。

本章重点导航

- ◎ 设计安卓系统锁屏界面的背景效果
- ◎ 设计安卓系统锁屏界面的主体效果
- ◎ 安卓应用程序界面的主体效果设计
- ◎ 安卓应用程序界面的整体效果设计

12.1 锁屏界面：掌握安卓系统个性锁屏界面的设计

安卓系统用户可以设置不同的个性化的锁屏界面。应用锁屏功能不仅可以避免一些不必要的误操作，还能方便用户的桌面操作，美化桌面环境，不同的锁屏界面可以给用户带来不同的心情。本实例最终效果如图 12-1 所示。

图 12-1　实例效果

12.1.1 内容
请扫二维码

12.1.2 内容
请扫二维码

12.1.1　设计安卓系统锁屏界面的背景效果

下面主要使用裁剪工具、“亮度 / 对比度”调整图层、“自然饱和度”调整图层及图层混合模式等，设计安卓系统个性锁屏界面的背景效果。

专家指点

设计安卓系统锁屏背景需要注意以下几点。

(1) 需要确定一个设计主题。

(2) 背景素材的取材要贴合设计主题。

(3) 注意界面交互的应用。

步骤 01 选择“文件”|“打开”命令，打开“锁屏背景 .jpg”素材图像，如图 12-2 所示。

步骤 02 选择工具箱中的裁剪工具，如图 12-3 所示。

图 12-2　打开素材图像

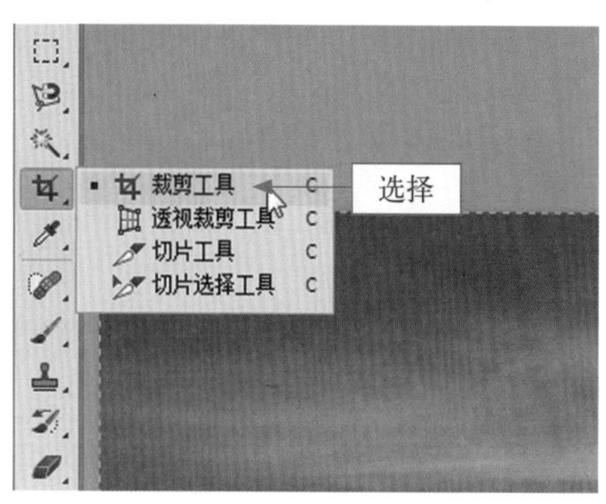

图 12-3　选择裁剪工具

步骤 03 执行上述操作后，即可调出裁剪控制框，如图 12-4 所示。

步骤 04 在工具属性栏中设置裁剪控制框的长宽比为 1000 ： 750，如图 12-5 所示。

图 12-4　调出裁剪控制框

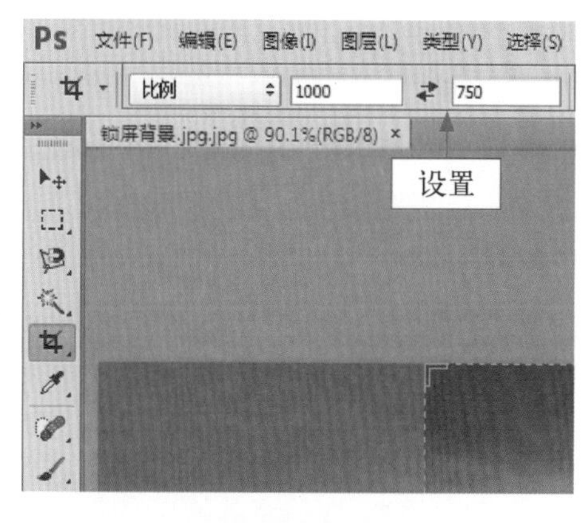

图 12-5　设置裁剪控制框的长宽比

步骤 05 执行上述操作后，即可调整裁剪控制框的长宽比，将鼠标指针移至裁剪控制框内，按住鼠标左键拖曳图像至合适位置，如图 12-6 所示。

步骤 06 执行上述操作后，按 Enter 键确认裁剪操作，即可按固定的长宽比来裁剪图像，效果如图 12-7 所示。

步骤 07 选择“图层”|“新建调整图层”|“亮度 / 对比度”命令，如图 12-8 所示。

步骤 08 弹出“新建图层”对话框，保持默认设置，如图 12-9 所示。

步骤 09 单击“确定”按钮，即可新建“亮度 / 对比度 1”调整图层，如图 12-10 所示。

步骤 10 展开“属性”面板，设置“亮度”为 18、“对比度”为 30，如图 12-11 所示。

图 12-6　调整裁剪位置

图 12-7　裁剪图像

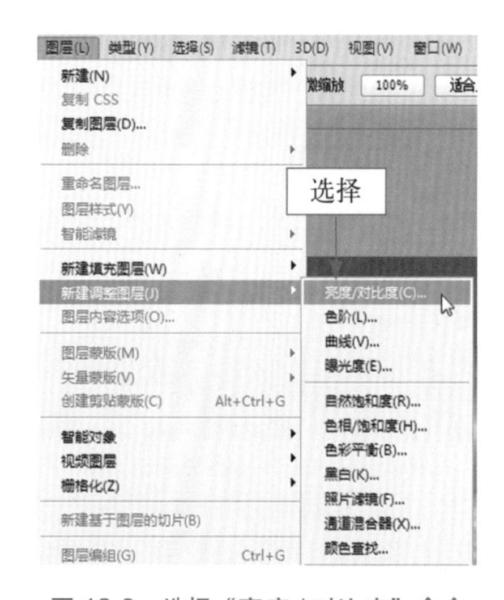

图 12-8　选择“亮度 / 对比度”命令

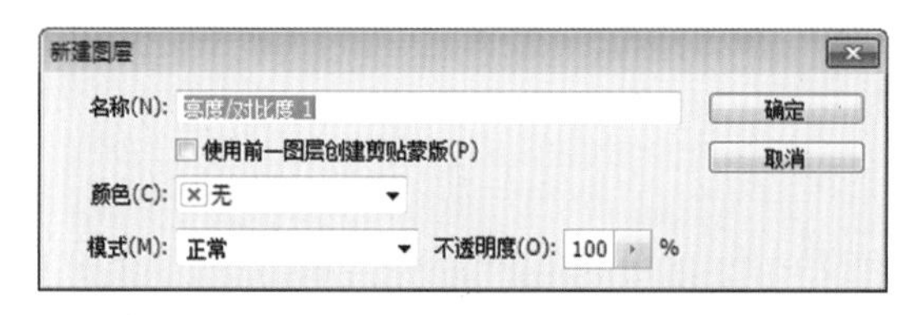

图 12-9　“新建图层”对话框

图 12-10　新建“亮度 / 对比度 1”调整图层

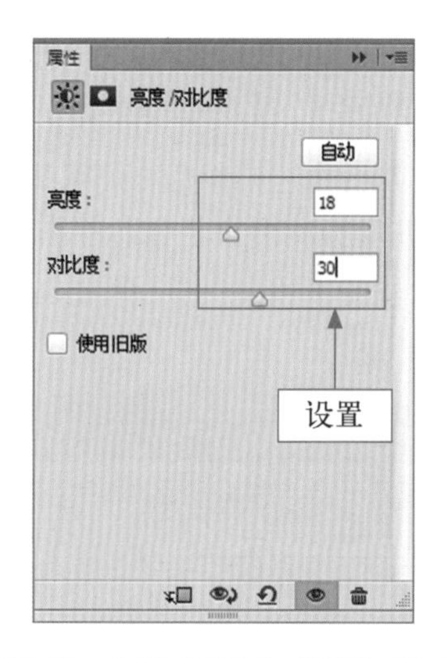

图 12-11　设置“亮度”“对比度”参数

步骤 11 执行上述操作后，即可调整图像的亮度和对比度，效果如图 12-12 所示。

步骤 12 新建“自然饱和度 1”调整图层，展开“属性”面板，设置“自然饱和度”为 50、“饱和度”为 28，如图 12-13 所示。

图 12-12 调整图像的亮度和对比度

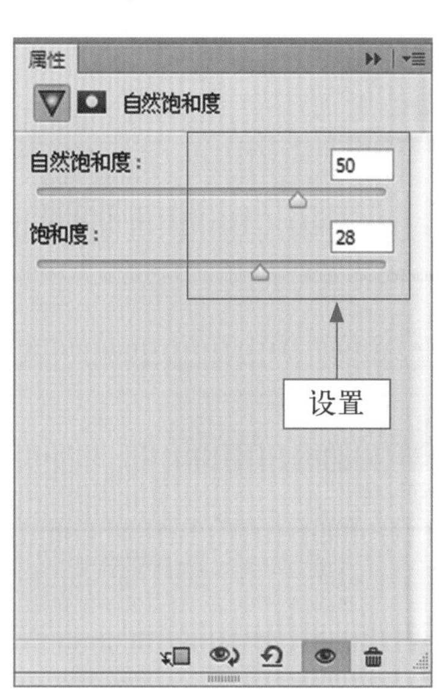

图 12-13 设置相应参数

步骤 13 执行上述操作后，即可调整图像的色彩饱和度，效果如图 12-14 所示。

步骤 14 展开“图层”面板，新建“图层 1”图层，如图 12-15 所示。

图 12-14 调整图像的色彩饱和度

图 12-15 新建“图层 1”图层

步骤 15 设置前景色为深蓝色 (RGB 参数值为 1、23、51)，如图 12-16 所示。

步骤 16 按 Alt+Delete 组合键，填充前景色，如图 12-17 所示。

步骤 17 设置“图层 1”图层的“混合模式”为“减去”、“不透明度”为 60%，如图 12-18 所示。

步骤 18 执行上述操作后，即可改变图像效果，如图 12-19 所示。

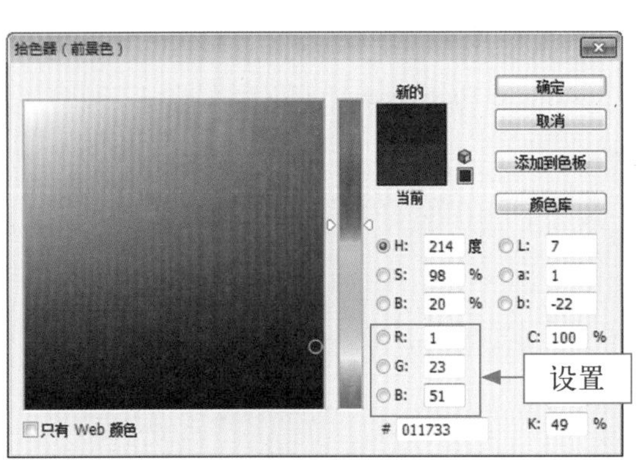

图 12-16　设置前景色

填充

图 12-17　填充前景色

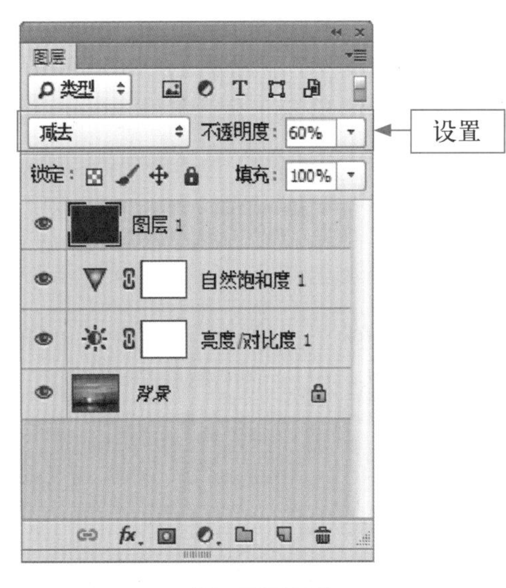

图 12-18　设置图层属性

图 12-19　图像效果

12.1.2　设计安卓系统锁屏界面的主体效果

下面主要使用椭圆选框工具、“描边”命令、“外发光”图层样式等，设计安卓系统个性锁屏界面的主体效果。

步骤 01 在“图层”面板中，创建“图层 2”图层，如图 12-20 所示。

步骤 02 选择工具箱中的椭圆选框工具，创建一个椭圆选区，如图 12-21 所示。

步骤 03 选择“编辑”|“描边”命令，弹出“描边”对话框，设置“宽度”为 2 像素、

“颜色”为白色，如图 12-22 所示。

步骤 04 单击“确定”按钮，即可描边选区，如图 12-23 所示。

图 12-20 新建“图层 2”图层

图 12-21 创建椭圆选区

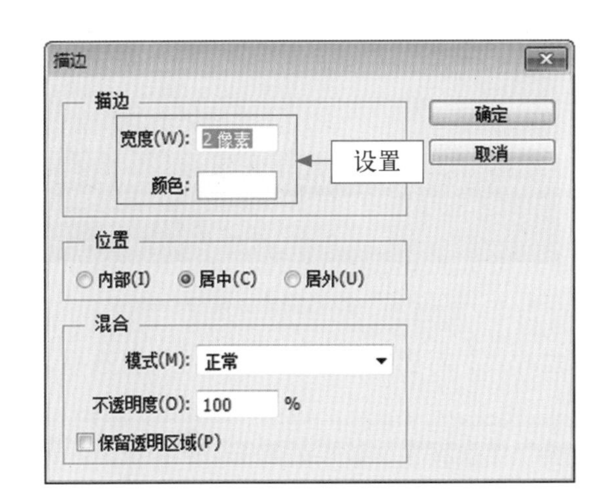

图 12-22 “描边”对话框

图 12-23 描边选区

步骤 05 按 Ctrl+D 组合键，取消选区，效果如图 12-24 所示。

步骤 06 双击“图层 2”图层，弹出“图层样式”对话框，勾选“外发光”复选框，设置“发光颜色”为白色、“大小”为 10 像素，如图 12-25 所示。

图 12-24　取消选区

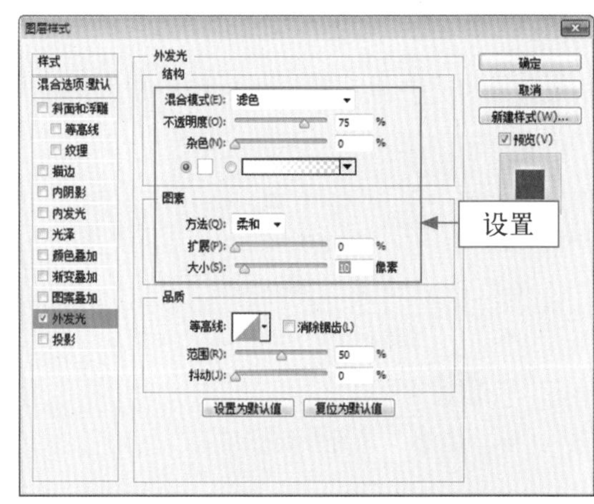

图 12-25　设置“外发光”图层样式

步骤 07 单击“确定”按钮，应用“外发光”图层样式，效果如图 12-26 所示。

步骤 08 打开“锁图标 .psd”素材图像，将其拖曳至“锁屏背景”图像编辑窗口中的合适位置处，如图 12-27 所示。

图 12-26　应用“外发光”图层样式效果

图 12-27　拖入锁图标素材图像

步骤 09 双击“锁图标”图层，弹出“图层样式”对话框，勾选“外发光”复选框，设置“大小”为 10 像素，如图 12-28 所示。

步骤 10 单击“确定”按钮，应用“外发光”图层样式，效果如图 12-29 所示。

步骤 11 打开“锁屏界面状态栏 .psd”素材图像，将其拖曳至“锁屏背景”图像编辑窗口中的合适位置处，如图 12-30 所示。

步骤 12 打开“时间 .psd”素材图像，将其拖曳至“锁屏背景”图像编辑窗口中的合适位置处，最终效果如图 12-31 所示。

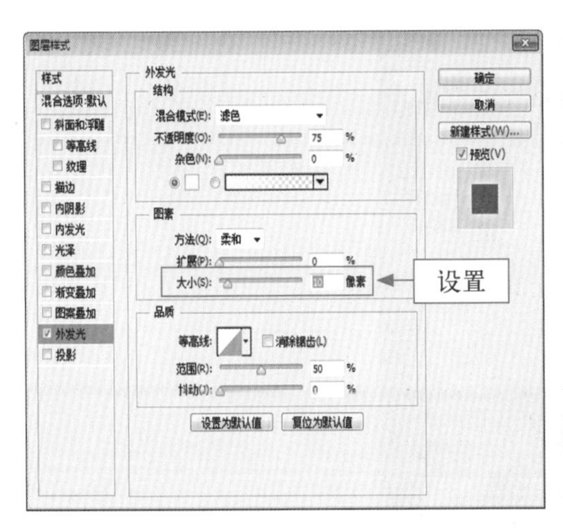

图 12-28　设置“外发光”图层样式

图 12-29　应用“外发光”图层样式效果

图 12-30　拖入状态栏素材图像

图 12-31　最终效果

12.2 程序界面：掌握安卓系统程序界面的设计

在手机主界面中单击“应用程序”按钮，用户即可进入应用程序界面，这里显示了手机所安装的全部程序，以方便用户查找，用户可以在这个界面中选择需要的程序直接运行。本节主要向读者介绍设计安卓应用程序界面的操作方法。

本实例最终效果如图 12-32 所示。

图12-32　实例效果

12.2.1 内容
请扫二维码

12.2.2 内容
请扫二维码

12.2.1　安卓应用程序界面的主体效果设计

下面主要介绍安卓系统应用程序界面主体效果的制作方法。

步骤 01 选择“文件”|“新建”命令，弹出“新建”对话框，设置“名称”为“安卓系统应用程序界面”、“宽度”为1181像素、“高度”为1890像素、“分辨率”为72像素/英寸、“颜色模式”为“RGB颜色”、“背景内容”为“白色”，如图12-33所示。

步骤 02 单击“确定”按钮，新建一个空白图像文件，如图12-34所示。

步骤 03 选择“文件”|“打开”命令，打开手机屏保素材图像，如图12-35所示。

步骤 04 选择工具箱中的移动工具，把素材图像拖曳至“安卓系统应用程序界面”图像编辑窗口中的合适位置，效果如图12-36所示。

步骤 05 打开“应用程序界面状态栏.psd”素材图像，将其拖曳至“安卓系统应用程序界面”图像编辑窗口中的合适位置处，如图12-37所示。

步骤 06 展开“图层”面板，新建“图层2”图层，如图12-38所示。

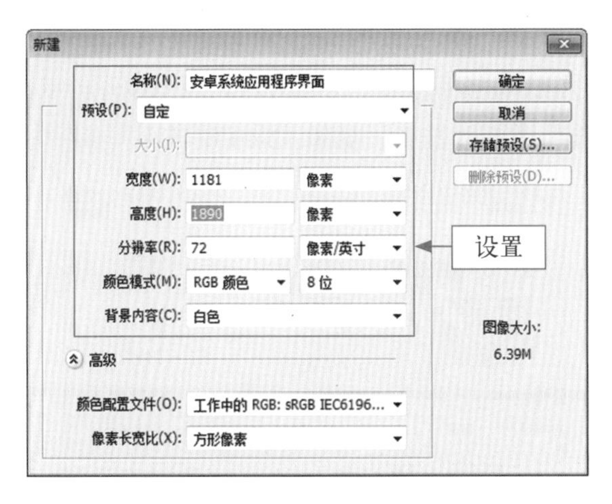

图 12-33 “新建”对话框

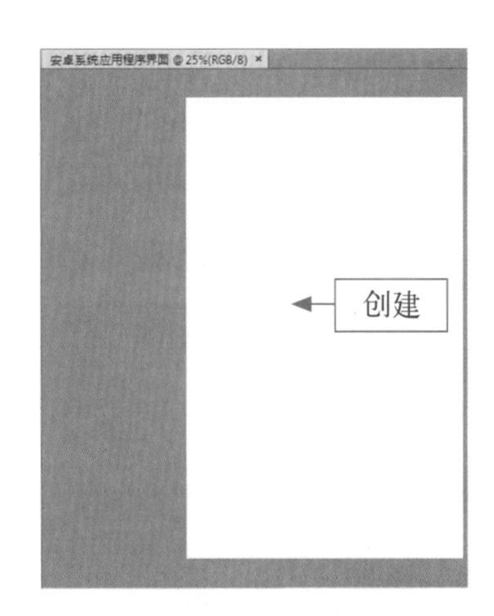

图 12-34 新建空白图像

图 12-35 打开手机屏保素材图像

图 12-36 拖入手机屏保素材图像

图 12-37 拖入状态栏素材图像

图 12-38 新建“图层 2”图层

步骤 07 选择工具箱中的矩形选框工具，创建一个矩形选区，如图 12-39 所示。

步骤 08 选择工具箱中的渐变工具，设置灰色 (RGB 参数值为 84、82、82) 到黑色 (RGB 参数值均为 0) 再到黑色 (RGB 参数值均为 0) 的线性渐变，如图 12-40 所示。

图 12-39 创建矩形选区

图 12-40 设置线性渐变

步骤 09 使用渐变工具为选区填充线性渐变，效果如图 12-41 所示。

步骤 10 按 Ctrl+D 组合键，取消选区，效果如图 12-42 所示。

步骤 11 双击“图层 2”图层，在弹出的“图层样式”对话框中勾选“描边”复选框，设置“大小”为 3 像素、“颜色”为灰色 (RGB 参数值为 130、126、126)，如图 12-43 所示。

步骤 12 勾选“投影”复选框，设置“距离”为 5 像素、“扩展”为 0、“大小”为 8 像素，如图 12-44 所示。

图 12-41 填充线性渐变

图 12-42 取消选区

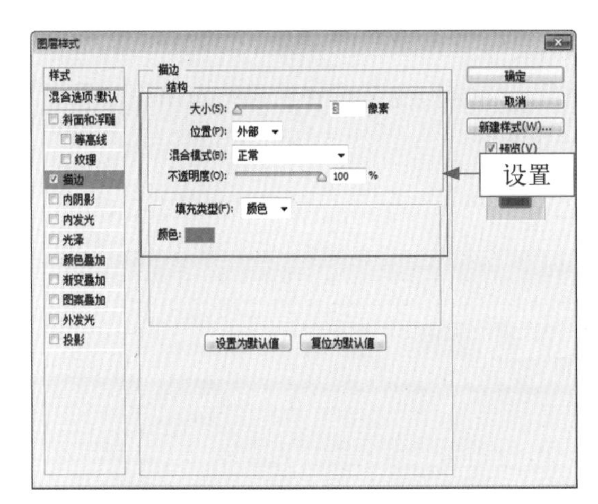

图 12-43　设置“描边”图层样式

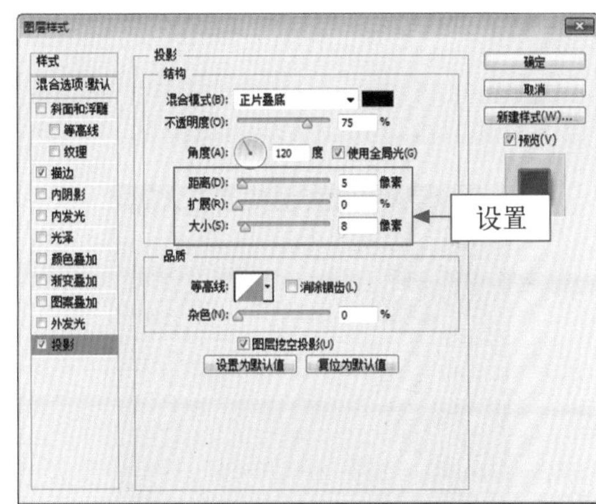

图 12-44　设置“投影”图层样式

步骤 13 单击“确定”按钮，即可应用图层样式，效果如图 12-45 所示。

步骤 14 展开“图层”面板，新建“图层 3”图层，如图 12-46 所示。

图 12-45　应用图层样式效果

图 12-46　新建“图层 3”图层

步骤 15 选择工具箱中的矩形选框工具，创建一个矩形选区，如图 12-47 所示。

步骤 16 选择工具箱中的渐变工具，设置灰色 (RGB 参数值均为 130) 到深灰色 (RGB 参数值为 89、87、87) 再到灰色 (RGB 参数值均为 124) 的线性渐变，如图 12-48 所示。

步骤 17 使用渐变工具为选区填充线性渐变，效果如图 12-49 所示。

步骤 18 按 Ctrl+D 组合键，取消选区，效果如图 12-50 所示。

步骤 19 双击“图层 3”图层，在弹出的“图层样式”对话框中勾选“描边”复选框，设置“大小”为 3 像素、“颜色”为白色，如图 12-51 所示。

步骤 20 在“图层样式”对话框中勾选“内发光”复选框，设置“阻塞”为 0、“大小”为 1 像素，如图 12-52 所示。

步骤 21 单击“确定”按钮，应用图层样式，效果如图 12-53 所示。

步骤 22 打开“应用程序图标.psd”素材图像，将其拖曳至“安卓系统应用程序界面”图像编辑窗口中，并调整至合适位置，如图 12-54 所示。

图 12-47　创建矩形选区

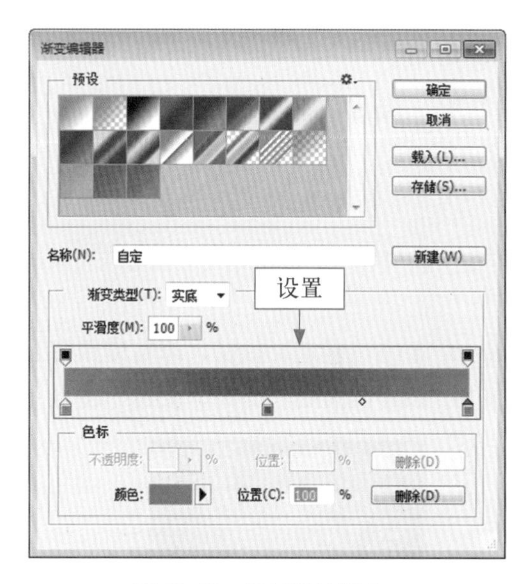

图 12-48　设置线性渐变

图 12-49　填充线性渐变

图 12-50　取消选区

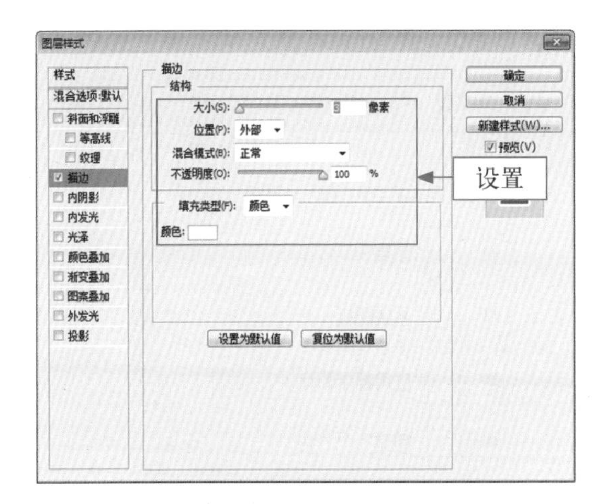

图 12-51　设置“描边”图层样式

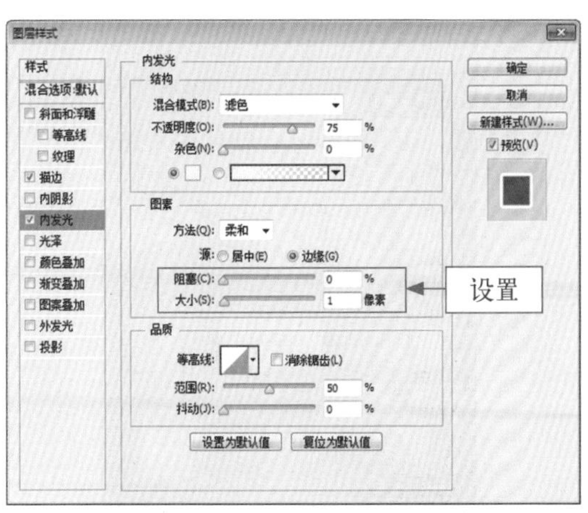

图 12-52　设置“内发光”图层样式

图 12-53　应用图层样式效果

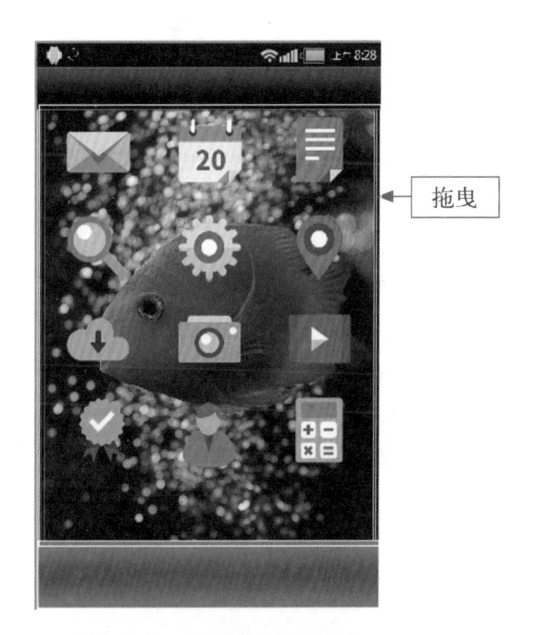

图 12-54　拖入图标素材图像

12.2.2　安卓应用程序界面的整体效果设计

本实例首先加入图标素材图像，然后制作应用程序的界面标记符号，最后输入相应的文字，完成安卓应用程序界面设计的整体效果。下面主要介绍安卓系统应用程序界面整体效果设计的制作方法。

步骤 01 打开“系统图标 .psd”素材图像，将其拖曳至“安卓系统应用程序界面”图像编辑窗口中，调整至合适位置，如图 12-55 所示。

步骤 02 展开“图层”面板，新建“图层 4”图层，如图 12-56 所示。

图 12-55 拖入图标素材

图 12-56 新建“图层 4”图层

步骤 03 选择工具箱中的椭圆工具，如图 12-57 所示。

步骤 04 设置前景色为深蓝色 (RGB 参数值为 20、143、193)，如图 12-58 所示。

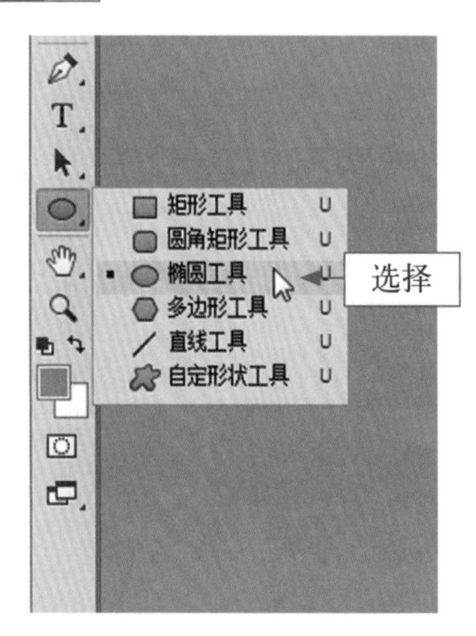

图 12-57 选择椭圆工具

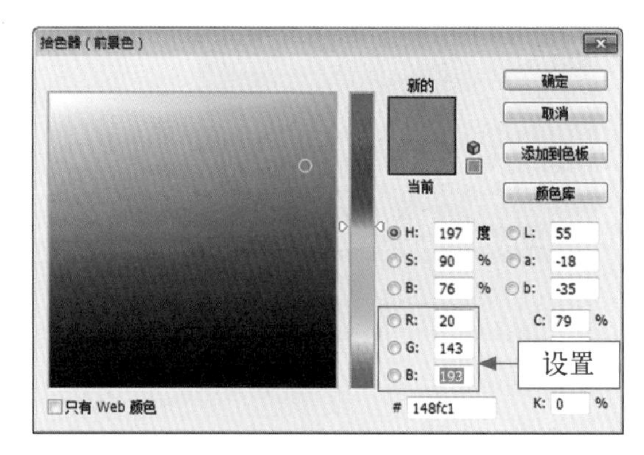

图 12-58 设置前景色

步骤 05 在图像编辑窗口中绘制一个椭圆形，如图 12-59 所示。

步骤 06 双击“图层 4”图层，在弹出的“图层样式”对话框中勾选“内阴影”复选框，设置“距离”为 0 像素、“阻塞”为 18%、“大小”为 9 像素，如图 12-60 所示。

步骤 07 勾选“外发光”复选框，设置“发光颜色”为深蓝色 (RGB 参数值为 0、92、177)、“扩展”为 0、“大小”为 9 像素，如图 12-61 所示。

步骤 08 勾选“投影”复选框，设置“距离”为 0 像素、“扩展”为 0、“大小”为 6 像素，如图 12-62 所示。

图 12-59　绘制一个椭圆形

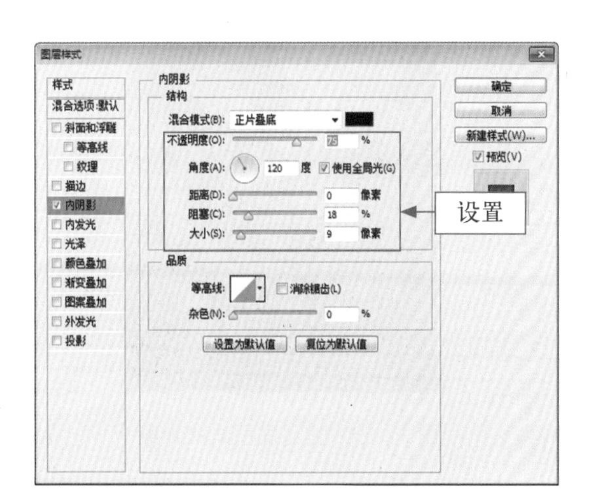

图 12-60　设置“内阴影”图层样式

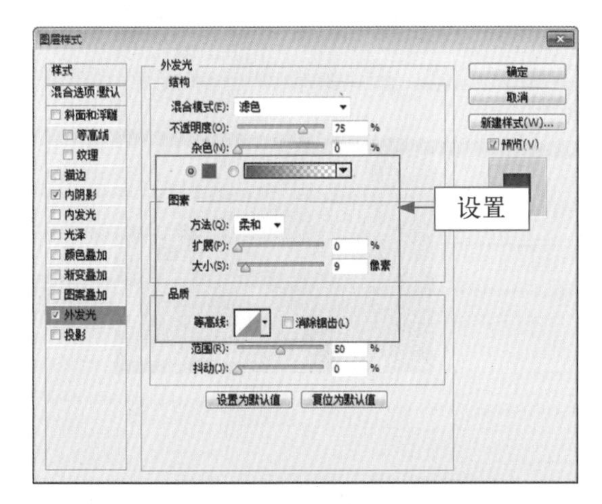

图 12-61　设置“外发光”图层样式

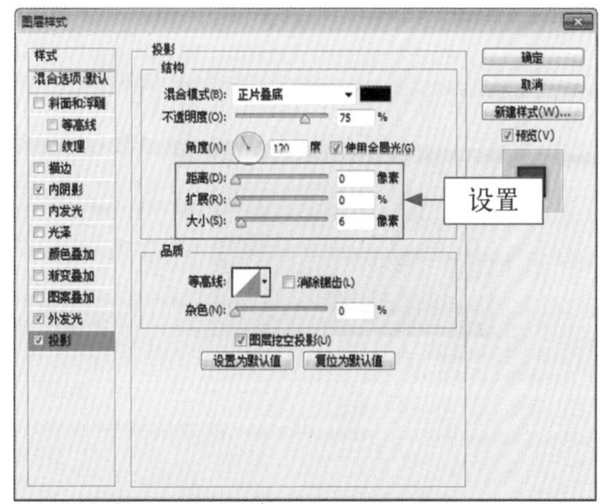

图 12-62　设置“投影”图层样式

步骤 09 单击“确定”按钮，即可应用图层样式，效果如图 12-63 所示。

步骤 10 展开“图层”面板，新建“图层 5”图层，如图 12-64 所示。

步骤 11 选择工具箱中的椭圆工具，设置前景色为黄色 (RGB 参数值为 184、146、14)，如图 12-65 所示。

步骤 12 在图像编辑窗口中绘制一个椭圆形，如图 12-66 所示。

步骤 13 复制 3 个黄色椭圆形，并将其调整至合适位置处，如图 12-67 所示。

步骤 14 展开“图层”面板，按住 Ctrl 键的同时依次单击“图层 4”～“图层 5 拷贝 3”图层，选中这 5 个图层，如图 12-68 所示。

图 12-63　应用图层样式效果

图 12-64　新建“图层 5”图层

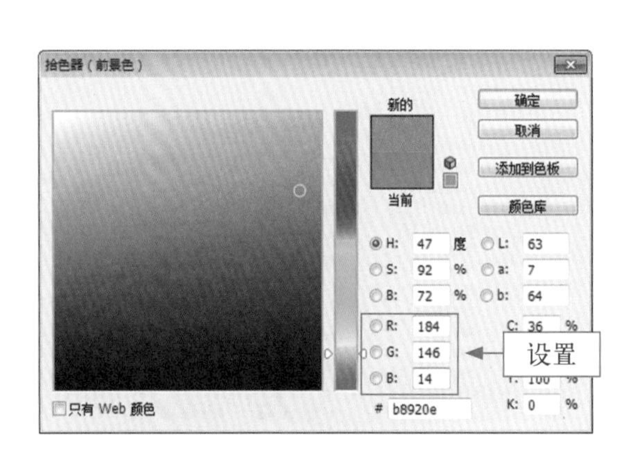

图 12-65　设置前景色

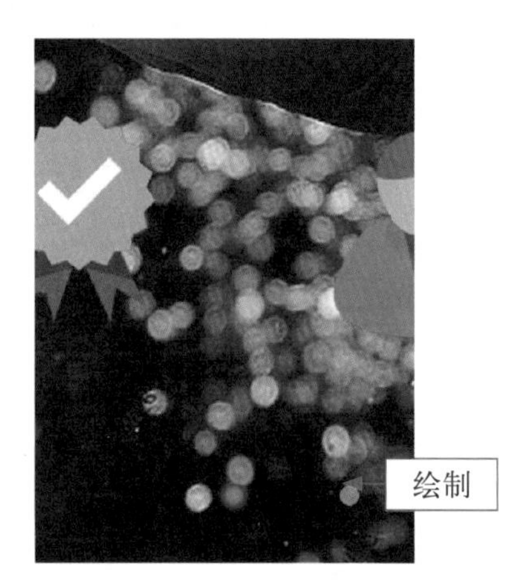

图 12-66　绘制黄色椭圆形

图 12-67　复制椭圆形并调整其位置

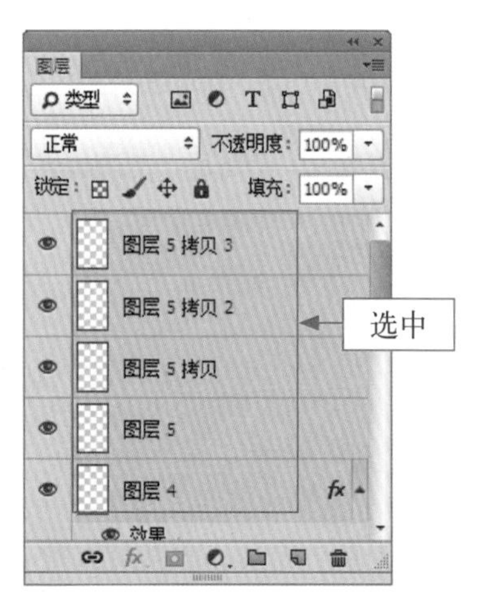

图 12-68　选中相应图层

步骤 15 选择移动工具，在工具属性栏中依次单击“顶对齐”按钮和“垂直居中对齐”按钮，如图 12-69 所示。

步骤 16 展开“图层”面板，新建“圆点”图层组，如图 12-70 所示。

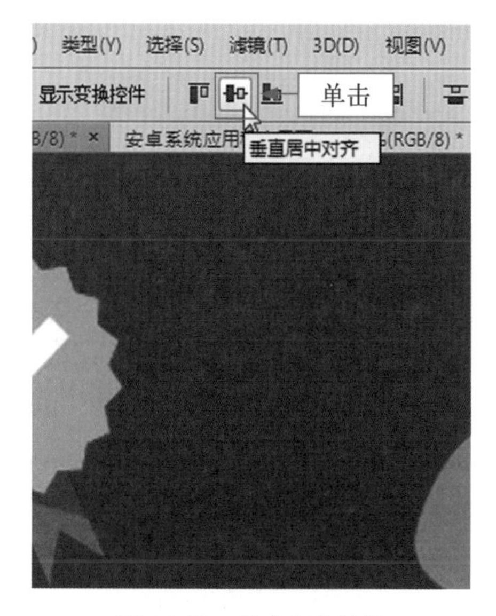

图 12-69 单击相应按钮

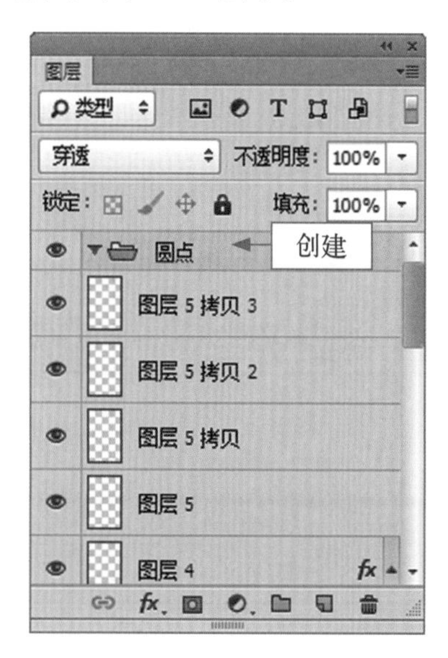

图 12-70 新建“圆点”图层组

步骤 17 将“图层 4”~“图层 5 拷贝 3”图层拖曳至“圆点”图层组中，如图 12-71 所示。

步骤 18 在图像编辑窗口中适当调整“圆点”图层组中各椭圆形的位置，如图 12-72 所示。

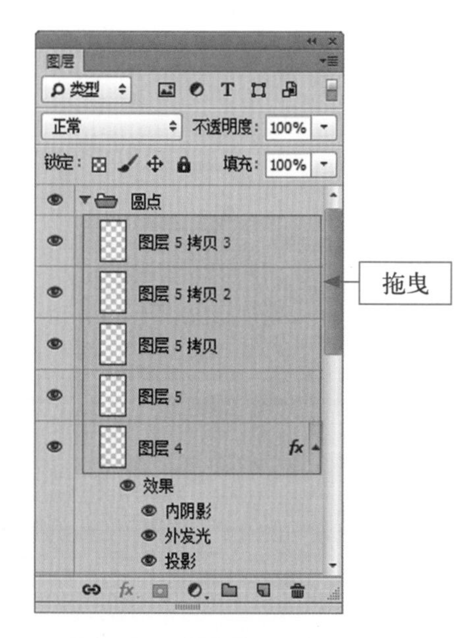

图 12-71 管理图层组

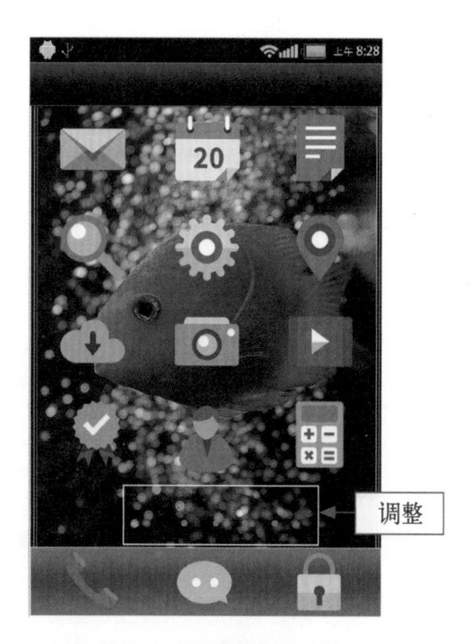

图 12-72 调整椭圆形的位置

步骤 19 选择横排文字工具，在图像编辑窗口中单击鼠标左键，确认插入点，在“字符”面板中设置“字体系列”为“微软雅黑”、“字体大小”为72点、“颜色”为白色，如图12-73所示。

步骤 20 在图像编辑窗口中输入相应文字，如图12-74所示。

图12-73 设置文字属性

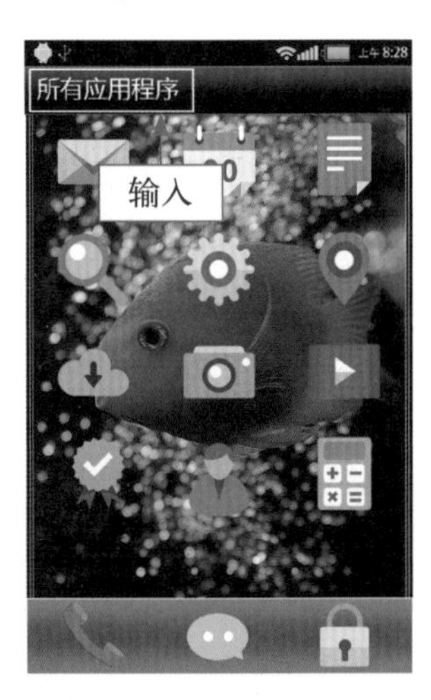

图12-74 输入相应文字

步骤 21 打开“应用商店图标.psd”素材图像，将其拖曳至“安卓系统应用程序界面”图像编辑窗口中，并调整至合适位置，如图12-75所示。

步骤 22 选择横排文字工具，在图像编辑窗口中单击鼠标左键，确认插入点，在“字符”面板中设置“字体系列”为“微软雅黑”、“字体大小”为50点、“颜色”为白色，如图12-76所示。

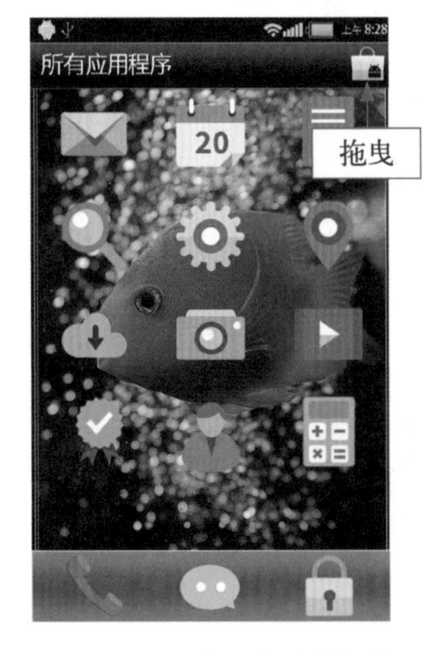

图12-75 添加图标素材图像

图12-76 设置文字属性

步骤 23 在图像编辑窗口中输入相应文字，如图 12-77 所示。

步骤 24 使用与上述同样的方法，输入其他的文字，完成安卓系统应用程序界面的设计，最终效果如图 12-78 所示。

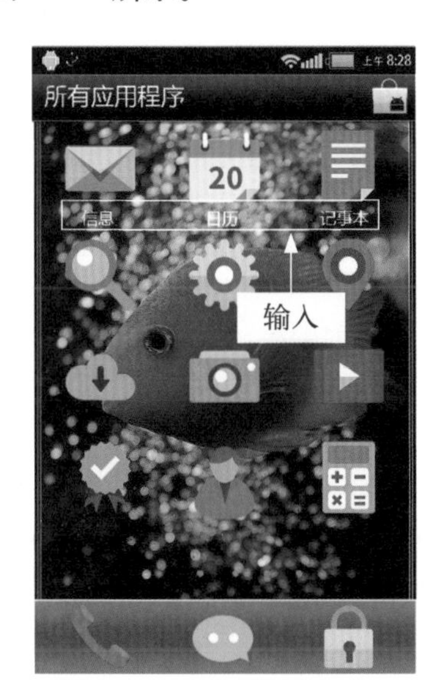

图 12-77　输入相应文字

图 12-78　最终效果

第13章 微软系统：常见微软系统 UI 设计

学习提示

Windows Phone 是微软发布的一款手机操作系统，其最新版本为 Windows 10 Mobile，它将微软旗下的 Xbox Live 游戏、Xbox Music 音乐与独特的视频体验整合至手机中。本章主要介绍微软移动系统 UI 的设计方法。

本章重点导航

◎ 微软手机拨号键盘界面的背景效果设计

◎ 微软手机拨号键盘界面的主体效果设计

◎ 微软手机用户界面的背景效果设计

◎ 微软系统用户界面的整体效果设计

13.1 拨号键盘：掌握微软手机拨号键盘的设计

打电话、发短信等是用户对手机的最基本需求，因此，手机中的拨号键盘成为用户每天都要面对的界面。好的拨号键盘 UI 可以带给用户更加方便、快捷的使用体验，增加用户对手机的喜爱。

本实例最终效果如图 13-1 所示。

图 13-1　实例效果

13.1.1 内容
请扫二维码

13.1.2 内容
请扫二维码

13.1.1　微软手机拨号键盘界面的背景效果设计

下面主要使用矩形选框工具、“内发光”图层样式、变换控制框、“边界”命令等，设计微软手机拨号键盘界面的背景效果。

步骤 01 选择“文件”|“新建”命令，弹出“新建”对话框，设置“名称”为“微软手机拨号键盘”、“宽度”为 1080 像素、“高度”为 1920 像素、“分辨率”为 72 像素 / 英寸、“颜色模式”为“RGB 颜色”、“背景内容”为“白色”，如图 13-2 所示。

步骤 02 单击“确定”按钮，新建一个空白图像文件；设置前景色为黑色，按 Alt+Delete 组合键，为“背景”图层填充前景色，如图 13-3 所示。

步骤 03 展开“图层”面板，新建“图层 1”图层，如图 13-4 所示。

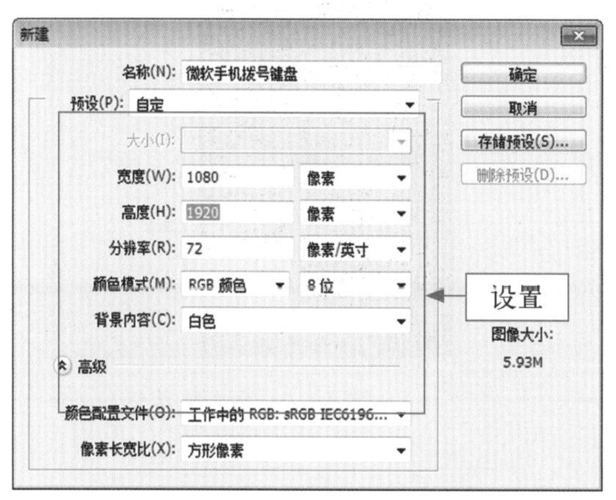

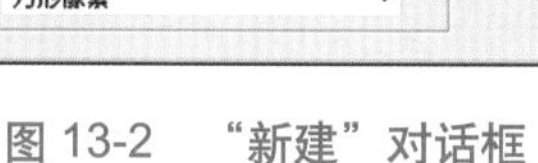

图 13-2 “新建”对话框

图 13-3 填充前景色

步骤 04 选择工具箱中的矩形选框工具，在图像编辑窗口中创建一个矩形选区，如图 13-5 所示。

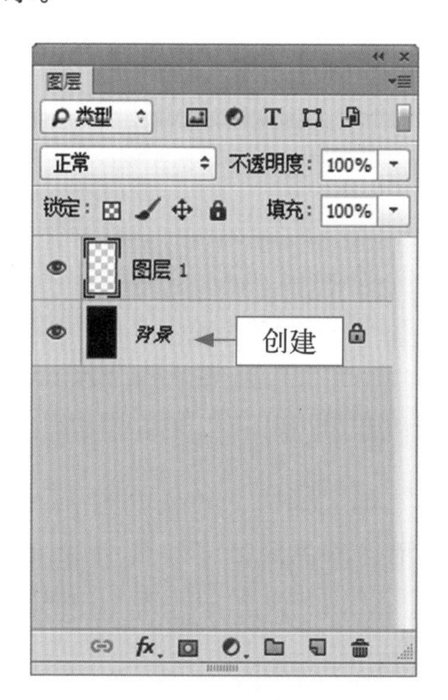

图 13-4 新建“图层 1”图层

图 13-5 创建矩形选区

步骤 05 设置前景色为深灰色 (RGB 参数值均为 51)，如图 13-6 所示。

步骤 06 按 Alt+Delete 组合键，为选区填充前景色，如图 13-7 所示。

步骤 07 按 Ctrl+D 组合键，取消选区，如图 13-8 所示。

步骤 08 双击“图层 1”图层，在弹出的“图层样式”对话框中勾选“内发光”复选框，设置“发光颜色”为白色、“大小”为 2 像素，如图 13-9 所示。

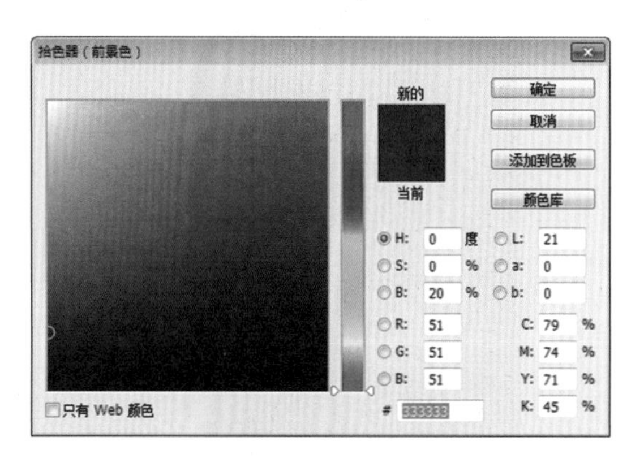

图 13-6　设置前景色

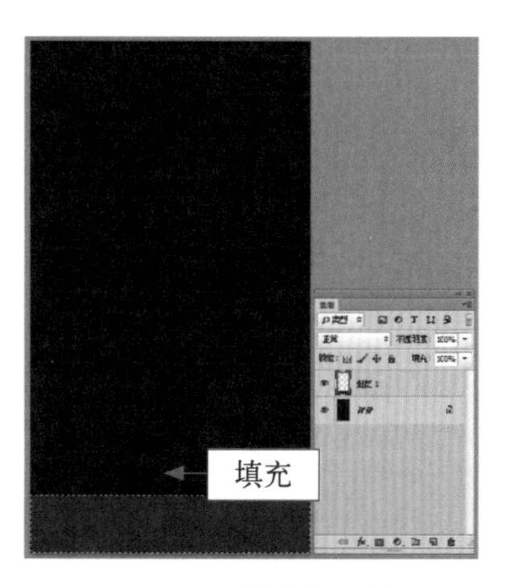

图 13-7　填充前景色

图 13-8　取消选区

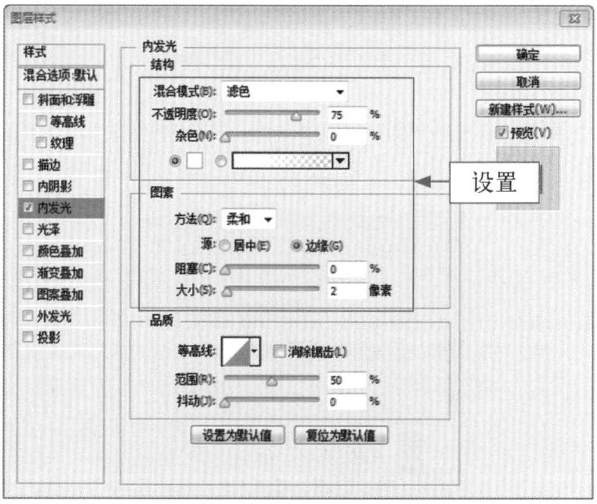

图 13-9　设置“内发光”图层样式

步骤 09　单击“确定”按钮，即可应用“内发光”图层样式，效果如图 13-10 所示。

步骤 10　打开“电话图标 .psd”素材图像，将其拖曳至“微软手机拨号键盘”图像编辑窗口中的合适位置处，如图 13-11 所示。

步骤 11　按 Ctrl+T 组合键，调出变换控制框，如图 13-12 所示。

步骤 12　适当调整电话图标的大小和位置，并按 Enter 键确认变换操作，效果如图 13-13 所示。

步骤 13　按住 Ctrl 键的同时单击“电话图标”图层的缩览图，将其载入选区，如图 13-14 所示。

步骤 14　选择“选择”|“修改”|“边界”命令，如图 13-15 所示。

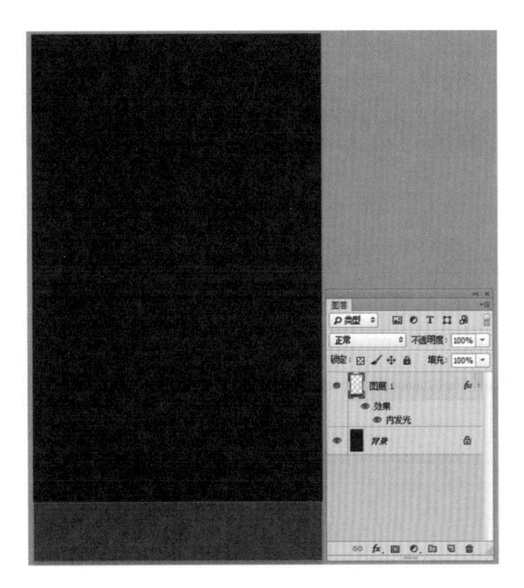

图 13-10　应用“内发光”图层样式效果

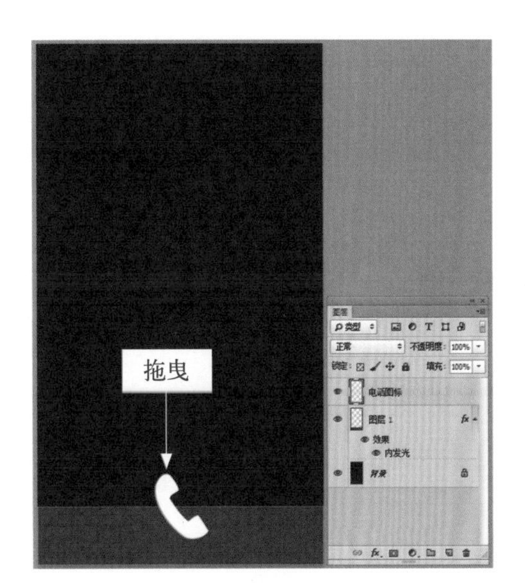

图 13-11　添加电话图标素材图像

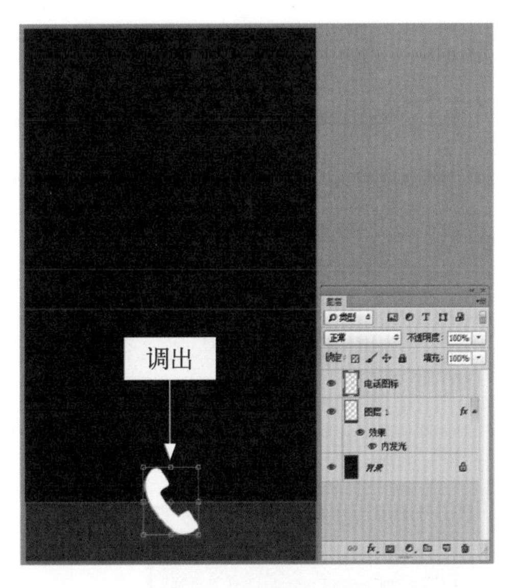

图 13-12　调出变换控制框

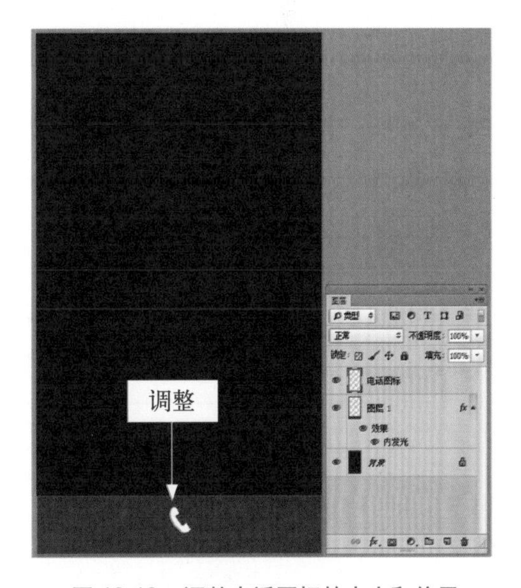

图 13-13　调整电话图标的大小和位置

步骤 15 执行上述操作后，弹出“边界选区”对话框，设置“宽度”为 5 像素，如图 13-16 所示。

步骤 16 单击“确定”按钮，即可创建边界选区，如图 13-17 所示。

步骤 17 在“图层”面板中，新建“图层 2”图层，如图 13-18 所示。

步骤 18 设置前景色为白色，按 Alt+Delete 组合键，为选区填充前景色，如图 13-19 所示。

步骤 19 在“图层”面板中，隐藏“电话图标”图层，效果如图 13-20 所示。

步骤 20 按 Ctrl+D 组合键，取消选区，如图 13-21 所示。

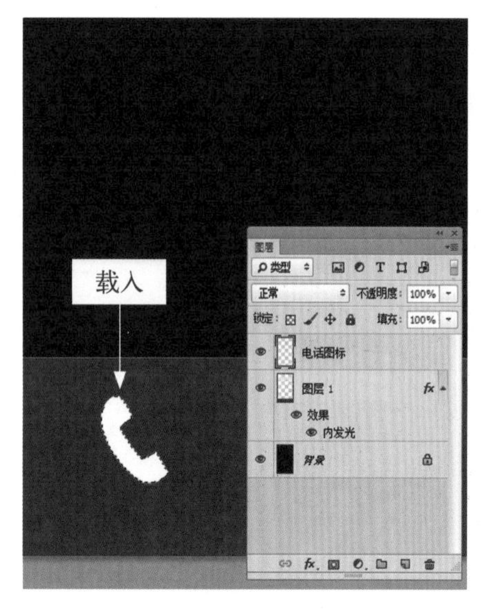

图 13-14　载入选区

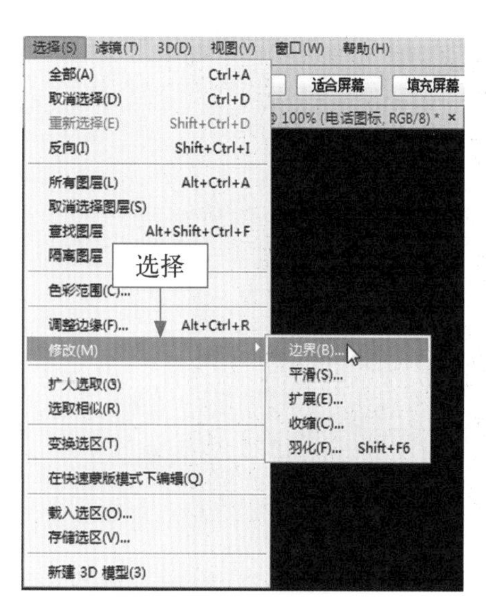

图 13-15　选择“边界”命令

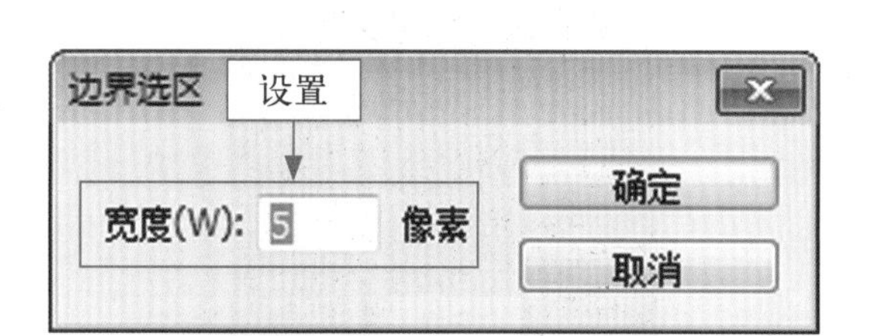

图 13-16　“边界选区”对话框

图 13-17　创建边界选区

图 13-18　新建“图层 2”图层

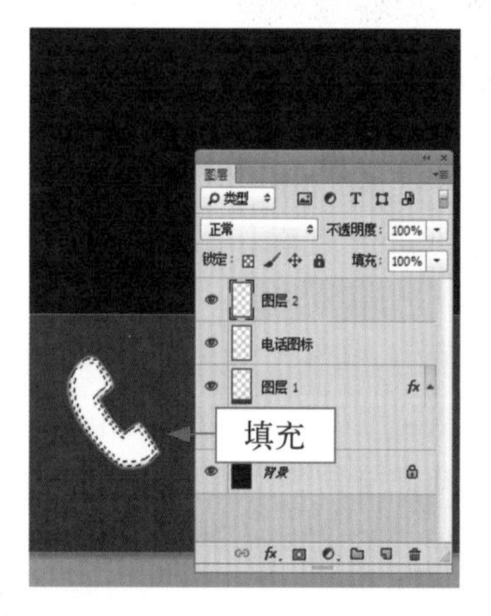

图 13-19　填充前景色

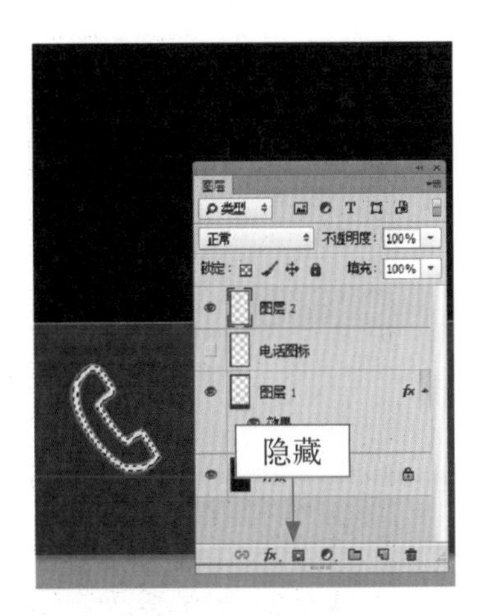

图 13-20　隐藏“电话图标”图层

图 13-21　取消选区

步骤 21 在“图层”面板中设置“图层 2”图层的“不透明度”为 30%，如图 13-22 所示。

步骤 22 执行上述操作后，即可改变图像效果，如图 13-23 所示。

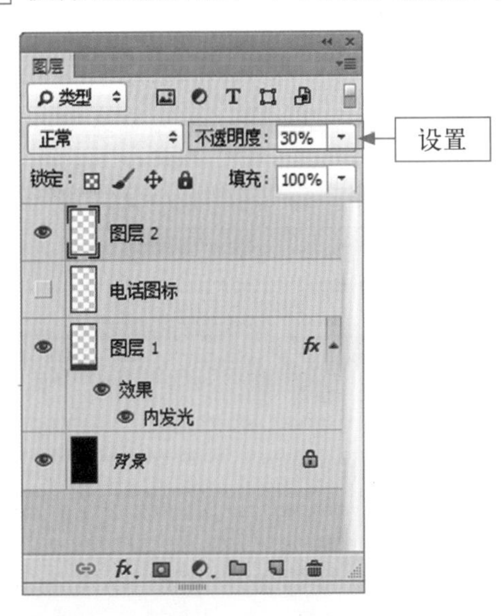

图 13-22　设置图层的不透明度

图 13-23　图像效果

13.1.2　微软手机拨号键盘界面的主体效果设计

下面主要使用矩形选框工具、渐变工具、“描边”命令及素材图像等，设计微软手机拨号键盘的主体效果。

步骤 01 在“图层”面板中，新建“图层 3”图层，如图 13-24 所示。

步骤 02 选择工具箱中的矩形选框工具，在图像编辑窗口中创建一个矩形选区，如图 13-25 所示。

图 13-24　新建“图层 3”图层

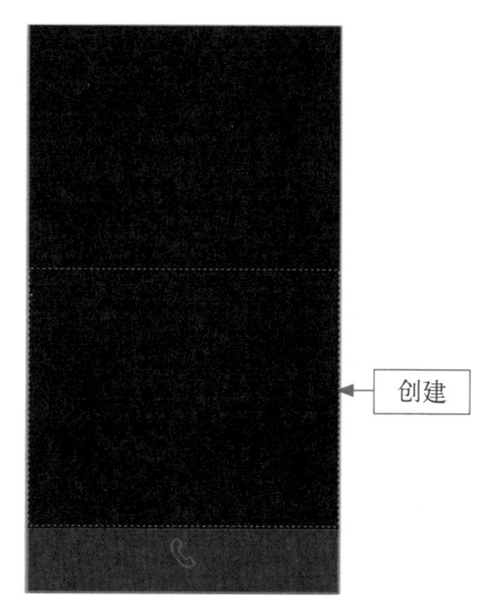

图 13-25　创建矩形选区

步骤 03 选择工具箱中的渐变工具，在工具属性栏中单击“点按可编辑渐变”按钮，如图 13-26 所示。

步骤 04 弹出“渐变编辑器”对话框，设置浅蓝色 (RGB 参数值为 172、195、243) 到紫色 (RGB 参数值为 56、36、74) 的渐变色，如图 13-27 所示。

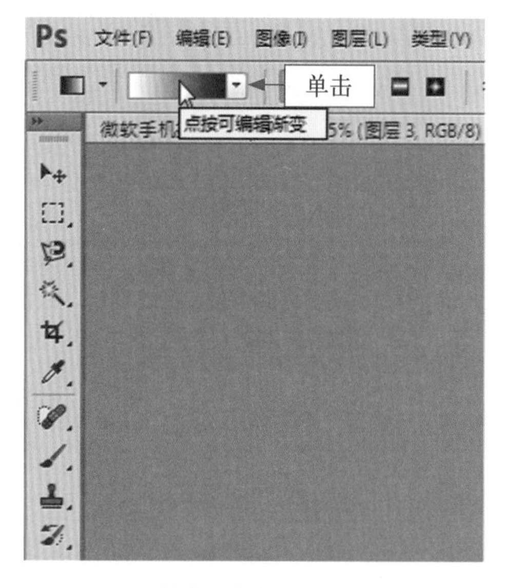

图 13-26　单击“点按可编辑渐变”按钮

图 13-27　设置渐变色

步骤 05 单击“确定”按钮，在工具属性栏中单击“径向渐变”按钮，从上到下为矩形选区填充径向渐变，如图 13-28 所示。

步骤 06 按 Ctrl+D 组合键，取消选区，如图 13-29 所示。

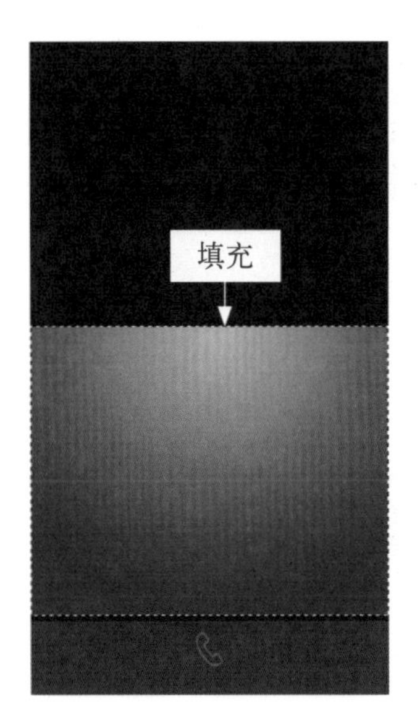

图 13-28　填充径向渐变

图 13-29　取消选区

步骤 07 打开“分割线 .psd”素材图像，将其拖曳至“微软手机拨号键盘”图像编辑窗口中的合适位置处，如图 13-30 所示。

步骤 08 选择“编辑”|“描边”命令，弹出“描边”对话框，设置“宽度”为“15 像素”、“颜色”为黑色，如图 13-31 所示。

图 13-30　拖入分割线素材图像

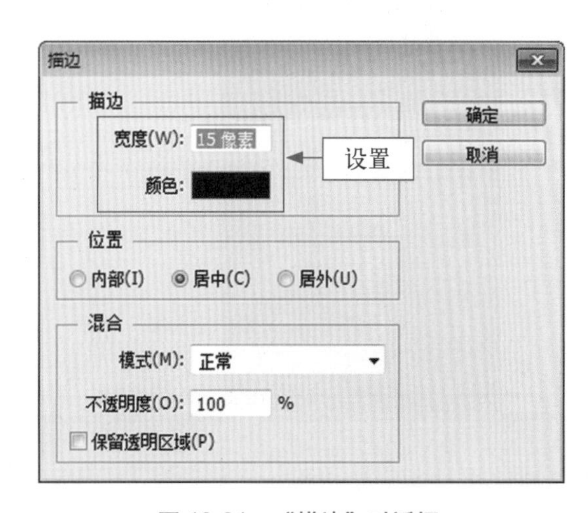

图 13-31　“描边”对话框

步骤 09 单击“确定”按钮，应用描边效果，如图 13-32 所示。

步骤 10 打开“拨号键盘状态栏 .psd”素材图像，将其拖曳至“微软手机拨号键盘”图像编辑窗口中的合适位置处，如图 13-33 所示。

图 13-32　应用描边效果

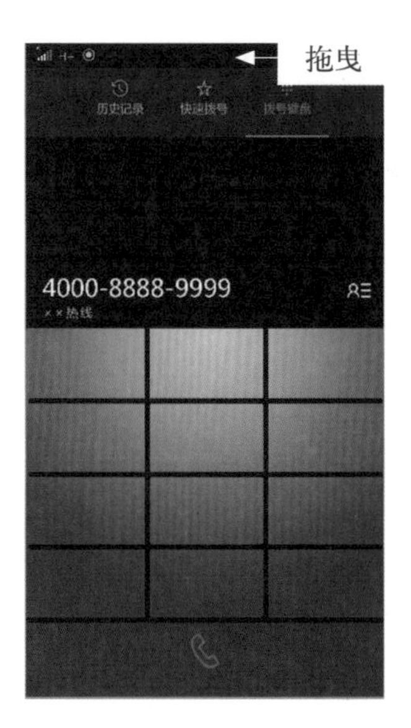

图 13-33　拖入状态栏素材图像

步骤 11 打开“拨号键盘文字.psd”素材图像，将其拖曳至“微软手机拨号键盘”图像编辑窗口中的合适位置处，最终效果如图 13-34 所示。可以根据需要，设计出其他颜色的效果，如图 13-35 所示。

图 13-34　最终效果

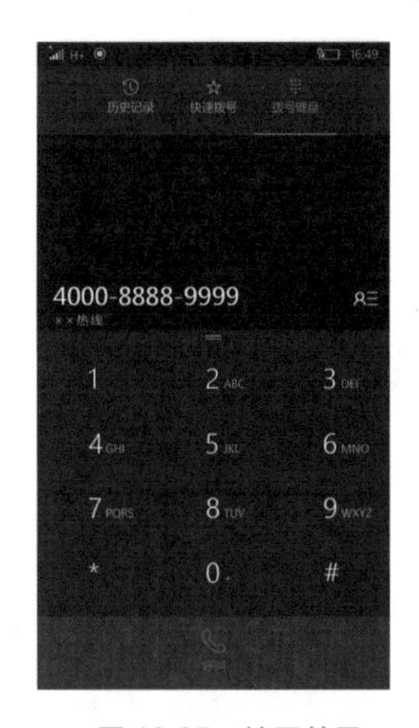

图 13-35　扩展效果

13.2 用户界面：掌握微软手机用户界面的设计

微软手机系统的用户界面被称为 Metro，它通过简单直接的方式向用户呈现信息，使用户获得流畅、快速的操作体验。

本实例的最终效果如图 13-36 所示。

图 13-36　实例效果

13.2.1 内容
请扫二维码

13.2.2 内容
请扫二维码

13.2.1　微软手机用户界面的背景效果设计

在制作微软手机用户界面的背景效果时，使用了参考线、矩形工具、素材图像、剪贴蒙版、图像调整命令等。下面介绍设计微软手机系统用户界面背景效果的操作方法。

步骤 01 选择“文件”|“打开”命令，打开“用户界面背景 .psd”素材图像，如图 13-37 所示。

步骤 02 在“图层”面板中，新建“图层 1”图层，如图 13-38 所示。

步骤 03 设置前景色为黑色，按 Alt+Delete 组合键，为“图层 1”图层填充前景色，如图 13-39 所示。

步骤 04 在“图层”面板中，新建“图层 2”图层，如图 13-40 所示。

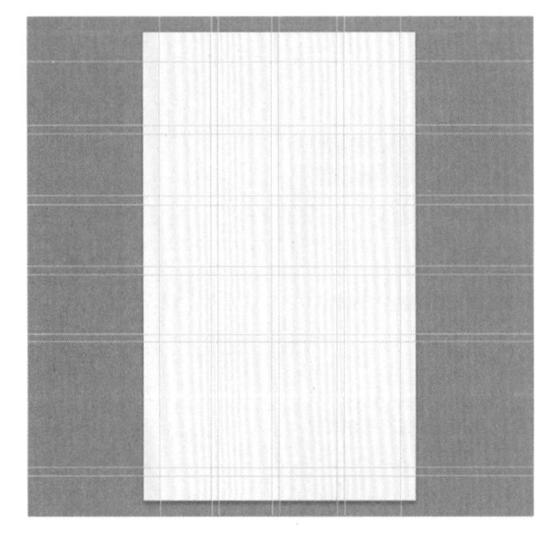

图 13-37　打开素材图像

图 13-38　新建“图层 1”图层

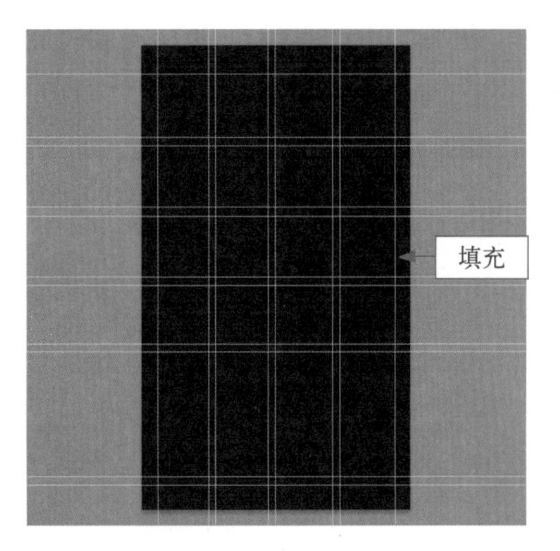

图 13-39　填充前景色

图 13-40　新建“图层 2”图层

步骤 05 设置前景色为白色，借助参考线调整间距；选择工具箱中的矩形工具，在工具属性栏中设置“选择工具模式”为“像素”，绘制一个矩形，如图 13-41 所示。

步骤 06 使用矩形工具在右侧的参考线位置处绘制一个小矩形，如图 13-42 所示。

步骤 07 使用与上述同样的方法，绘制其他的矩形，效果如图 13-43 所示。

步骤 08 打开“背景.jpg”素材图像，将其拖曳至“用户界面背景”图像编辑窗口中，如图 13-44 所示。

步骤 09 按 Ctrl+T 组合键，调出变换控制框，如图 13-45 所示。

步骤 10 通过调整变换控制框，适当调整图像的大小和位置，按 Enter 键确认变换操作，效果如图 13-46 所示。

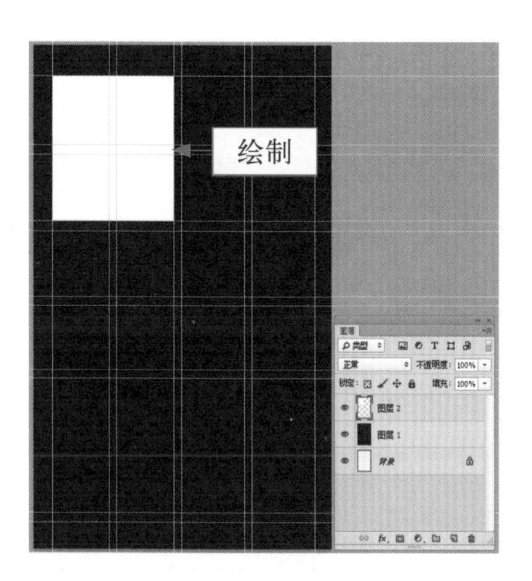

图 13-41　绘制矩形

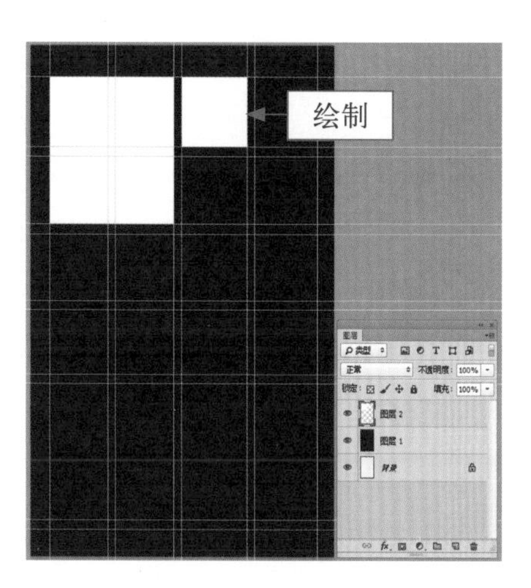

图 13-42　绘制矩形

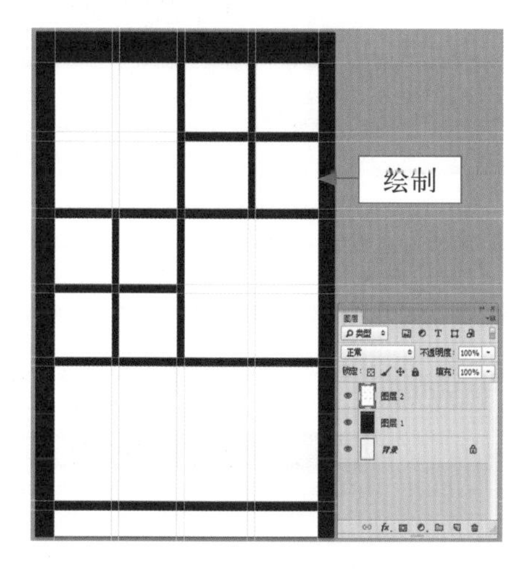

图 13-43　绘制其他的矩形

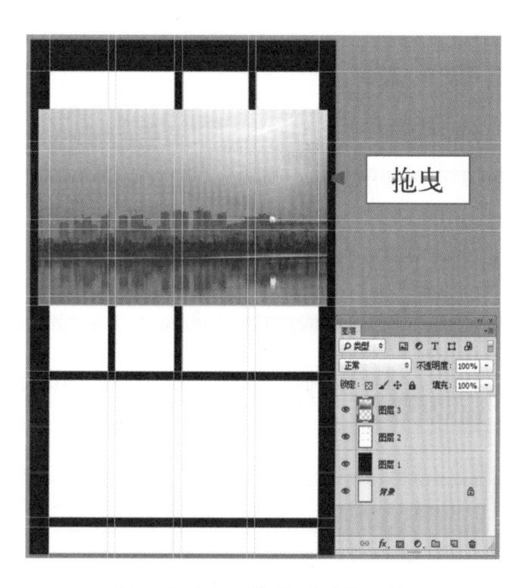

图 13-44　拖入素材图像

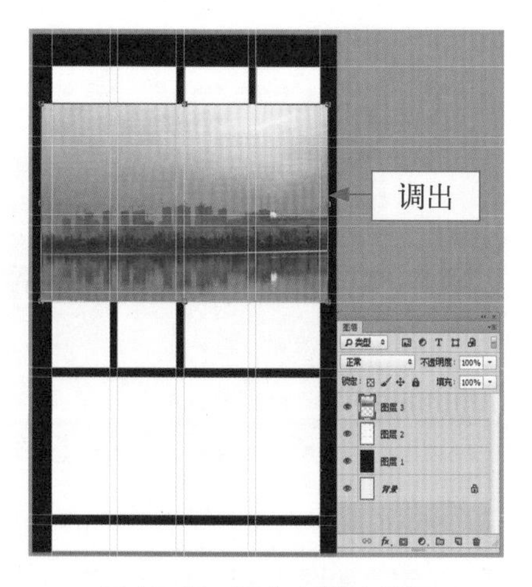

图 13-45　调出变换控制框

图 13-46　变换图像

步骤 11 选择“图像”|“调整”|“亮度/对比度”命令，弹出“亮度/对比度”对话框，设置“亮度”为-2、“对比度”为15，如图13-47所示。

步骤 12 单击“确定”按钮，即可调整图像的亮度和对比度，效果如图13-48所示。

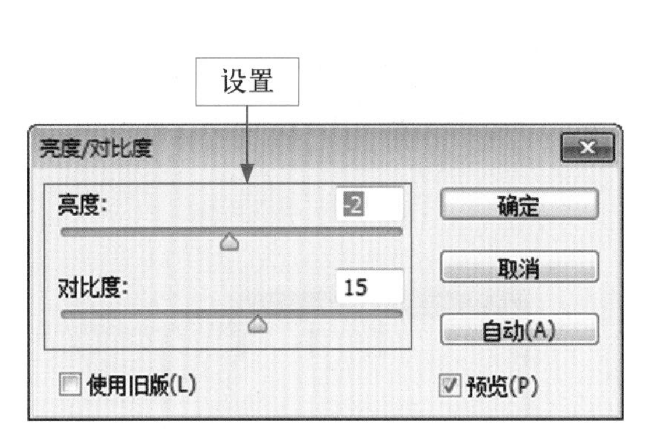

图13-47 “亮度/对比度”对话框

图13-48 调整图像的亮度和对比度

步骤 13 选择“图像”|“调整”|“色相/饱和度”命令，弹出“色相/饱和度”对话框，设置“色相”为+6、“饱和度”为+32，如图13-49所示。

步骤 14 单击“确定”按钮，即可调整图像的色相和饱和度，效果如图13-50所示。

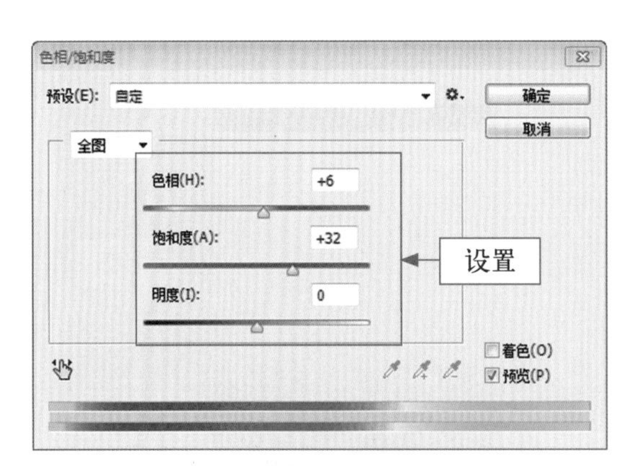

图13-49 “色相/饱和度”对话框

图13-50 调整图像的色相和饱和度

步骤 15 选择“视图”|“显示额外的内容”命令，即可隐藏参考线，效果如图13-51所示。

步骤 16 选择“滤镜”|“模糊”|“表面模糊”命令，如图13-52所示。

图 13-51 隐藏参考线

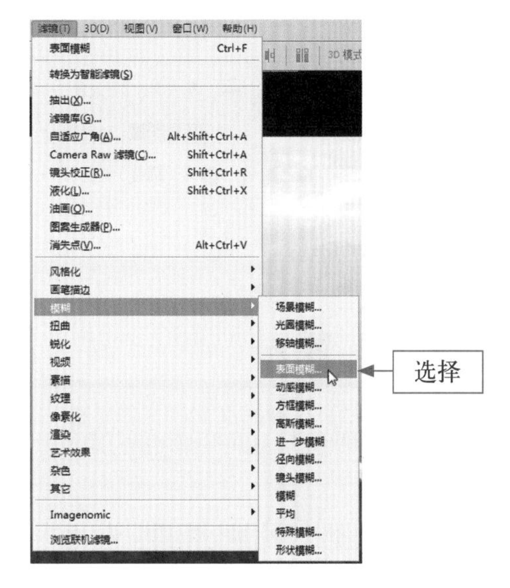

图 13-52 选择“表面模糊”命令

步骤 17 执行上述操作后，弹出“表面模糊”对话框，设置“半径”为 5 像素、“阈值”为 15 色阶，如图 13-53 所示。

步骤 18 单击“确定”按钮，应用“表面模糊”滤镜，减少画面中的噪点，效果如图 13-54 所示。

图 13-53 “表面模糊”对话框

图 13-54 应用“表面模糊”滤镜效果

步骤 19 在“图层”面板中，选择“图层 3”图层，如图 13-55 所示。

步骤 20 选择“图层”|“创建剪贴蒙版”命令，如图 13-56 所示。

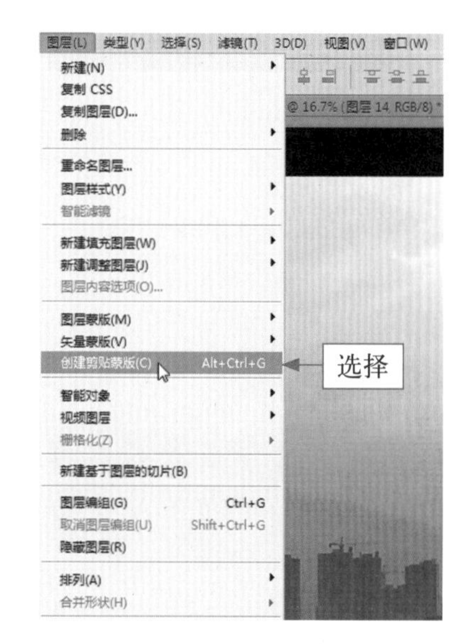

图 13-55　选择“图层 3”图层　　　　图 13-56　选择“创建剪贴蒙版”命令

步骤 21 执行上述操作后，即可创建剪贴蒙版，效果如图 13-57 所示。

步骤 22 打开“用户界面状态栏 .psd”素材图像，将其拖曳至“用户界面背景”图像编辑窗口中的合适位置，如图 13-58 所示。

图 13-57　创建剪贴蒙版图层效果　　　　图 13-58　拖入状态栏素材图像

13.2.2　微软系统用户界面的整体效果设计

将手机用户界面的图像、图标和文字说明等元素添加到界面中，即可完成微软手机系统用户界面整体效果的制作。下面介绍设计微软手机系统用户界面整体效果的操作方法。

步骤 01 在“图层”面板中，新建“图层 4”图层，如图 13-59 所示。

步骤 02 选择工具箱中的矩形工具，在工具属性栏中设置“选择工具模式”为“像素”，绘制一个白色矩形，如图 13-60 所示。

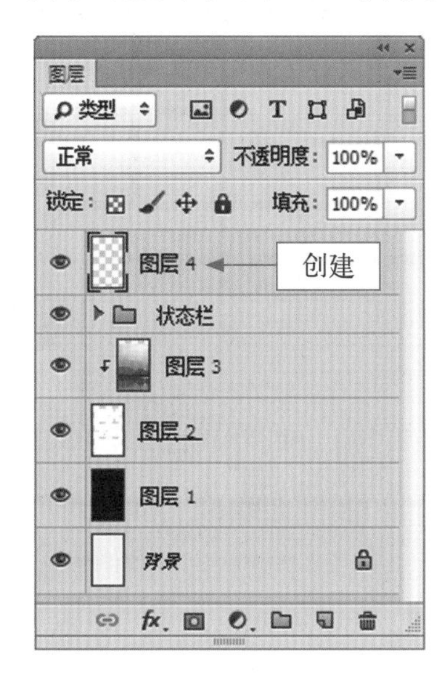

图 13-59 新建“图层 4”图层

图 13-60 绘制白色矩形

步骤 03 选择“文件”|“打开”命令，打开“游戏.jpg”素材图像，如图 13-61 所示。

步骤 04 使用移动工具将其拖曳至“用户界面背景”图像编辑窗口中，生成“图层 5”图层，如图 13-62 所示。

图 13-61 打开素材图像

图 13-62 拖入素材图像

步骤 05 按 Ctrl+T 组合键，调出变换控制框，如图 13-63 所示。

步骤 06 通过调整变换控制框，适当调整图像的大小和位置，按 Enter 键确认变换操作，效果如图 13-64 所示。

图 13-63　调出变换控制框

图 13-64　调整图像的大小和位置

步骤 07 在“图层”面板中选择“图层 5”图层，单击鼠标右键，在弹出的快捷菜单中选择“创建剪贴蒙版”命令，如图 13-65 所示。

步骤 08 执行上述操作后，即可创建剪贴蒙版，效果如图 13-66 所示。

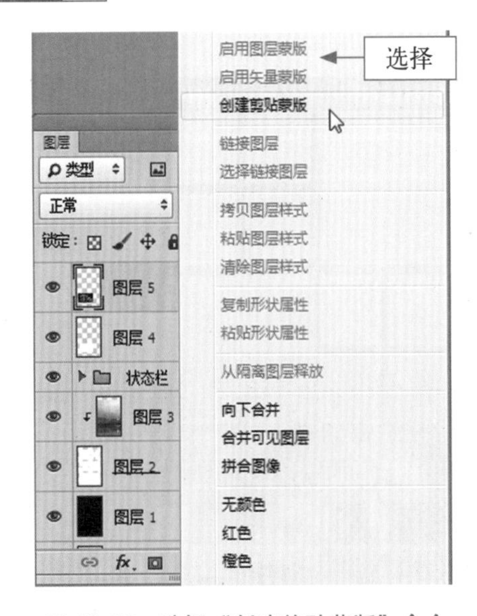

图 13-65　选择“创建剪贴蒙版”命令

图 13-66　创建剪贴蒙版效果

步骤 09 在“图层”面板中，新建“图层 6”图层，如图 13-67 所示。

步骤 10 选择工具箱中的矩形工具，在工具属性栏中设置“选择工具模式”为“像素”，绘制一个白色矩形，如图 13-68 所示。

图 13-67　新建“图层 6”图层

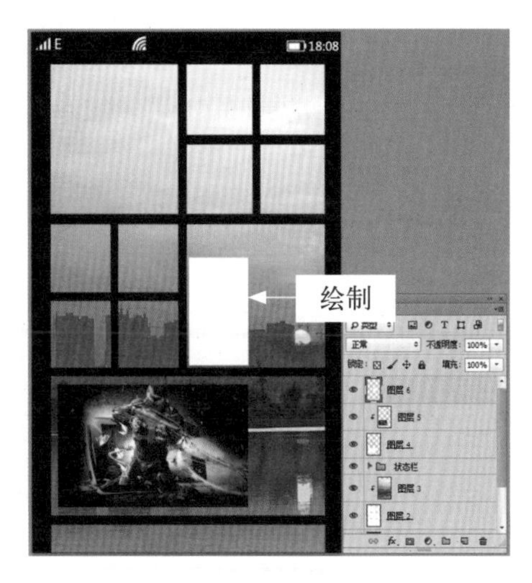

图 13-68　绘制白色矩形

步骤 11 在“图层”面板中，新建“图层 7”图层，如图 13-69 所示。

步骤 12 选择工具箱中的矩形工具，在工具属性栏中设置“选择工具模式”为“像素”，绘制一个白色矩形，如图 13-70 所示。

图 13-69　新建“图层 7”图层

图 13-70　绘制白色矩形

步骤 13 复制“图层 7”图层，得到“图层 7 拷贝”图层，如图 13-71 所示。

步骤 14 使用移动工具适当调整“图层 7 拷贝”图层中图像的位置，效果如图 13-72 所示。

图 13-71　复制图层

图 13-72　调整图像的位置

步骤 15 选择“文件”|“打开”命令，打开“照片(1).jpg”素材图像，如图 13-73 所示。

步骤 16 使用移动工具将该素材图像拖曳至“用户界面背景”图像编辑窗口中，并适当调整其大小和位置，生成“图层 8”图层，如图 13-74 所示。

图 13-73　打开照片素材图像

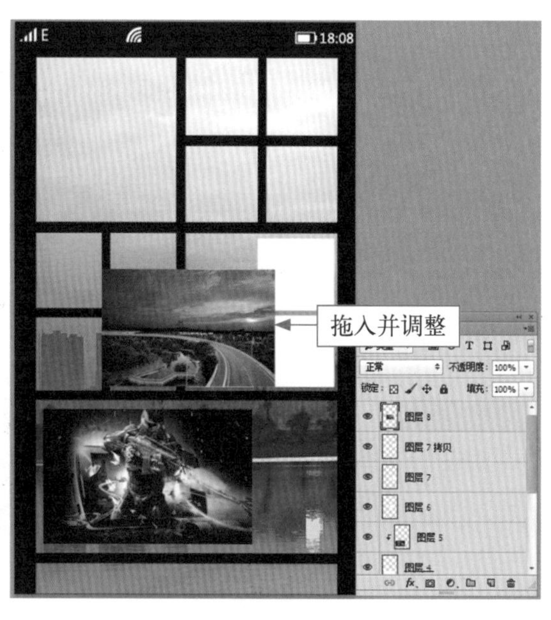

图 13-74　拖入并调整素材图像

步骤 17 在“图层”面板中，将“图层 8”图层调整至“图层 6”图层的上方，如图 13-75 所示。

步骤 18 按 Alt+Ctrl+G 组合键，创建剪贴蒙版，效果如图 13-76 所示。

图 13-75 调整图层顺序

图 13-76 创建剪贴蒙版效果

步骤 19 选择“文件”|“打开”命令，打开“照片 (2).jpg”素材图像，如图 13-77 所示。

步骤 20 使用移动工具将该素材图像拖曳至“用户界面背景”图像编辑窗口中，并适当调整其大小和位置，生成“图层 9”图层，如图 13-78 所示。

图 13-77 打开照片素材图像

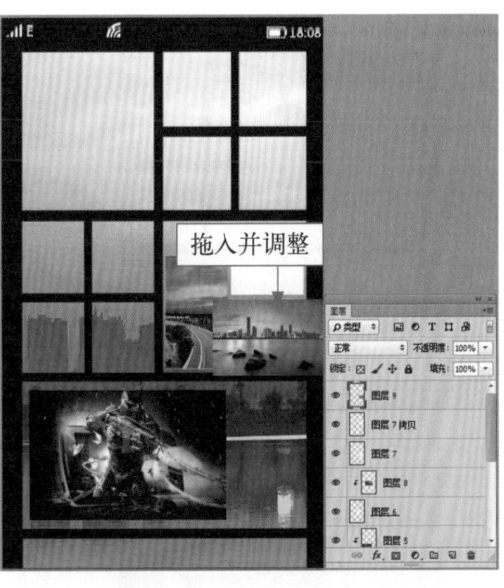

图 13-78 拖入并调整素材图像

步骤 21 在“图层”面板中，将“图层 9”图层调整至“图层 7”图层的上方，如图 13-79 所示。

步骤 22 按 Alt+Ctrl+G 组合键，创建剪贴蒙版，效果如图 13-80 所示。

图 13-79　调整图层顺序

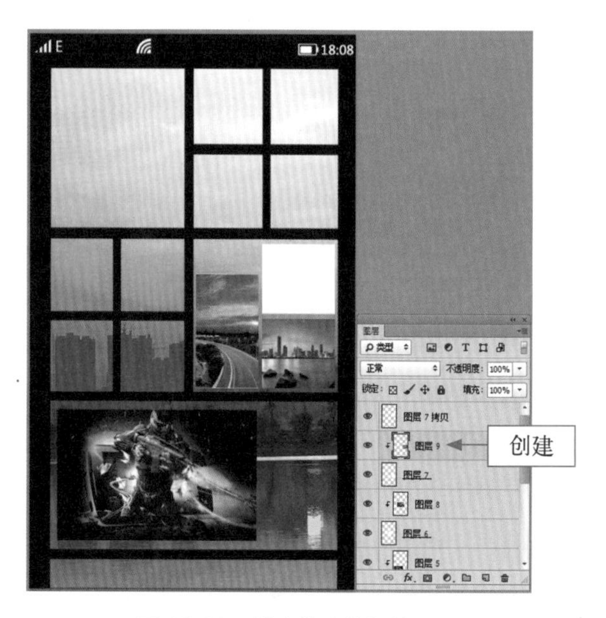

图 13-80　创建剪贴蒙版效果

步骤 23 使用与上述同样的方法，拖曳其他照片素材图像至“用户界面背景”图像编辑窗口中，并创建剪贴蒙版，效果如图 13-81 所示。

步骤 24 在“图层”面板中创建一个新图层组，将其命名为“图片”，如图 13-82 所示。

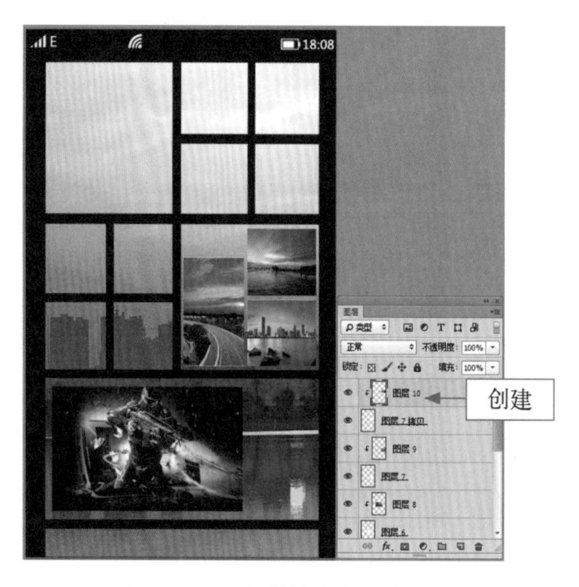

图 13-81　添加其他素材图像效果

图 13-82　创建新图层组

步骤 25 将“图层 6”～“图层 10”图层拖曳至“图片”图层组中，如图 13-83 所示。

步骤 26 打开“图标与文字 .psd”的素材图像，将其拖曳至“用户界面背景”图像编辑窗口中，完成用户界面的设计，最终效果如图 13-84 所示。

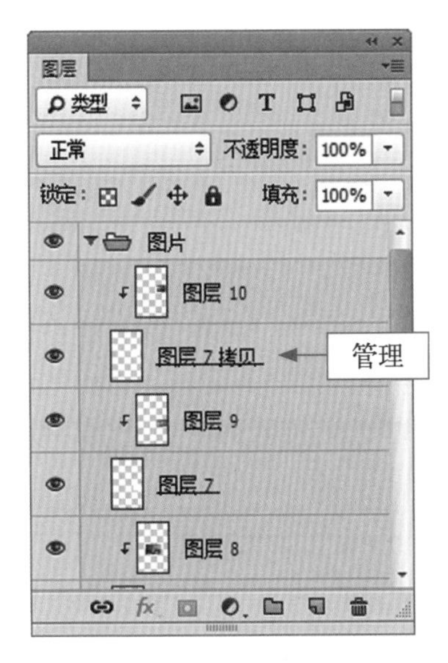

图 13-83　管理图层组

图 13-84　最终效果

第 14 章 登录界面：社交与免费 WiFi 登录 UI 设计

学习提示

智能手机出现之后，手机的通信功能正在变弱，而智能社交功能正在变强，用户停留在微信、QQ 空间、微博等社交 APP 上的时间、花费的精力正在大幅增加。本章将通过制作手机 APP 的登录界面，为读者讲解社交 APP UI 及免费 WiFi UI 的制作方法。

本章重点导航

- ◎ 云社交 APP 登录界面的背景效果设计
- ◎ 云社交 APP 登录界面的文字效果设计
- ◎ 免费 WiFi 应用登录界面的背景效果设计
- ◎ 免费 WiFi 应用登录界面的表单按钮设计
- ◎ 免费 WiFi 应用登录界面的细节和文本设计

14.1 云社交：掌握云社交登录界面的设计

如果说微信、QQ及陌陌等都是基于聊天交友的社交应用，那么云社交则是在此基础上，通过图片、数据等的互联与分享，实现用户之间连接的一种全新的移动应用。本实例主要介绍手机云社交APP登录界面的设计，最终效果如图14-1所示。

图14-1 实例效果

14.1.1 内容
请扫二维码

14.1.2 内容
请扫二维码

14.1.1 云社交APP登录界面的背景效果设计

下面主要使用横排文字工具、“字符”面板、“描边”图层样式等，制作云社交APP的文字效果。

步骤 01 新建一个“名称”为“云社交APP界面”、“宽度”为640像素、“高度”为1136像素、“分辨率”为72像素/英寸的空白图像文件，如图14-2所示。

步骤 02 打开“云社交APP背景.jpg”素材图像，将其拖曳至“云社交APP界面”图像编辑窗口中，适当调整其大小和位置，效果如图14-3所示。

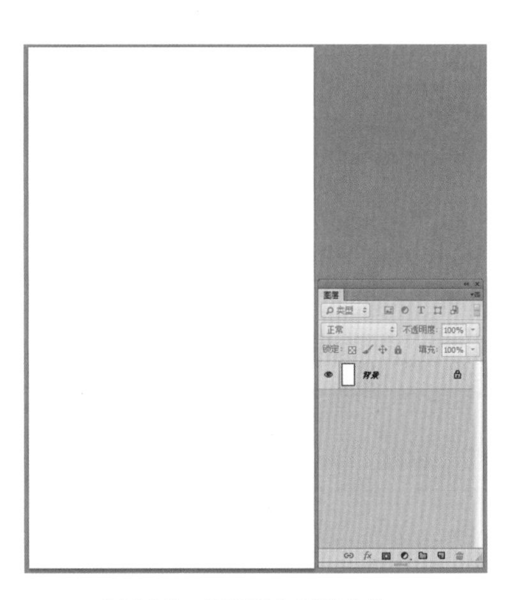

图 14-2　新建空白图像文件

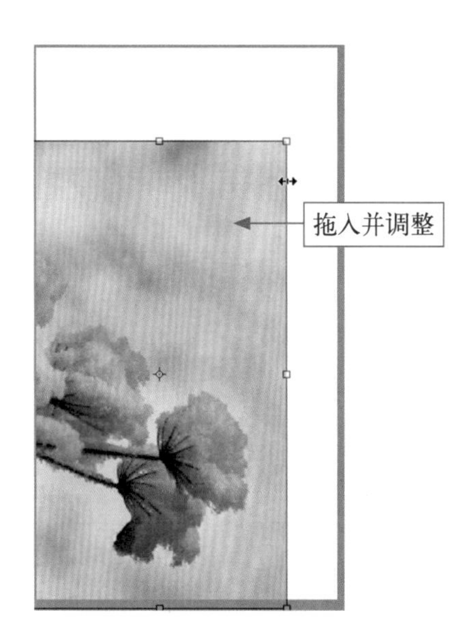

图 14-3　拖入并调整素材图像

步骤 03　选择“图像”|“调整”|“亮度 / 对比度”命令，弹出“亮度 / 对比度”对话框，设置“亮度”为 15、“对比度”为 18，如图 14-4 所示。

步骤 04　单击“确定”按钮，即可调整图像的亮度和对比度，效果如图 14-5 所示。

图 14-4　设置“亮度 / 对比度”参数

图 14-5　调整图像的亮度和对比度

步骤 05　选择“图像”|“调整”|“自然饱和度”命令，弹出“自然饱和度”对话框，设置“自然饱和度”为 30、“饱和度”为 15，如图 14-6 所示。

步骤 06　单击“确定”按钮，即可调整图像的饱和度，效果如图 14-7 所示。

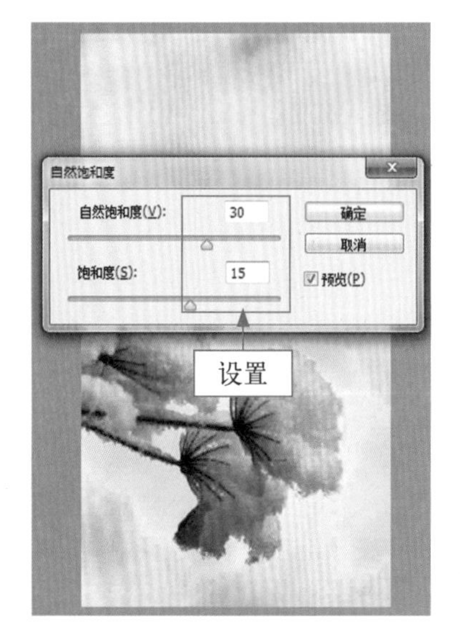

图 14-6　设置参数

图 14-7　调整图像的饱和度

步骤 07 展开“图层”面板，新建“图层 2”图层，如图 14-8 所示。

步骤 08 设置前景色为蓝色 (RGB 参数值为 73、126、178)，如图 14-9 所示。

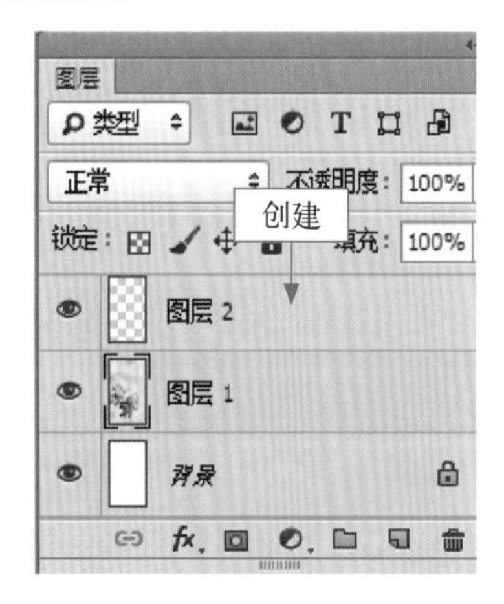

图 14-8　新建“图层 2”图层

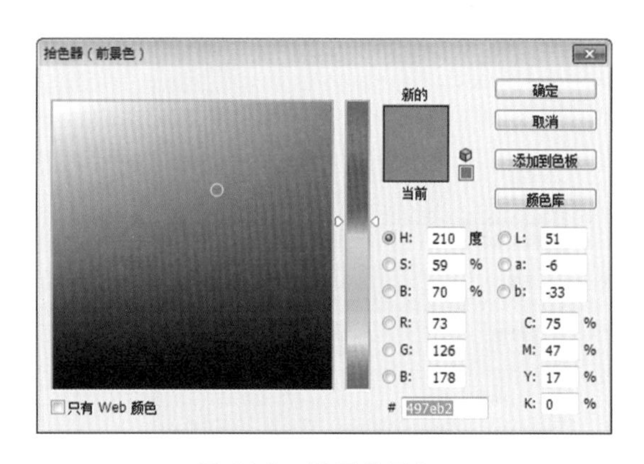

图 14-9　设置前景色

步骤 09 选择工具箱中的圆角矩形工具，在工具属性栏中设置“选择工具模式”为“像素”、“半径”为 10 像素，绘制一个圆角矩形，如图 14-10 所示。

步骤 10 双击“图层 2”图层，弹出“图层样式”对话框，勾选“投影”复选框，设置“距离”为 6 像素、“扩展”为 13%、“大小”为 16 像素，如图 14-11 所示。

步骤 11 单击“确定”按钮，应用“投影”图层样式，效果如图 14-12 所示。

步骤 12 在“图层”面板中，设置“图层 2”图层的“不透明度”和“填充”均为 60%，改变图像的透明效果，如图 14-13 所示。

图 14-10　绘制圆角矩形

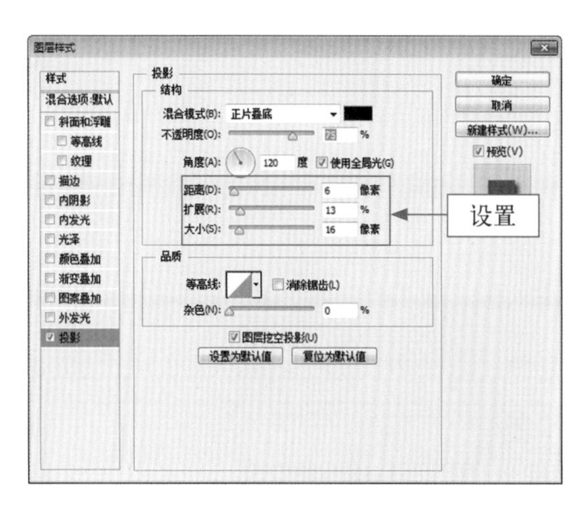

图 14-11　设置“投影”图层样式

图 14-12　应用“投影”图层样式效果

图 14-13　改变图像的透明效果

专家指点

在 Photoshop 中，不透明度用于控制图层中所有对象的透明属性。通过设置图层的不透明度，能够使图像主体更突出。

步骤 13 打开“按钮组 .psd”素材图像，将其拖曳至“云社交 APP 界面”图像编辑窗口中的合适位置处，效果如图 14-14 所示。

步骤 14 打开“云社交 APP 状态栏 .psd”素材图像，将其拖曳至“云社交 APP 界面”图像编辑窗口中的合适位置处，如图 14-15 所示。

图 14-14 添加按钮素材图像

图 14-15 添加状态栏素材图像

14.1.2 云社交 APP 登录界面的文字效果设计

下面主要使用“亮度 / 对比度”命令、“自然饱和度”命令、圆角矩形工具、“投影”图层样式等，制作云社交 APP 的背景效果。

步骤 01 打开“云社交 APP LOGO.psd”素材图像，将其拖曳至“云社交 APP 界面”图像编辑窗口中的合适位置处，如图 14-16 所示。

步骤 02 选择工具箱中的横排文字工具，在图像编辑窗口中单击鼠标左键，确认插入点，展开“字符”面板，设置“字体系列”为“方正大标宋简体”、“字体大小”为“80 点”、“字距调整”为 20、“颜色”为白色，如图 14-17 所示。

步骤 03 在图像编辑窗口中输入相应文本，如图 14-18 所示。

步骤 04 双击文本图层，弹出“图层样式”对话框，勾选“描边”复选框，设置“大小”为 1 像素、“颜色”为绿色 (RGB 参数值分别为 0、255、0)，如图 14-19 所示。

步骤 05 单击“确定”按钮，应用“描边”图层样式，效果如图 14-20 所示。

步骤 06 复制文本图层，得到相应的副本图层，如图 14-21 所示。

图 14-16　添加 LOGO 素材图像

图 14-17　设置文字属性

图 14-18　输入相应文本

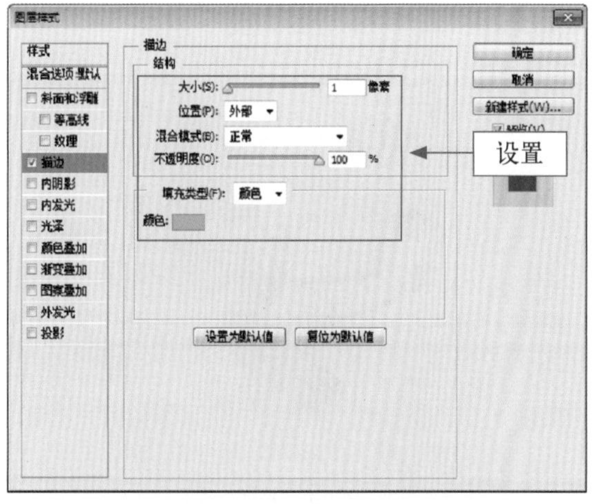

图 14-19　设置“描边”图层样式

图 14-20　应用“描边”图层样式效果

图 14-21　复制文本图层

步骤 07　在图像编辑窗口中，适当调整文本副本图层中的文字位置，使文字产生立体效果，如图 14-22 所示。

步骤 08　选择工具箱中的横排文字工具，在图像编辑窗口中单击鼠标左键，确认插入点，展开“字符”面板，在其中设置“字体系列”为“黑体”、“字体大小”为“36 点”、“字距调整”为 20、“颜色”为白色，并激活“仿粗体”按钮 T，如图 14-23 所示。

图 14-22　文字效果

图 14-23　设置文字属性

步骤 09　在图像编辑窗口中输入相应文本，如图 14-24 所示。

步骤 10　使用与上述同样的方法，输入其他文本，设置相应属性，完成手机云社交 APP

登录界面的设计，效果如图 14-25 所示。

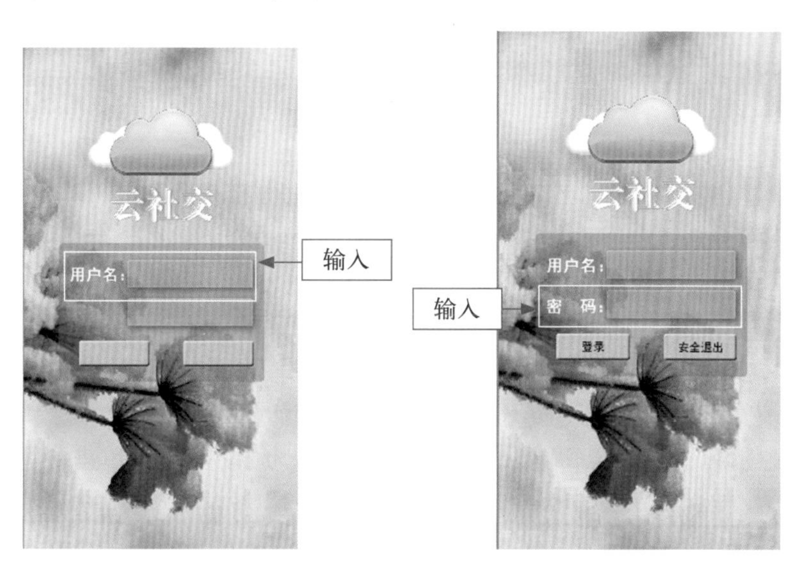

图 14-24　输入相应文本　　　图 14-25　输入相应文本

14.2 免费 WiFi：掌握免费 WiFi 登录界面的设计

“登录界面”指的是需要提供账号密码验证的界面，有控制用户权限、记录用户行为、保护操作安全的作用。如果已经设计了一款手机应用程序，那么，下一步要思考的就应该是怎样才能让更多的人看到并乐于使用它。一个有创意的登录界面绝对能够保证这款应用程序的成功推广。本节将介绍免费 WiFi 登录界面的设计方法，最终效果如图 14-26 所示。

图 14-26　实例效果

14.2.1 内容
请扫二维码

14.2.2 内容
请扫二维码

14.2.3 内容
请扫二维码

14.2.1 免费WiFi应用登录界面的背景效果设计

如今，无论是在何时何处，免费WiFi都处于供不应求的状态。本实例中的免费WiFi应用是专门为手机用户打造的一款方便手机上网的软件。下面主要使用矩形选框工具、渐变工具及圆角矩形工具等，制作免费WiFi应用登录界面的背景效果。

步骤 01 选择“文件”|“新建”命令，弹出“新建”对话框，设置“名称”为“免费WiFi应用登录界面”、“宽度”为1080像素、“高度”为1920像素、“分辨率”为72像素/英寸、“颜色模式”为“RGB颜色”“背景内容”为“白色”，单击“确定”按钮，新建一个空白图像文件，展开“图层”面板，新建“图层1”图层，如图14-27所示。

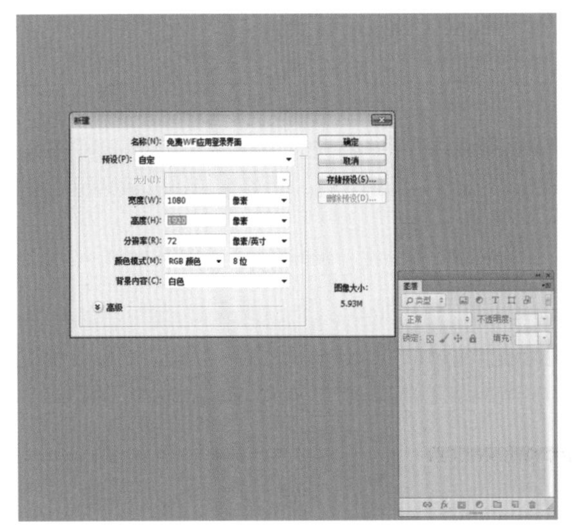

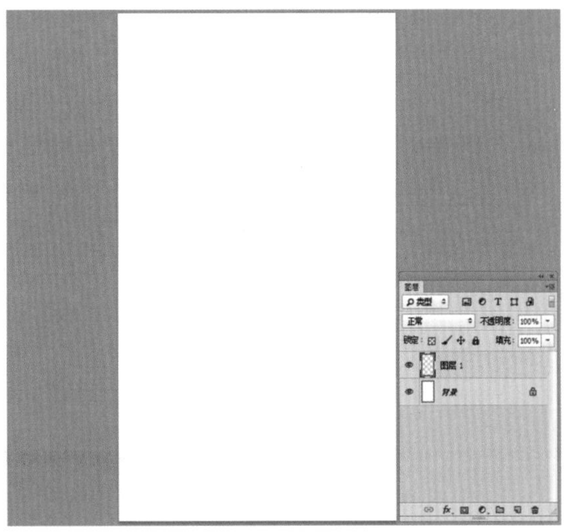

图14-27 新建空白图像和图层

步骤 02 设置前景色为黑色，按Alt+Delete组合键，为“图层1”图层填充黑色，如图14-28所示。

步骤 03 选择工具箱中的矩形选框工具，绘制一个矩形选区，如图14-29所示。

步骤 04 新建“图层2”图层，选择工具箱中的渐变工具，在工具属性栏中单击“点按可编辑渐变”按钮，弹出“渐变编辑器”对话框，设置渐变色，RGB参数值分别为(161、212、236)和(18、125、236)，设置效果如图14-30所示。

步骤 05 单击“确定”按钮，从上至下为选区填充线性渐变，效果如图14-31所示。

图 14-28　填充前景色

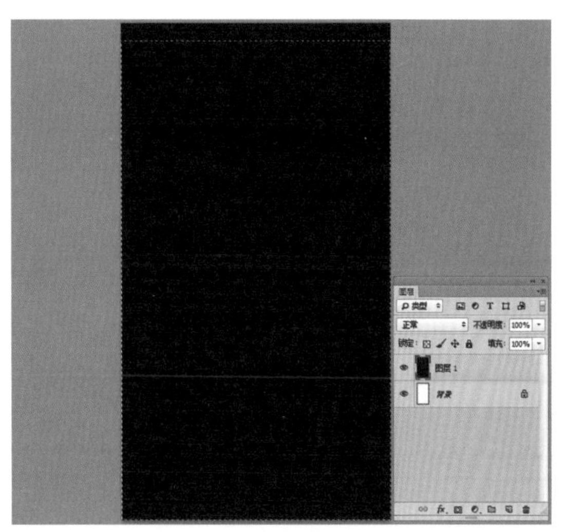

图 14-29　绘制矩形选区

图 14-30　设置渐变色

图 14-31　填充线性渐变

步骤 06 按 Ctrl+D 组合键，取消选区，如图 14-32 所示。

步骤 07 选择工具箱中的矩形选框工具，绘制一个矩形选区，如图 14-33 所示。

步骤 08 选择工具箱中的渐变工具，在工具属性栏中单击“点按可编辑渐变”按钮，弹出“渐变编辑器”对话框，设置渐变色，RGB 参数值分别为 (31、136、217) 和 (4、147、215)，设置效果如图 14-34 所示。

步骤 09 单击“确定”按钮，新建“图层 3”图层，从上至下为选区填充线性渐变，如图 14-35 所示。

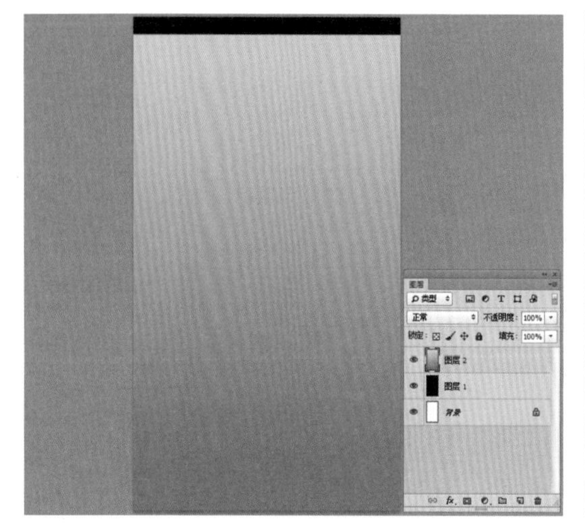

图 14-32　取消选区

图 14-33　绘制矩形选区

图 14-34　设置渐变色

图 14-35　填充线性渐变

步骤 10 按 Ctrl+D 组合键，取消选区，如图 14-36 所示。

步骤 11 双击“图层 3”图层，弹出“图层样式”对话框，勾选“投影”复选框，设置“角度”为 90 度、“距离”为 1 像素、“大小”为 5 像素，如图 14-37 所示。

步骤 12 单击“确定”按钮，即可应用“投影”图层样式，如图 14-38 所示。

步骤 13 新建“图层 4”图层，设置前景色为白色，选择工具箱中的圆角矩形工具，在工具属性栏中设置“选择工具模式”为“像素”、“半径”为 8 像素，绘制一个圆角矩形，如图 14-39 所示。

步骤 14 设置“图层 4”图层的“不透明度”为 60%，即可改变图像效果，如图 14-40 所示。

图 14-36　取消选区

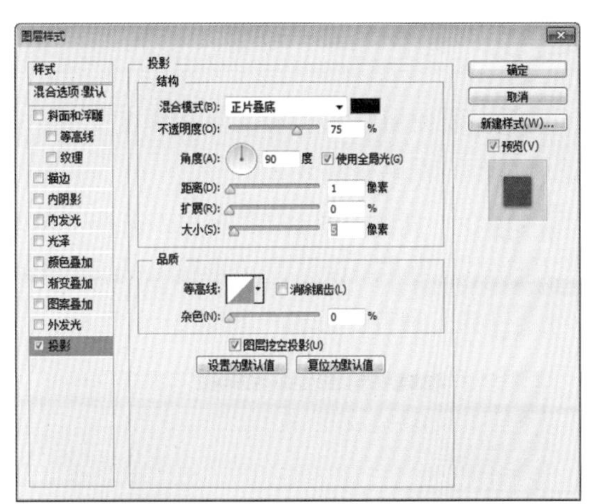

图 14-37　设置“投影”图层样式

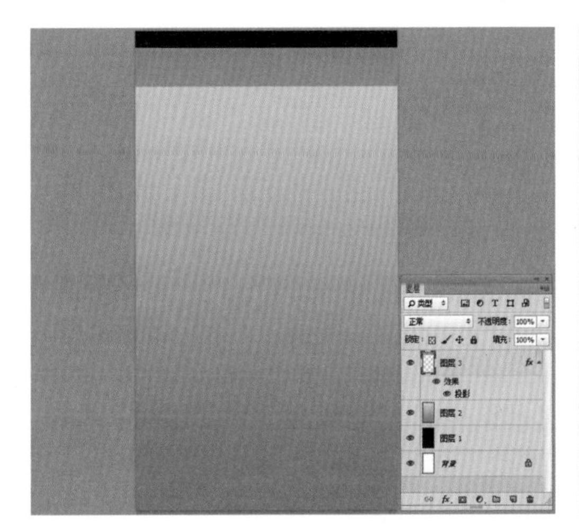

图 14-38　应用“投影”图层样式效果

图 14-39　绘制圆角矩形

图 14-40　设置“不透明度”后的图像效果

14.2.2 免费WiFi应用登录界面的表单按钮设计

下面主要使用圆角矩形工具、渐变工具、图层样式及自定形状工具等，制作免费WiFi应用登录界面的表单按钮效果。

步骤 01 新建“图层5”图层，选择工具箱中的圆角矩形工具，在工具属性栏中设置“选择工具模式”为“路径”、“半径”为20像素，绘制一个圆角矩形路径，如图14-41所示。

步骤 02 展开“属性”面板，设置W为758像素、H为100像素，如图14-42所示。

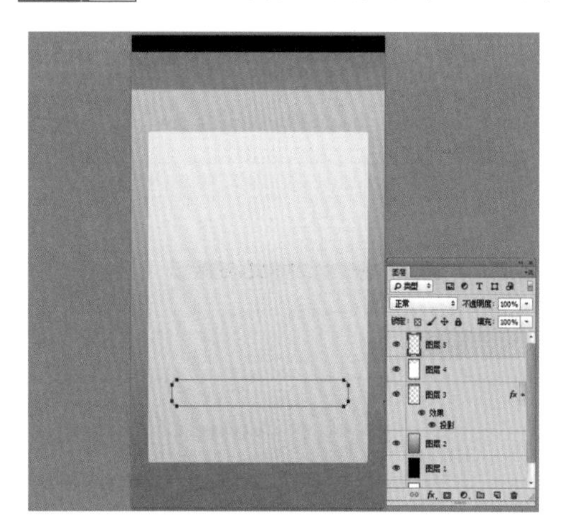

图14-41 绘制一个圆角矩形路径

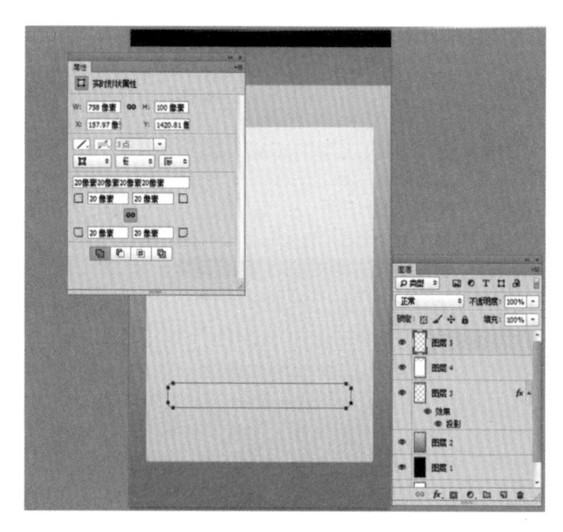

图14-42 设置参数

步骤 03 按Ctrl+Enter组合键，将路径转变为选区，如图14-43所示。

步骤 04 选择工具箱中的渐变工具，在工具属性栏中单击“点按可编辑渐变”按钮，弹出“渐变编辑器”对话框，设置渐变色，RGB参数值分别为(54、169、242)和(49、134、213)，如图14-44所示。

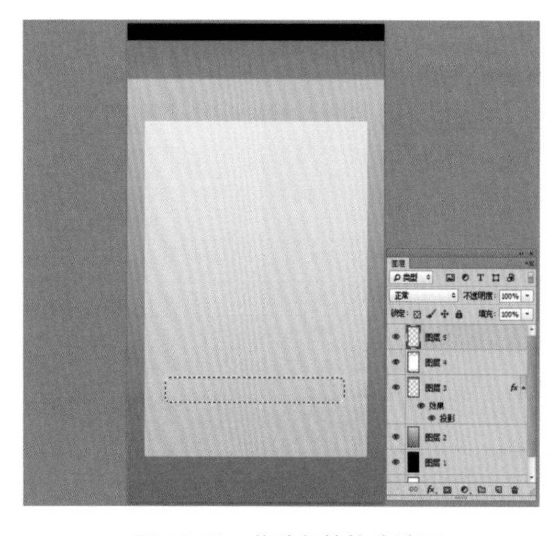

图14-43 将路径转换为选区

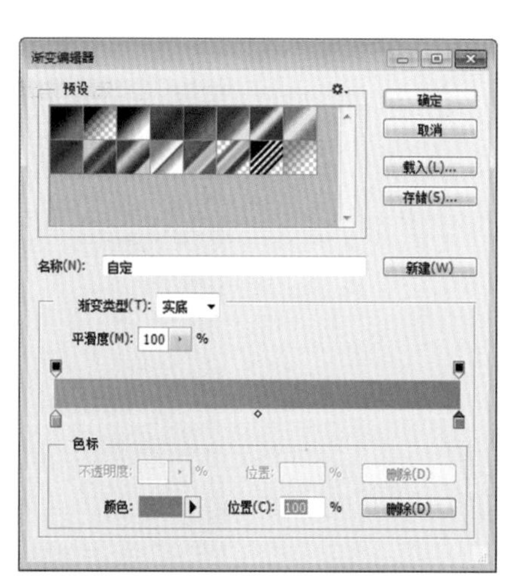

图14-44 设置渐变色

步骤 05 单击“确定”按钮，为选区填充线性渐变，如图 14-45 所示。

步骤 06 按 Ctrl+D 组合键，取消选区，如图 14-46 所示，将其作为按钮。

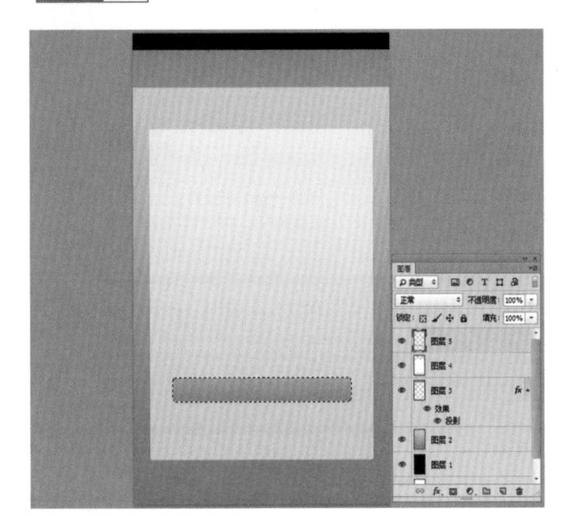

图 14-45 填充线性渐变

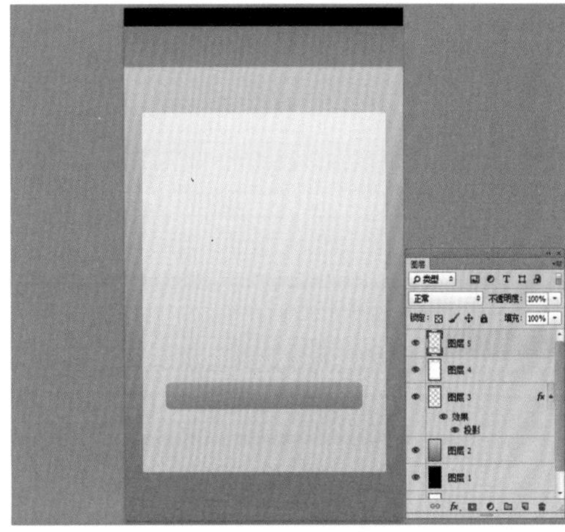

图 14-46 取消选区

步骤 07 复制“图层 5”图层，得到“图层 5 拷贝”图层，如图 14-47 所示。

步骤 08 将副本图层中的图像移动至合适位置，如图 14-48 所示。

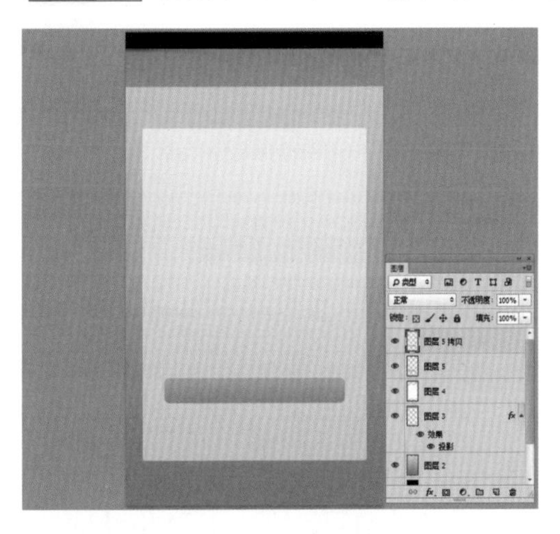

图 14-47 调出变换控制框

图 14-48 调整图像的位置

步骤 09 按 Ctrl+T 组合键，调出变换控制框，如图 14-49 所示。

步骤 10 适当调整图像的大小和位置，如图 14-50 所示。

步骤 11 按 Enter 键，确认变换操作，效果如图 14-51 所示。

步骤 12 按住 Ctrl 键，单击“图层 5 拷贝”图层的图层缩览图，新建选区，如图 14-52 所示。

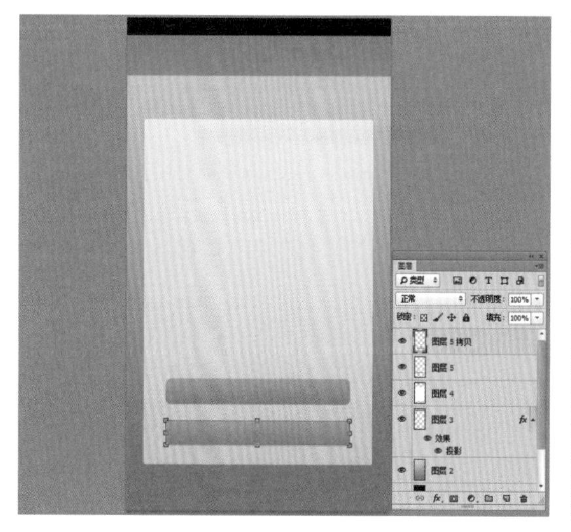

图 14-49　调出变换控制框

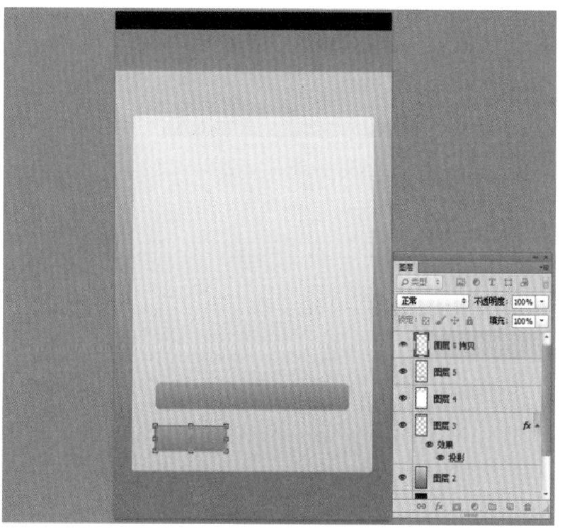

图 14-50　调整图像的大小和位置

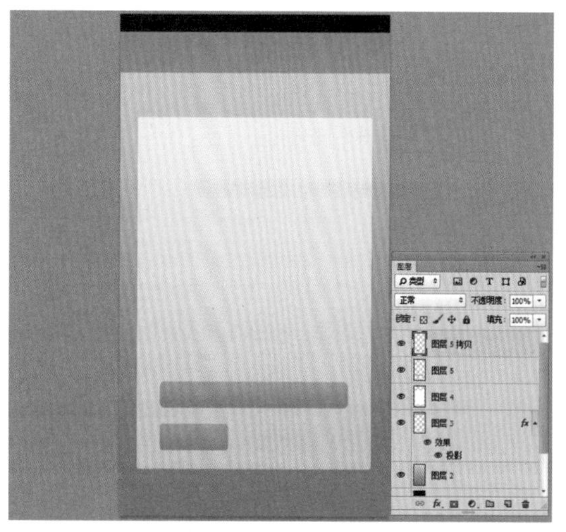

图 14-51　确认变换操作

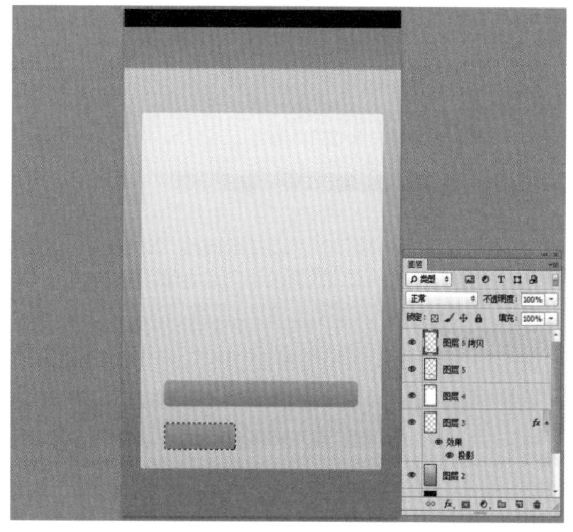

图 14-52　新建选区

步骤 13 选择工具箱中的渐变工具，在工具属性栏中单击“点按可编辑渐变”按钮，弹出“渐变编辑器”对话框，设置渐变色，RGB参数值分别为(177、177、177)和(123、123、123)，设置效果如图14-53所示。

步骤 14 单击“确定”按钮，为选区填充线性渐变，如图14-54所示。

步骤 15 按Ctrl+D组合键，取消选区，如图14-55所示。

步骤 16 双击“图层5拷贝”图层，弹出“图层样式”对话框，勾选“描边”复选框，设置“大小”为3像素、“颜色”为灰色(RGB参数值均为208)，如图14-56所示。

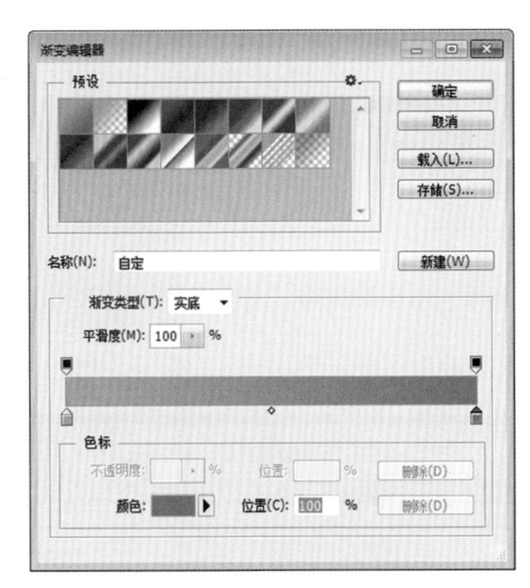

图 14-53　设置渐变色

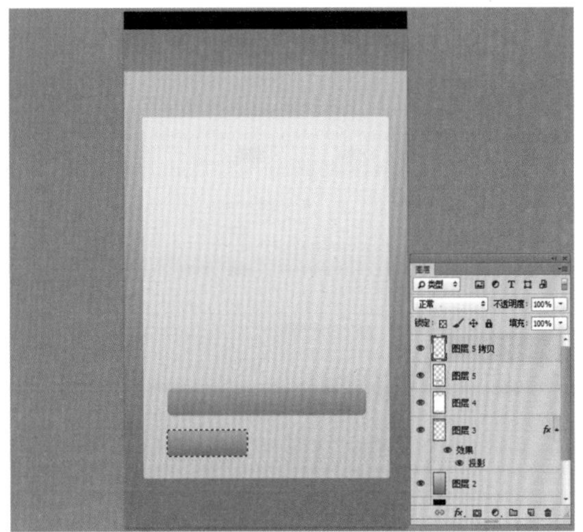

图 14-54　填充线性渐变

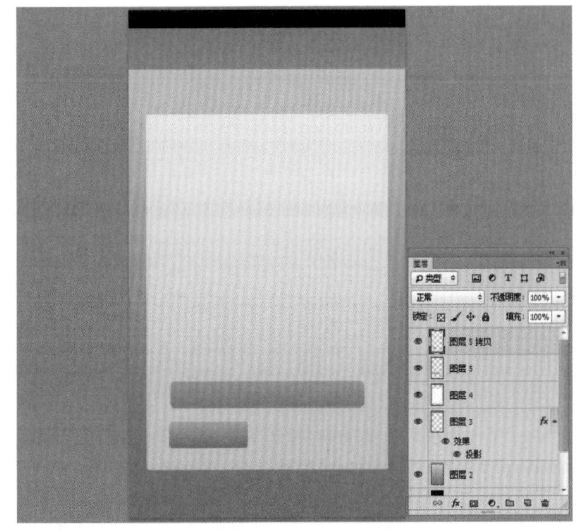

图 14-55　取消选区

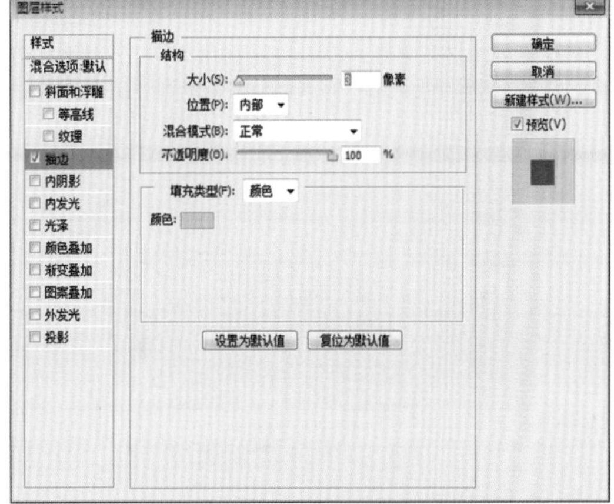

图 14-56　设置“描边”图层样式

步骤 17 在“图层样式”对话框中勾选“投影”复选框，保持默认设置即可，如图 14-57 所示。

步骤 18 单击“确定”按钮，即可应用图层样式，如图 14-58 所示。

步骤 19 复制“图层 5 拷贝”图层，得到“图层 5 拷贝 2”图层，如图 14-59 所示。

步骤 20 将“图层 5 拷贝 2”图层中的图像移动至合适位置，如图 14-60 所示。

步骤 21 按住 Ctrl 键，单击“图层 5 拷贝 2”图层的图层缩览图，将其载入选区，如图 14-61 所示。

步骤 22 选择工具箱中的渐变工具，在工具属性栏中单击“点按可编辑渐变”按钮，弹出“渐变编辑器”对话框，设置渐变色，RGB 参数值分别为 (240、240、240) 和 (219、223、

226)，设置效果如图 14-62 所示。

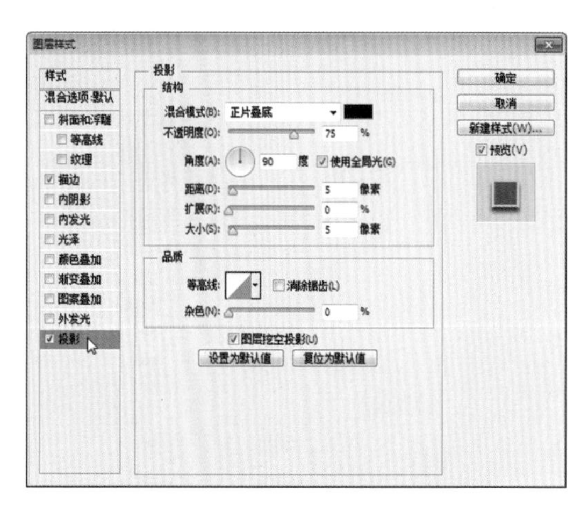

图 14-57　勾选“投影”复选框

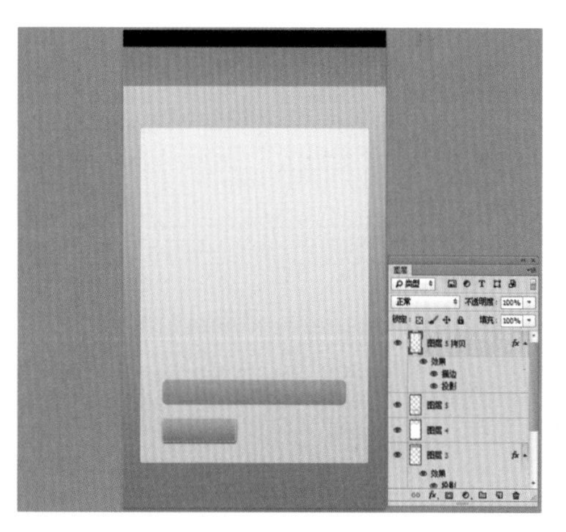

图 14-58　应用图层样式效果

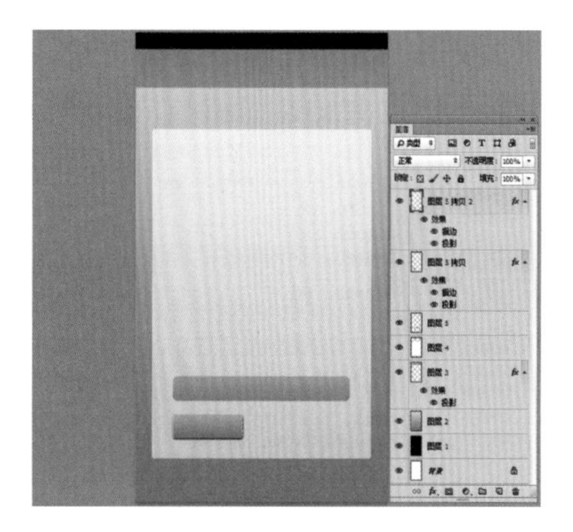

图 14-59　复制图层

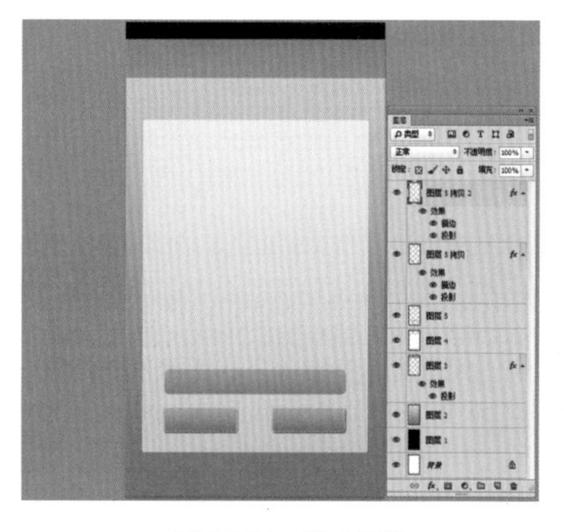

图 14-60　移动图像

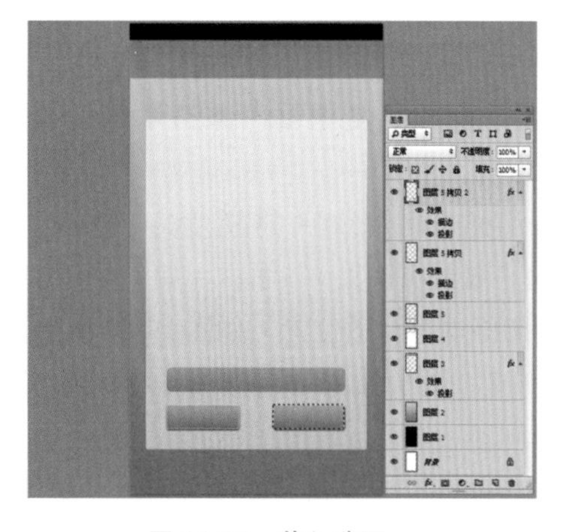

图 14-61　载入选区

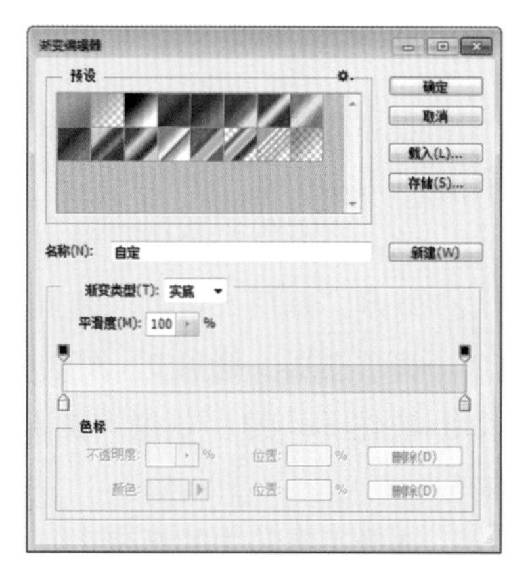

图 14-62　设置渐变色

步骤 23 单击“确定”按钮，为选区填充线性渐变，如图 14-63 所示。

步骤 24 按 Ctrl+D 组合键，取消选区，如图 14-64 所示。

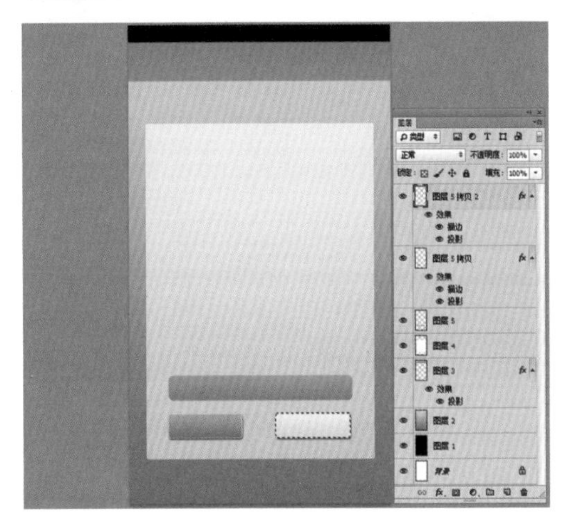

图 14-63　填充线性渐变

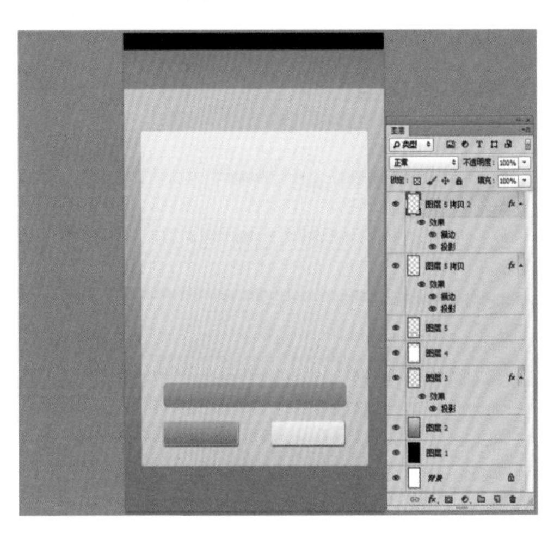

图 14-64　取消选区

步骤 25 新建“图层 6”图层，设置前景色为白色，选择工具箱中的圆角矩形工具，在工具属性栏中设置“选择工具模式”为“像素”、“半径”为 8 像素，绘制一个圆角矩形，如图 14-65 所示。

步骤 26 双击“图层 6”图层，弹出“图层样式”对话框，勾选“描边”复选框，设置“大小”为 3 像素、“颜色”为灰色 (RGB 参数值均为 198)，如图 14-66 所示。

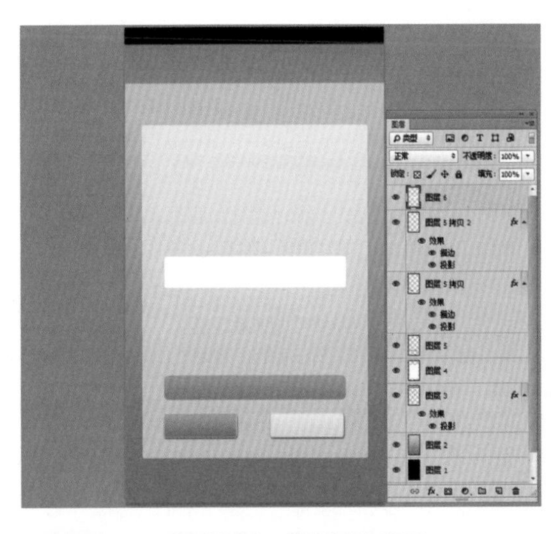

图 14-65　绘制圆角矩形

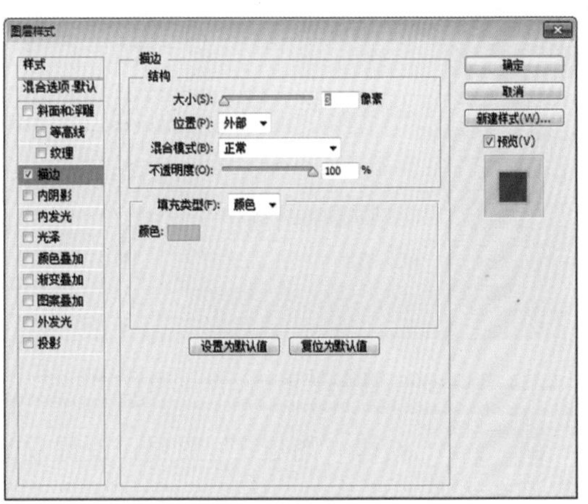

图 14-66　设置“描边”图层样式

步骤 27 勾选“内阴影”复选框，设置“距离”为 1 像素，如图 14-67 所示。

步骤 28 单击“确定”按钮，即可应用图层样式，如图 14-68 所示。

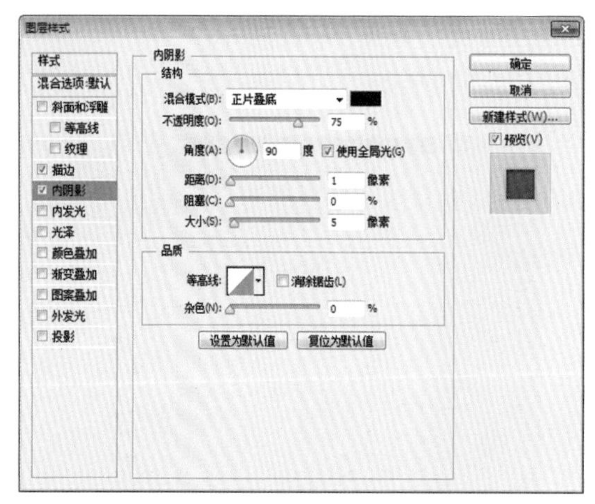

图 14-67　设置“内阴影”图层样式

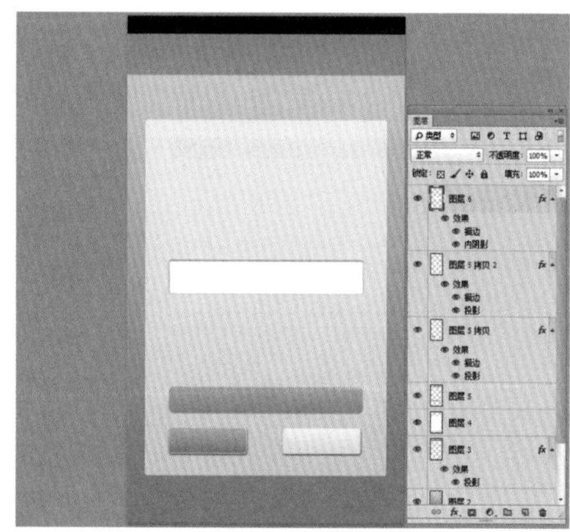

图 14-68　应用图层样式效果

步骤 29 复制“图层 6”图层，得到“图层 6 拷贝”图层，将副本图层中的图像移动至合适位置，如图 14-69 所示。

步骤 30 选择“图层 5 拷贝”图层，单击鼠标右键，在弹出的快捷菜单中选择“拷贝图层样式”命令，选择“图层 5”图层，单击鼠标右键，在弹出的快捷菜单中选择“粘贴图层样式”命令，粘贴图层样式，效果如图 14-70 所示。

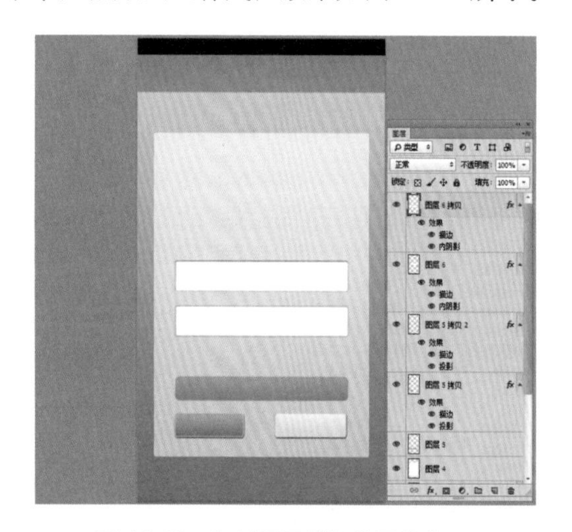

图 14-69　复制图层并调整图像位置

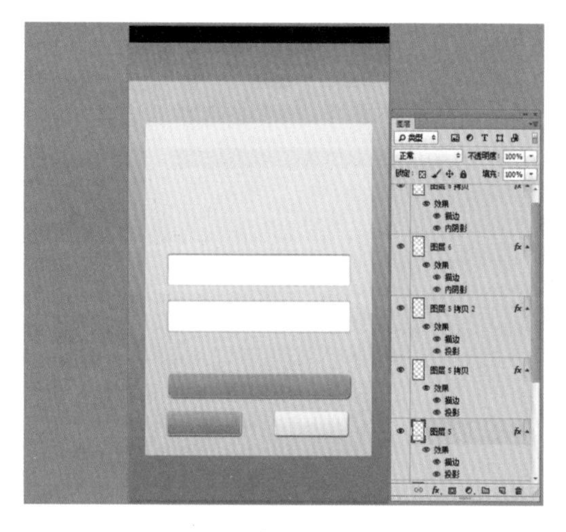

图 14-70　粘贴图层样式

步骤 31 新建“图层 7”图层，设置前景色为灰色 (RGB 参数值均为 214)，在工具箱中选择圆角矩形工具，在工具属性栏中设置“选择工具模式”为“像素”、“半径”为 8 像素，绘制一个圆角矩形，如图 14-71 所示。

步骤 32 双击“图层 7”图层，弹出“图层样式”对话框，勾选“描边”复选框，设置“大小”为 1 像素、“颜色”为灰色 (RGB 参数值均为 100)，如图 14-72 所示。

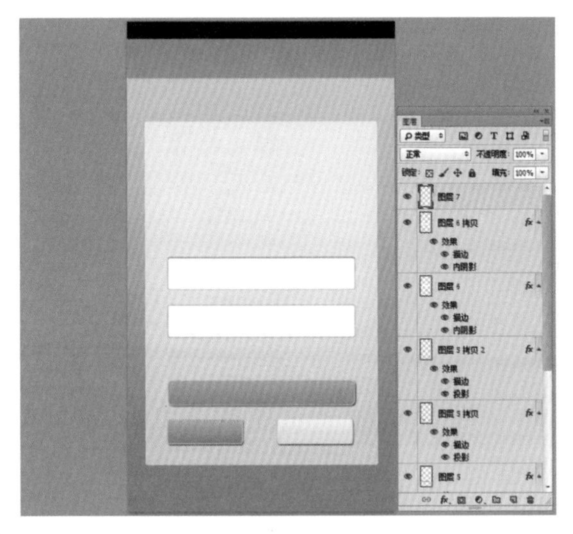

图 14-71　绘制圆角矩形

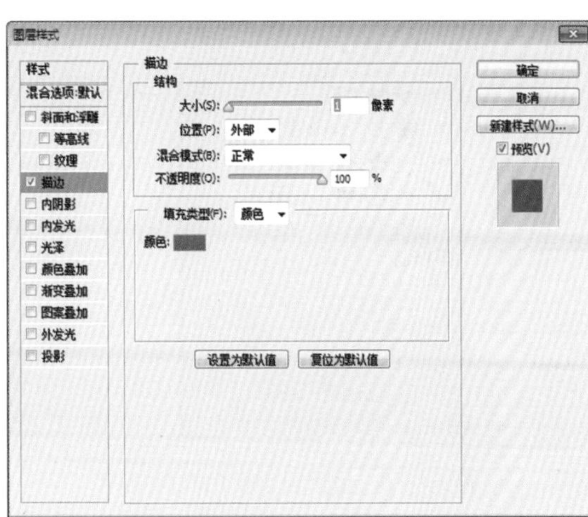

图 14-72　设置“描边”图层样式

步骤 33 勾选“投影”复选框，取消勾选“使用全局光”复选框，设置“角度”为 120 度、“距离”为 2 像素、“扩展”为 0、“大小”为 10 像素，如图 14-73 所示。

步骤 34 单击“确定”按钮，即可应用图层样式，如图 14-74 所示。

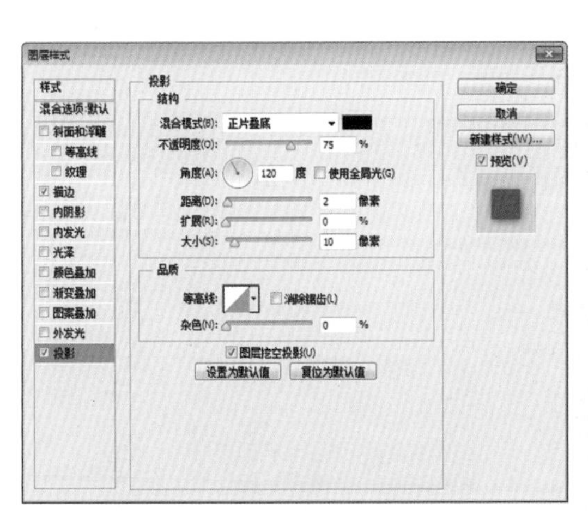

图 14-73　设置“投影”图层样式

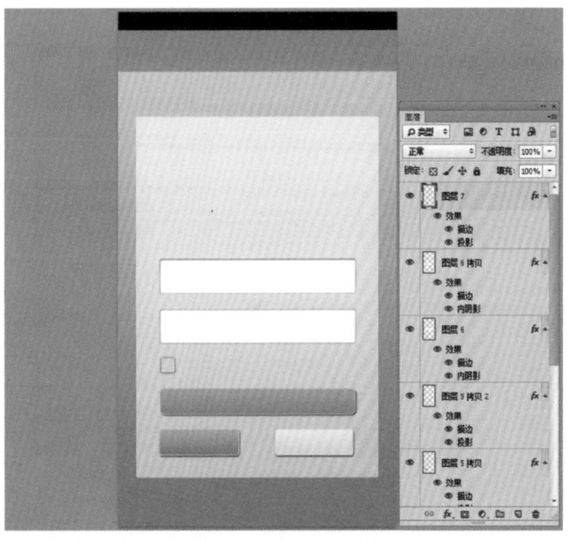

图 14-74　应用图层样式效果

步骤 35 选择自定形状工具，设置“选择工具模式”为“像素”，展开“形状”下拉列表框，选择“复选标记”形状，如图 14-75 所示。

步骤 36 设置前景色为蓝色 (RGB 参数值为 38、156、235)，新建“图层 8”图层，在合适位置绘制一个蓝色复选标记，如图 14-76 所示。

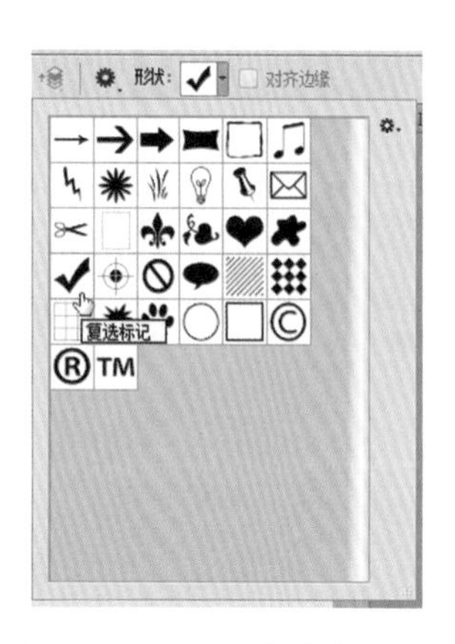

图 14-75 设置自定义形状

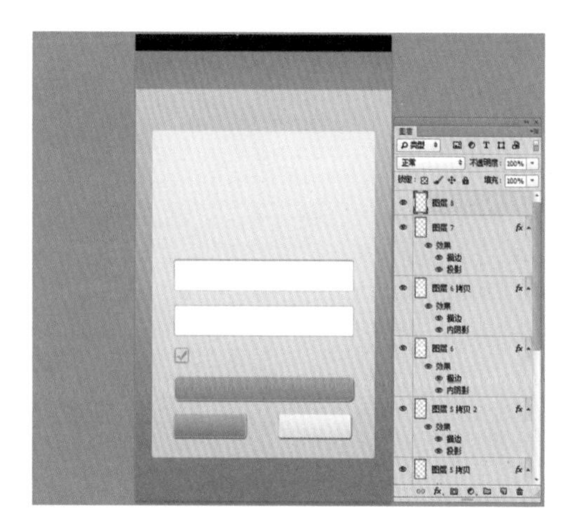

图 14-76 绘制蓝色复选标记

步骤 37 分别复制"图层 7""图层 8"图层，得到"图层 7 拷贝""图层 8 拷贝"图层，使用移动工具将副本图层中的图像适当移动至合适位置，如图 14-77 所示。

步骤 38 选择"图层 8 拷贝"图层，按住 Ctrl 键，单击图层缩览图，将其载入选区，设置前景色为灰色 (RGB 参数值均为 202)，按 Alt+Delete 组合键填充前景色，然后取消选区，如图 14-78 所示。

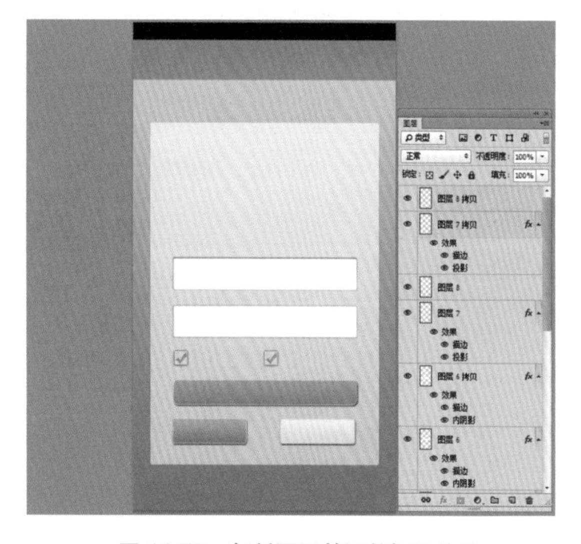

图 14-77 复制图层并调整标记位置

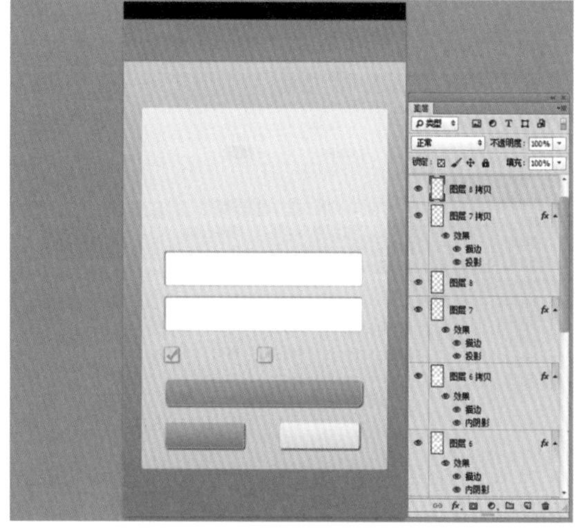

图 14-78 填充选区并取消选区

14.2.3 免费 WiFi 应用登录界面的细节和文本设计

下面主要通过复制图像，以及为登录界面添加手机状态栏、登录框小部件图标、WiFi 图标等操作，制作免费 WiFi 应用登录界面的细节效果；然后使用横排文字工具、"字符"面板及素材图像等，制作免费 WiFi 应用登录界面的文字效果。

步骤 01 打开“免费 WiFi 应用状态栏 .psd”素材图像，将其拖曳至“免费 WiFi 应用登录界面”图像编辑窗口中的合适位置处，如图 14-79 所示。

步骤 02 复制“图层 5”图层，得到“图层 5 拷贝 3”图层，如图 14-80 所示。

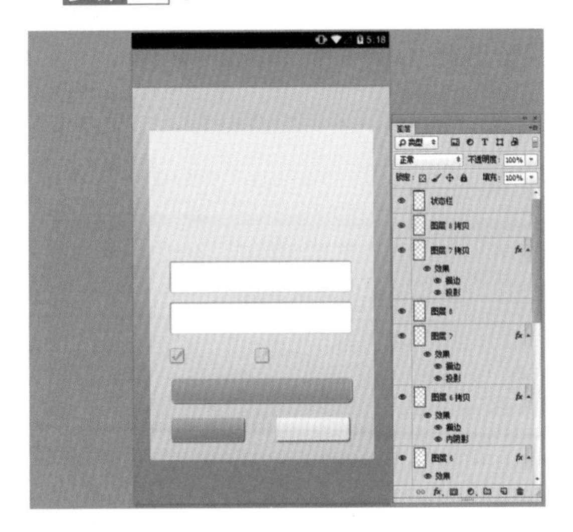

图 14-79　拖入素材图像

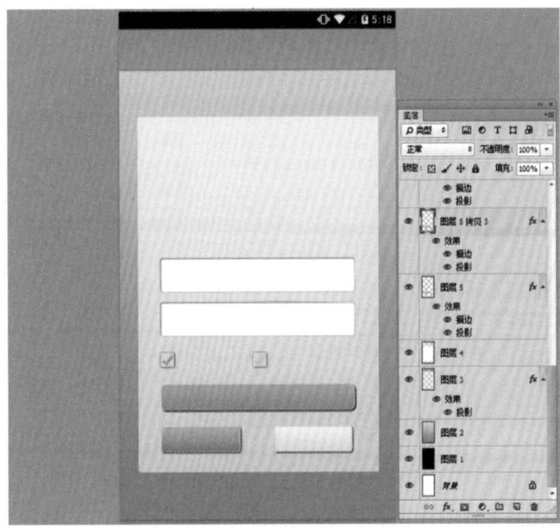

图 14-80　复制图层

步骤 03 适当调整“图层 5 拷贝 3”图层中图像的大小和位置，如图 14-81 所示。

步骤 04 在“图层 5 拷贝 3”图层的图层样式列表中，隐藏“投影”图层样式，如图 14-82 所示。

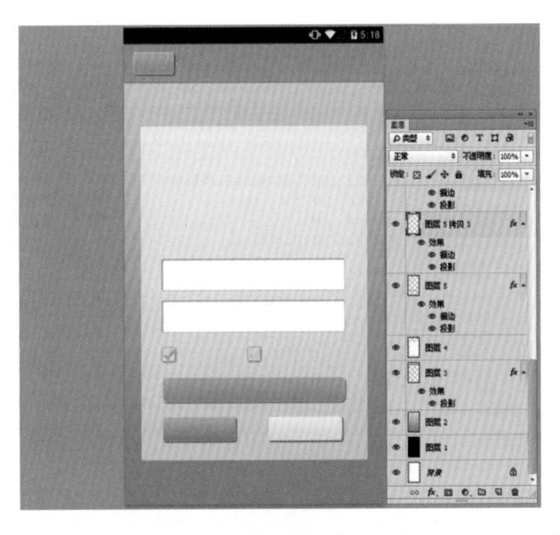

图 14-81　调整图像的大小和位置

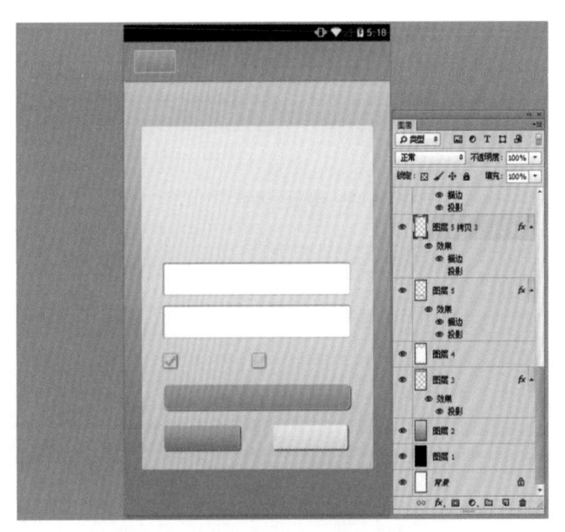

图 14-82　隐藏“投影”图层样式

步骤 05 打开“小部件 .psd”素材图像，将其拖曳至“免费 WiFi 应用登录界面”图像编辑窗口中的合适位置处，如图 14-83 所示。

步骤 06 打开“WiFi 图标 .psd”素材图像，将其拖曳至“免费 WiFi 应用登录界面”图像编辑窗口中的合适位置处，如图 14-84 所示。

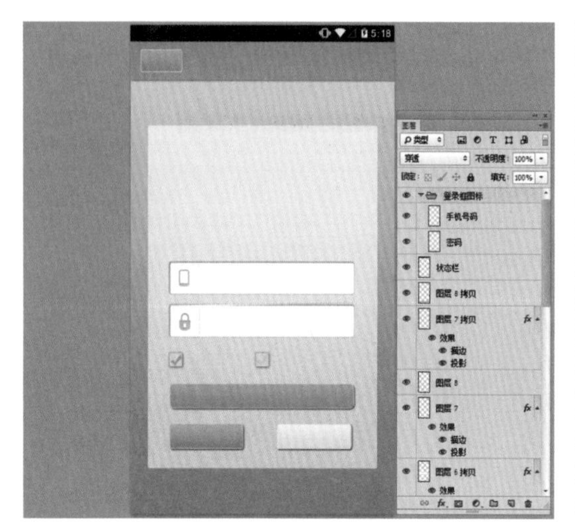

图 14-83　拖入素材图像

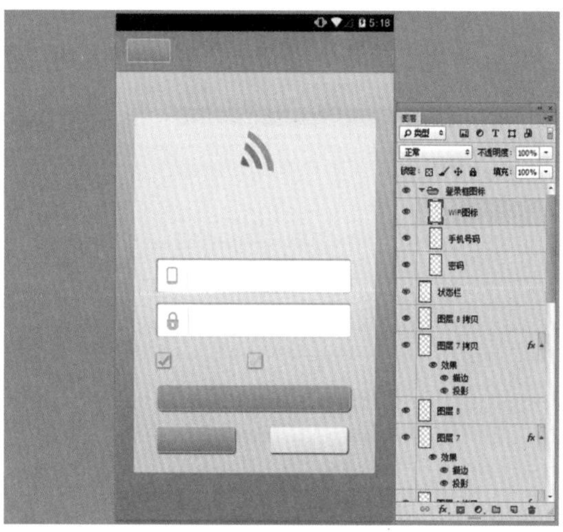

图 14-84　拖入素材图像

步骤 07 使用横排文字工具输入相应的文本，在“字符”面板中设置“字体系列”为“方正粗宋简体”“字体大小”为 100 点、“字距调整”为 100、“颜色”为黑色，文字效果如图 14-85 所示。

步骤 08 双击文字图层，弹出“图层样式”对话框，勾选“描边”复选框，设置“大小”为 1 像素、“颜色”为红色 (RGB 参数值为 255、0、0)，如图 14-86 所示。

图 14-85　输入文本

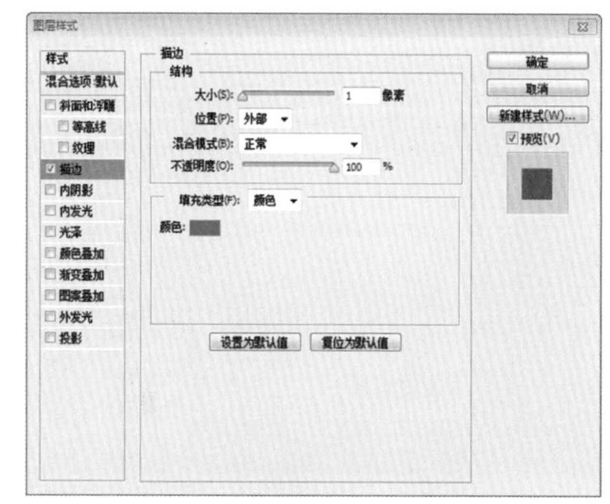

图 14-86　设置“描边”图层样式

步骤 09 勾选“渐变叠加”复选框，设置“渐变”为“橙、黄、橙渐变”，如图 14-87 所示。

步骤 10 单击“确定”按钮，为文字应用图层样式，如图 14-88 所示。

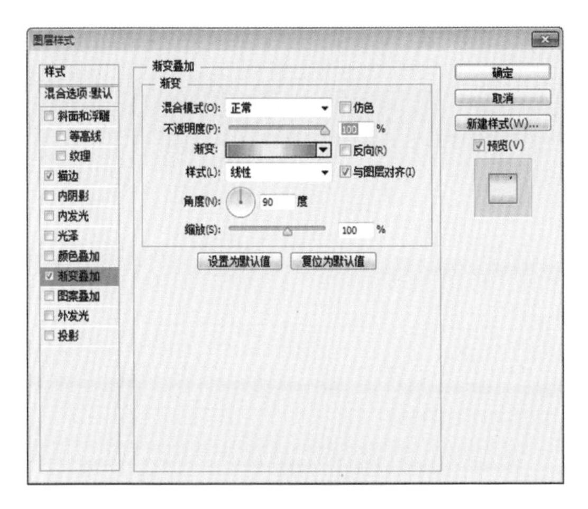

图 14-87　设置“渐变叠加”图层样式

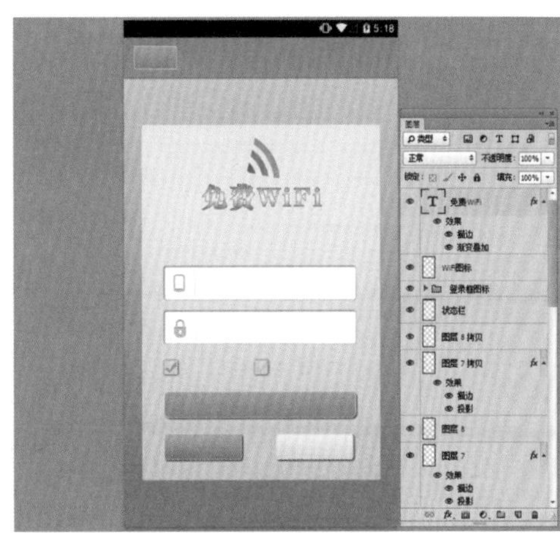

图 14-88　应用图层样式效果

步骤 11　打开“文案 .psd”素材图像，将其拖曳至当前编辑窗口中的合适位置处，最终效果如图 14-89 所示；用户根据需要设计出其他颜色效果，如图 14-90 所示。

图 14-89　最终效果

图 14-90　扩展效果

第15章 影音游戏：影音与游戏 UI 设计

学习提示

在设计影音游戏类移动 APP UI 时，需要注意应用程序各元素的摆放。本章将通过视频播放 APP 界面设计、游戏 APP 界面设计等实例，讲解影音游戏类 APP UI 的制作方法。

本章重点导航

◎ 视频播放 APP 界面的主体效果设计
◎ 视频播放 APP 界面的细节效果设计
◎ 休闲游戏界面的背景效果设计
◎ 休闲游戏界面的主体效果设计
◎ 休闲游戏界面的文本效果设计

15.1 视频播放：掌握视频播放 APP 界面的设计

随着智能手机、平板电脑的出现，视频软件得到迅猛发展。视频软件的播放功能是一般使用者最常用的功能之一。本实例主要介绍视频播放 APP UI 的设计方法，最终效果如图 15-1 所示。

图 15-1　实例效果

15.1.1 内容
请扫二维码

15.1.2 内容
请扫二维码

15.1.1　视频播放 APP 界面的主体效果设计

下面主要使用矩形选框工具、圆角矩形工具等，制作视频播放 APP 界面的主体效果。

步骤 01 选择“文件”|“打开”命令，打开“视频界面背景.jpg”素材图像，如图 15-2 所示。

步骤 02 在“图层”面板中，新建“图层 1”图层，选择工具箱中的矩形选框工具，绘制一个矩形选区，如图 15-3 所示。

步骤 03 设置前景色为黑色，按 Alt+Delete 组合键为选区填充前景色，然后取消选区，效果如图 15-4 所示。

步骤 04 设置“图层 1”图层的“不透明度”为 60%，效果如图 15-5 所示。

步骤 05 新建“图层 2”图层，选择工具箱中的矩形选框工具，绘制一个矩形选区，如图 15-6 所示。

步骤 06 按 Alt+Delete 组合键为选区填充前景色，然后取消选区，设置“图层 2”图层的“不透明度”为 60%，效果如图 15-7 所示。

专家指点

在“图层”面板中，图层“填充”参数与“不透明度”参数，两者在一定程度上来讲，都是针对透明度进行调整；当数值为 100 时，完全不透明；当数值为 50 时，为半透明；数值为 0 时，完全透明。“不透明度”参数与“填充”参数的区别在于，“不透明度”参数控制着整个图层的透明属性，包括图层中的形状、像素及图层样式；而“填充”参数只影响图层中绘制的像素和形状的不透明度。

图 15-2　打开素材图像

图 15-3　绘制矩形选区

图 15-4　填充前景色并取消选区

图 15-5　设置图层“不透明度”的效果

步骤 07 打开“视频播放 APP 状态栏 .psd”素材图像，使用移动工具将其拖曳至“视频界面背景”图像编辑窗口中的合适位置处，效果如图 15-8 所示。

步骤 08 新建“图层 3”图层，选择工具箱中的圆角矩形工具，在工具属性栏中设置“选择工具模式”为“像素”、“半径”为 25 像素，绘制一个黑色的圆角矩形，效果如图 15-9 所示。

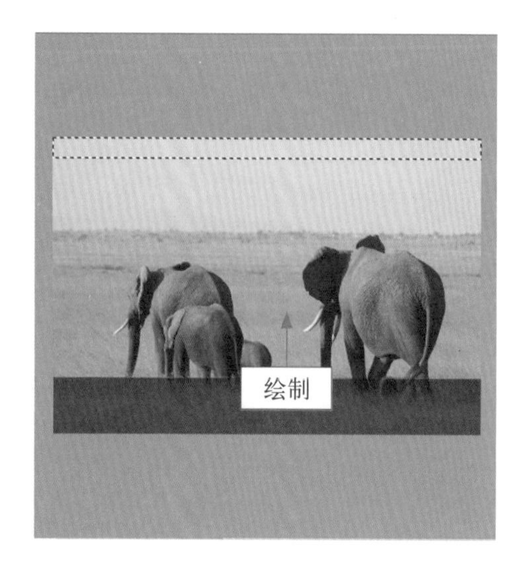

图 15-6　绘制矩形选区

图 15-7　填充选区并设置图层“不透明度”的效果

图 15-8　添加状态栏素材图像

图 15-9　绘制圆角矩形

15.1.2　视频播放 APP 界面的细节效果设计

下面主要使用矩形工具、椭圆工具、椭圆选框工具等，制作视频播放 APP 界面的细节效果。

步骤 01 打开“万能播 .psd”素材图像，使用移动工具将其拖曳至“视频界面背景”图像编辑窗口中的合适位置处，效果如图 15-10 所示。

步骤 02 新建“图层 4”图层，设置前景色为灰色 (RGB 参数值均为 180)，选择工具箱中的矩形工具，在工具属性栏中设置“选择工具模式”为“像素”，绘制一个长条矩形，效果如图 15-11 所示。

图 15-10　添加素材图像

图 15-11　绘制一个长条矩形

步骤 03 新建“图层 5”图层，设置前景色为蓝色 (RGB 参数值分别为 40、137、211)，选择工具箱中的矩形工具，在工具属性栏中设置“选择工具模式”为“像素”，绘制一个长条矩形，效果如图 15-12 所示。

步骤 04 新建“图层 6”图层，设置前景色为淡蓝色 (RGB 参数值分别为 177、198、209)，选择工具箱中的椭圆工具，在工具属性栏中设置“选择工具模式”为“像素”，绘制一个椭圆形，效果如图 15-13 所示。

图 15-12　绘制一个长条矩形

图 15-13　绘制椭圆形

步骤 05 使用椭圆选框工具在图像编辑窗口中创建一个椭圆选区，如图 15-14 所示。

步骤 06 按 Delete 键删除选区内的部分，然后取消选区，效果如图 15-15 所示。

图 15-14　创建椭圆选区

图 15-15　删除选区内的部分并取消选区

步骤 07 打开“视频播放控制按钮 .psd”素材图像，使用移动工具将其拖曳至“视频界面背景”图像编辑窗口中的合适位置处，效果如图 15-16 所示。

步骤 08 打开“文字 1.psd”素材图像，使用移动工具将其拖曳至“视频界面背景”图像编辑窗口中的合适位置处，最终效果如图 15-17 所示。

图 15-16　添加控制按钮素材图像

图 15-17　最终效果

15.2 休闲游戏：掌握休闲游戏 APP 界面的设计

游戏 UI 设计早已经红透半边天，更多用户关心的主要问题是能否比较容易和舒适地玩游戏。人们的着眼点在于游戏的趣味性和美观性，而趣味性与美观性主要取决于游戏 UI 的优劣。本节主要介绍水果超人游戏 APP UI 的设计方法。最终效果如图 15-18 所示。

图 15-18　实例效果

15.2.1 内容
请扫二维码

15.2.2 内容
请扫二维码

15.2.3 内容
请扫二维码

15.2.1　休闲游戏界面的背景效果设计

随着科技的发展，手机的功能越来越多，也越来越强大。如今，手机游戏已发展到可以和掌上游戏机媲美、具有很强的娱乐性和交互性的复杂形态了。本节以一款热门的简单休闲游戏——“水果超人”为例，介绍手机游戏 APP 界面的设计方法。

制作休闲手机游戏 APP 的背景，首先要置入相应的背景图像，通过色彩和色调的调整，使其更加艳丽，然后加入相应的按钮和状态栏素材。

步骤 01 选择“文件”|“打开”命令，打开素材图像“添加‘背景’.jpg”，如图 15-19 所示。

步骤 02 选择“图像”|“调整”|“亮度/对比度”命令，弹出“亮度/对比度”对话框，设置“亮度”为20、“对比度”为10，如图15-20所示。

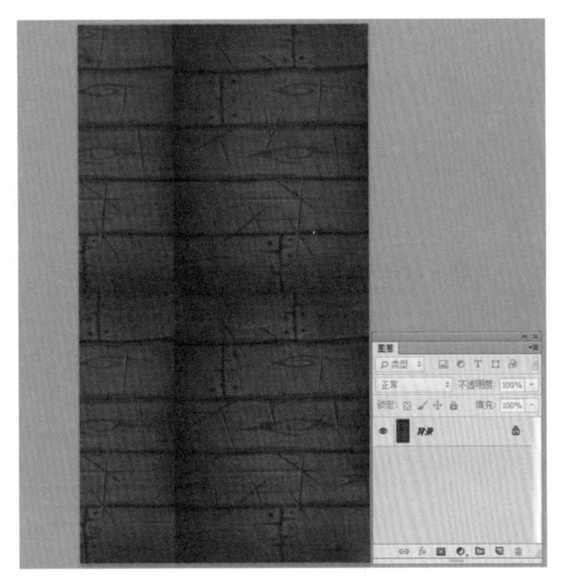

图15-19 打开背景素材图像

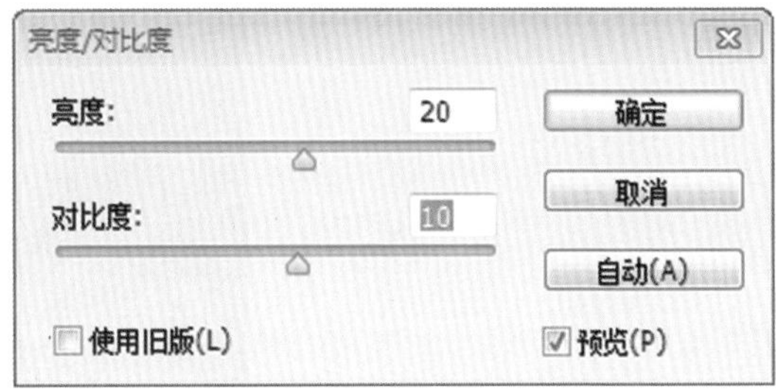

图15-20 调整“亮度/对比度”参数

步骤 03 单击“确定”按钮，即可调整图像的亮度和对比度，如图15-21所示。

步骤 04 选择“图像”|“调整”|“自然饱和度”命令，弹出“自然饱和度”对话框，设置“自然饱和度”为50、“饱和度”为20，如图15-22所示。

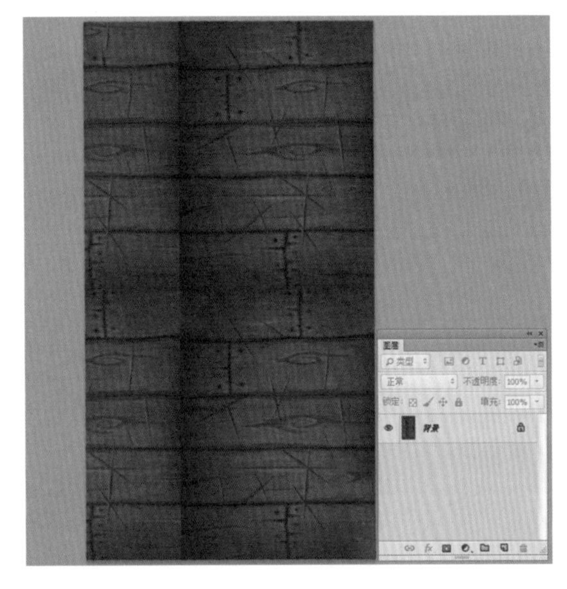

图15-21 调整效果

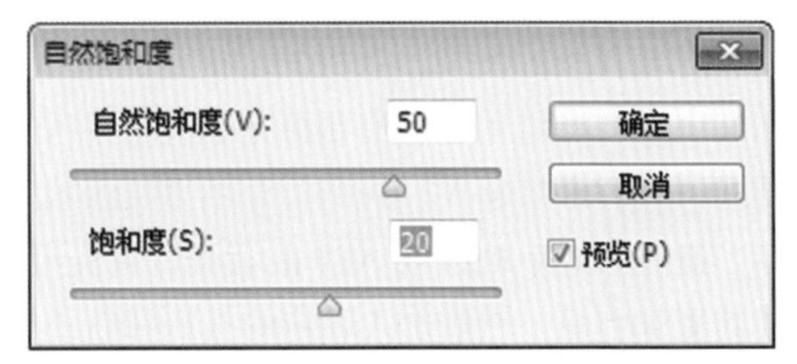

图15-22 调整参数

步骤 05 单击“确定”按钮，即可调整图像的饱和度，如图15-23所示。

步骤 06 展开“图层”面板，新建“图层 1”图层，如图 15-24 所示。

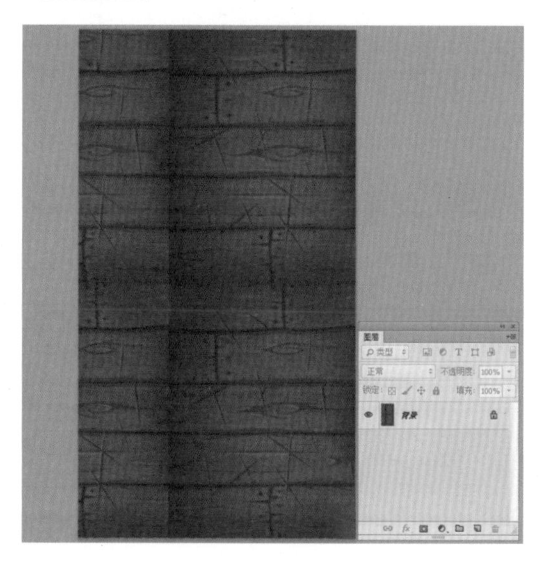

图 15-23　调整效果

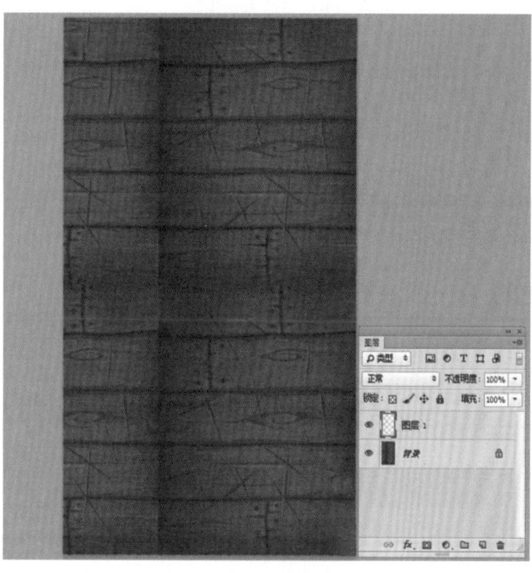

图 15-24　新建图层

步骤 07 选择工具箱中的多边形套索工具，创建一个多边形选区，如图 15-25 所示。

步骤 08 设置前景色为黑色，按 Alt+Delete 组合键，为选区填充前景色，如图 15-26 所示。

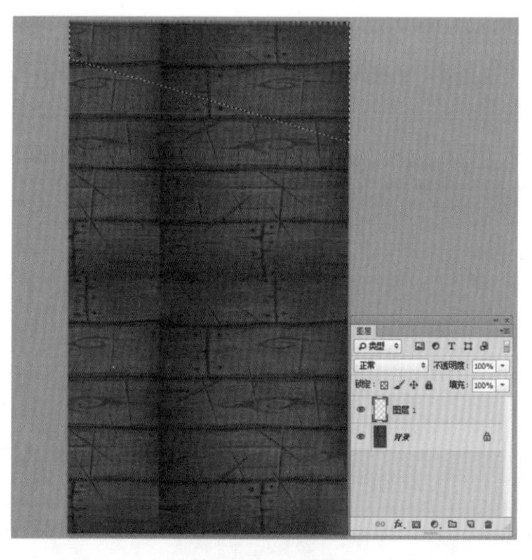

图 15-25　创建选区

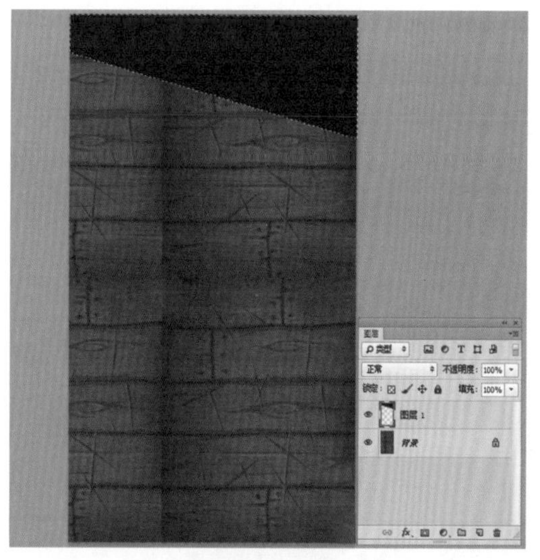

图 15-26　填充前景色

步骤 09 按 Ctrl+D 组合键，取消选区，设置“图层 1”图层的“不透明度”为 35%，即可改变图像的透明效果，如图 15-27 所示。

步骤 10 打开“游戏按钮 .psd”素材图像，将其拖曳至背景图像编辑窗口中的合适位置处，添加游戏按钮素材效果如图 15-28 所示。

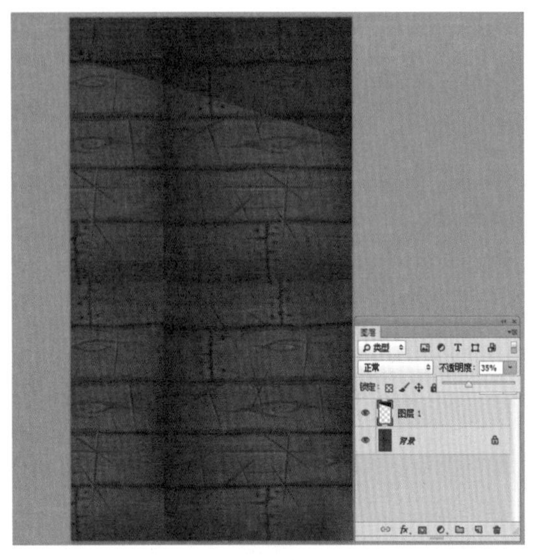

图 15-27　设置图层“不透明度”的效果

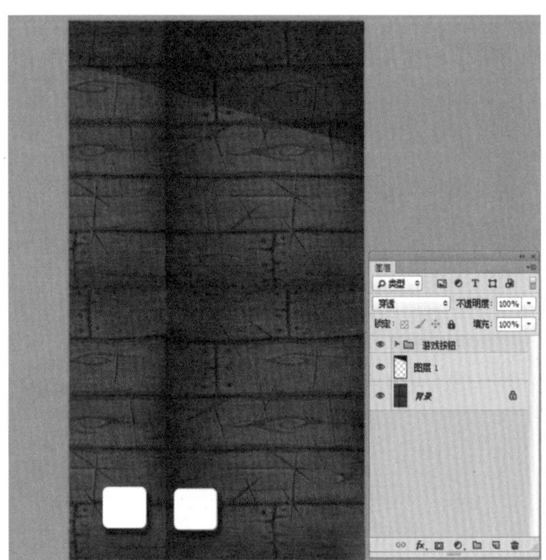

图 15-28　添加按钮素材图像

步骤 11 在“图层”面板中，展开“游戏按钮”图层组，分别设置“按钮背景”图层和“按钮背景 1”图层的“不透明度”为 60%，如图 15-29 所示。

步骤 12 打开“手机状态栏 .psd”素材图像，将其拖曳至背景图像编辑窗口中的合适位置处，添加手机状态栏素材效果如图 15-30 所示。

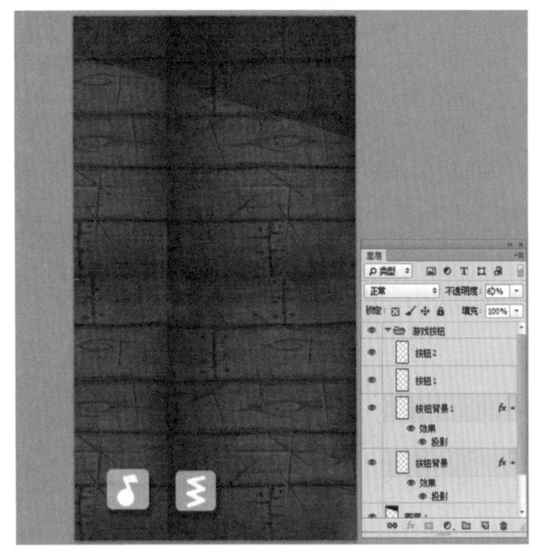

图 15-29　设置图层“不透明度”的效果

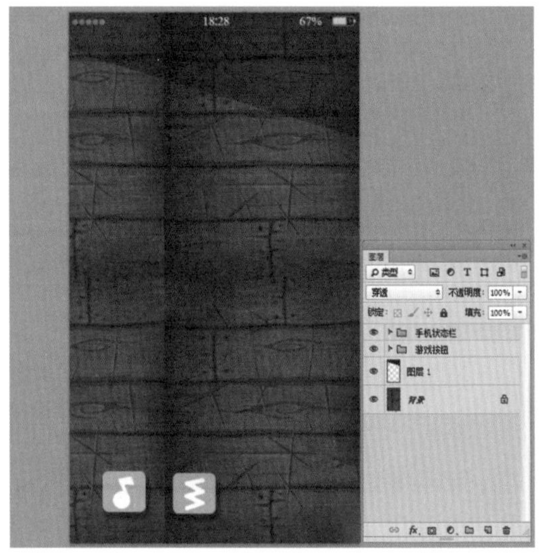

图 15-30　添加状态栏素材图像

15.2.2　休闲游戏界面的主体效果设计

在制作休闲游戏 APP 界面的主体效果时，主要用到了打开并拖入素材图像、绘制椭圆区等操作。

步骤 01 打开“西瓜 .psd”素材图像，将其拖曳至背景图像编辑窗口中的合适位置处，添加西瓜游戏素材效果如图 15-31 所示。

步骤 02 选择“图层 1”图层，新建“图层 3”图层，如图 15-32 所示。

图 15-31　添加素材图像

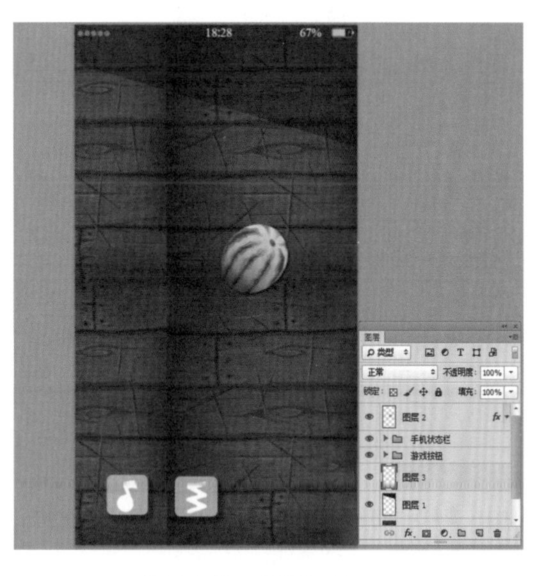

图 15-32　新建图层

步骤 03 选择工具箱中的椭圆选框工具，绘制一个椭圆选区，如图 15-33 所示。

步骤 04 设置前景色为绿色 (RGB 参数值为 145、194、8)，按 Alt+Delete 组合键，为选区填充前景色，然后取消选区，如图 15-34 所示。

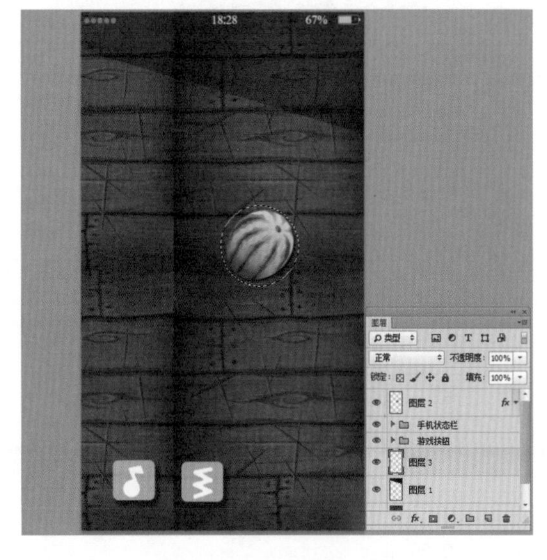

图 15-33　绘制椭圆选区

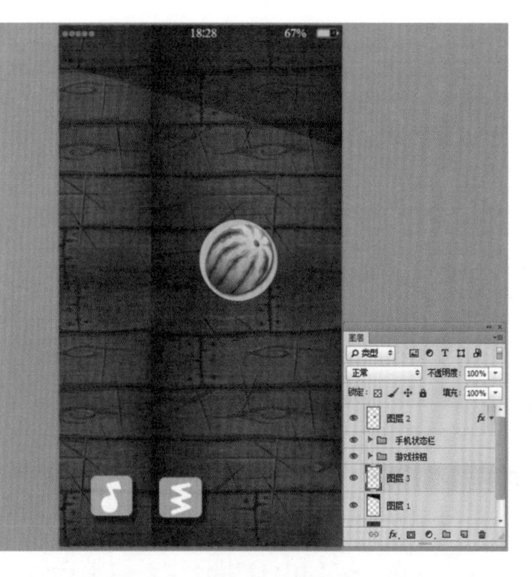

图 15-34　填充前景色并取消选区

步骤 05 设置“图层 3”图层的“不透明度”为 50%，如图 15-35 所示。

步骤 06 在“图层 3”图层的上方新建“图层 4”图层，使用椭圆选框工具绘制一个椭圆选区，如图 15-36 所示。

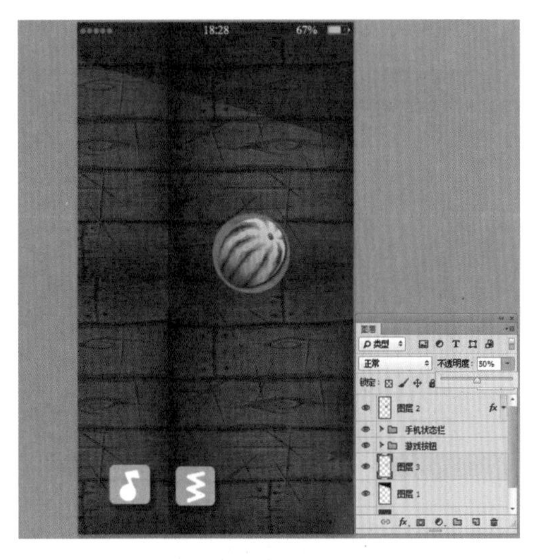

图 15-35　设置图层“不透明度”的效果

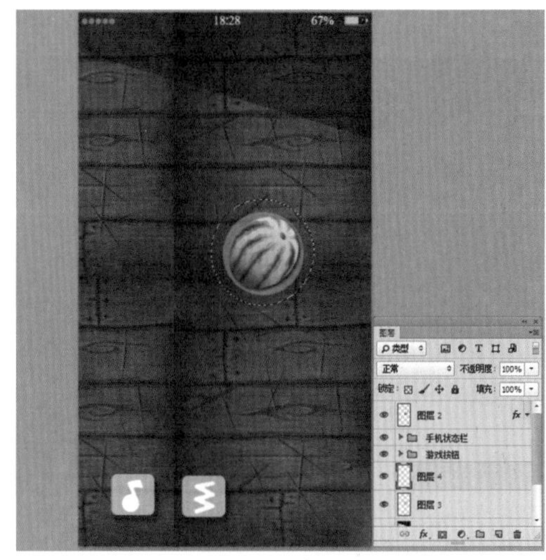

图 15-36　绘制椭圆选区

步骤 07 选择“编辑”｜“描边”命令，弹出“描边”对话框，设置“宽度”为“20 像素”、“颜色”为绿色 (RGB 参数值为 145、194、8)，如图 15-37 所示。

步骤 08 单击“确定”按钮，为选区描边，如图 15-38 所示。

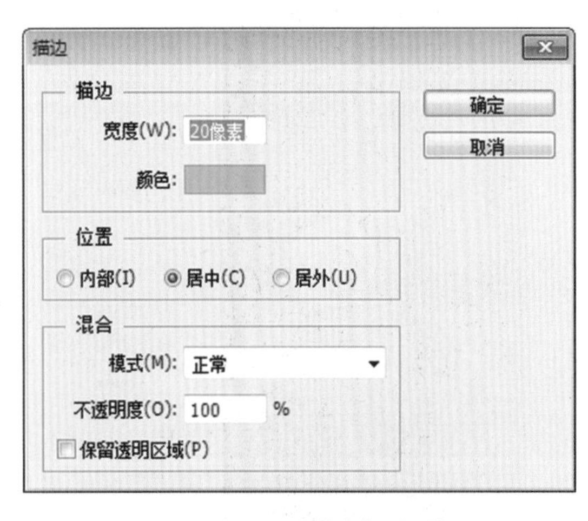

图 15-37　“描边”对话框

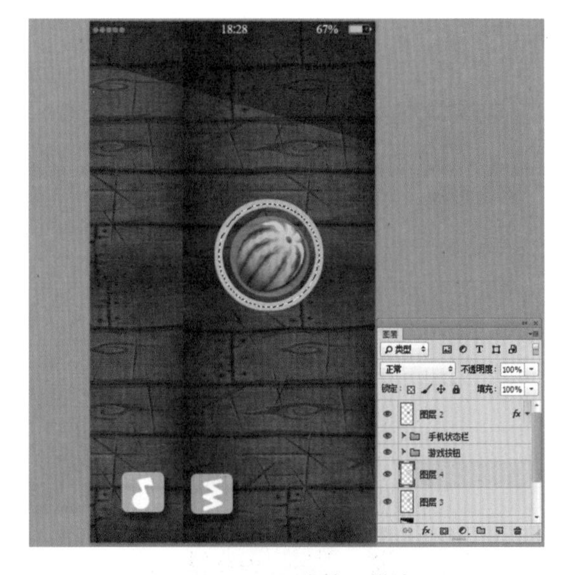

图 15-38　为选区描边

步骤 09 按 Ctrl+D 组合键，取消选区，如图 15-39 所示。

步骤 10 在“图层”面板中，设置“图层 4”图层的不透明度为 50%，如图 15-40 所示。

图 15-39　取消选区

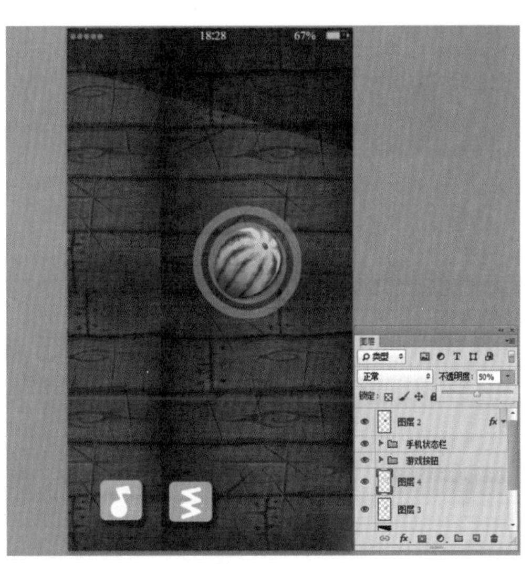

图 15-40　设置图层“不透明度”的效果

15.2.3　休闲游戏界面的文本效果设计

下面主要使用横排文字工具、“文字变形”命令及各种图层样式等，制作休闲游戏 APP 界面的文本效果。

步骤 01 在工具箱中选择横排文字工具，在图像中单击鼠标左键以确认插入点，在“字符”面板中设置“字体系列”为“华康海报体”、“字体大小”为“68 点”、“颜色”为绿色 (RGB 参数值为 145、194、8)，输入文本并将其移至合适位置，如图 15-41 所示。

步骤 02 双击该文本图层，在弹出的“图层样式”对话框中勾选“描边”复选框，设置“大小”为 6 像素、“颜色”为白色，如图 15-42 所示。

图 15-41　设置文字属性并输入文本

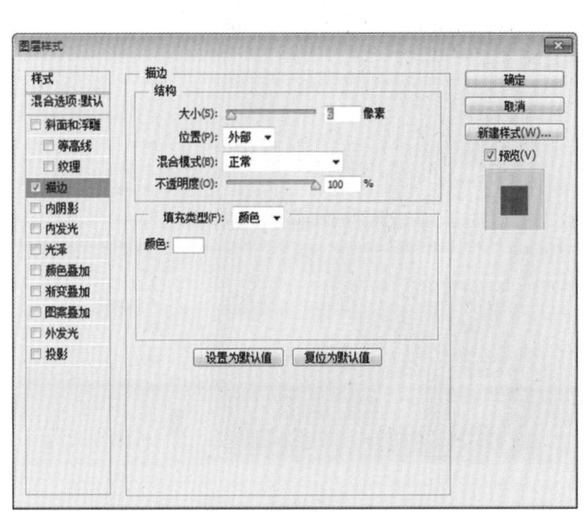

图 15-42　设置“描边”图层样式

步骤 03 勾选“渐变叠加”复选框，设置“渐变”颜色为绿色(RGB参数值为91、190、1)到浅绿色(RGB参数值为216、243、3)，如图15-43所示。

步骤 04 单击“确定”按钮，即可应用图层样式，如图15-44所示。

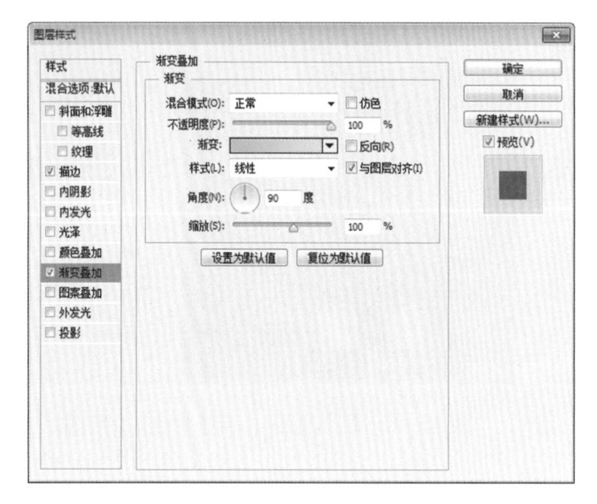

图15-43 设置“渐变叠加”图层样式

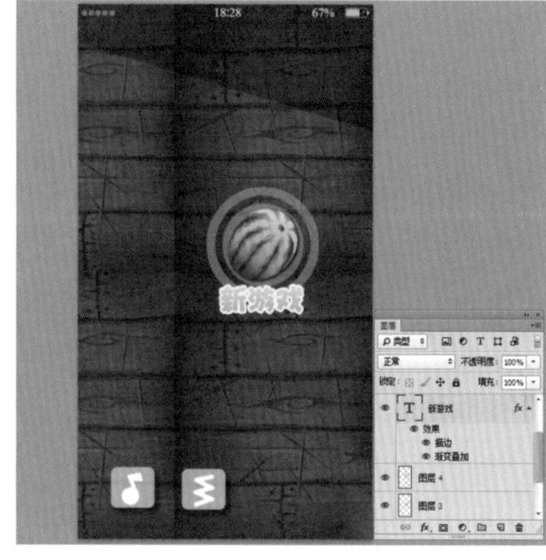

图15-44 应用图层样式效果

步骤 05 打开“梨子橙子.psd”素材图像，将其拖曳至背景图像编辑窗口中的合适位置处，制作其他的游戏按钮素材效果如图15-45所示。

步骤 06 选择横排文字工具，在图像中单击鼠标左键以确认插入点，设置“字体系列”为“华康海报体”、“字体大小”为“160点”、“颜色”为深灰色(RGB参数值均为141)，输入文本并将其移至合适位置，如图15-46所示。

图15-45 勾选叠加渐变

图15-46 设置文字属性并输入文本

步骤 07 选择“水果超人”文本图层，选择“类型”|“文字变形”命令，弹出“变形文字”对话框，设置“样式”为“上弧”，如图 15-47 所示。

步骤 08 单击“确定”按钮，即可应用变形文字效果，如图 15-48 所示。

图 15-47 “变形文字”对话框

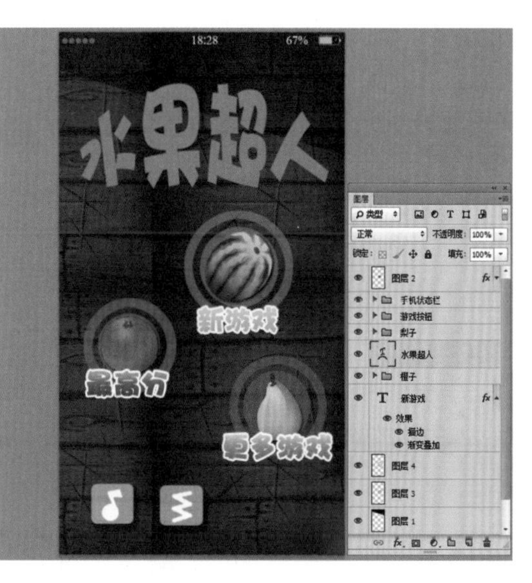

图 15-48 应用变形文字效果

步骤 09 双击“水果超人”文本图层，在弹出的“图层样式”对话框中勾选“描边”复选框，设置“大小”为 10 像素、“颜色”为白色，如图 15-49 所示。

步骤 10 勾选“内阴影”复选框，设置“距离”为 5 像素、“阻塞”为 0、“大小”为 5 像素，如图 15-50 所示。

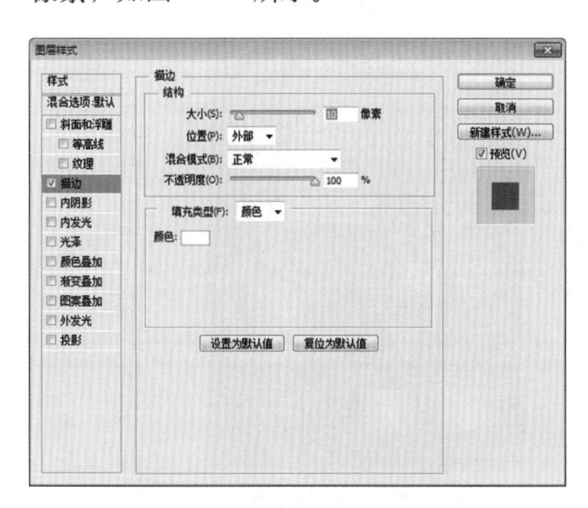

图 15-49 设置“描边”图层样式

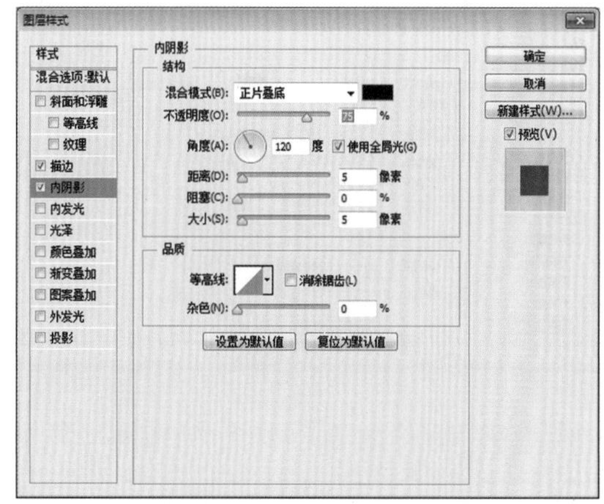

图 15-50 设置“内阴影”图层样式

步骤 11 勾选“渐变叠加”复选框，单击“点按可编辑渐变”按钮，弹出“渐变编辑器”对话框，在“预设”列表框中选择相应的渐变色谱，如图 15-51 所示。

步骤 12 单击“确定”按钮，返回“图层样式”对话框，即可改变渐变色效果，如图15-52所示。

步骤 13 勾选“投影”复选框，设置“角度”为120度、“距离”为19像素、“扩展”为19%、“大小”为5像素，如图15-53所示。

步骤 14 单击“确定”按钮，即可应用图层样式，如图15-54所示。

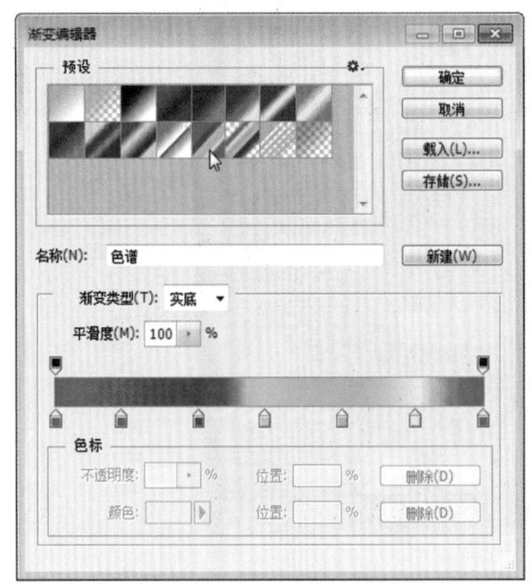

图 15-51　选择渐变色谱

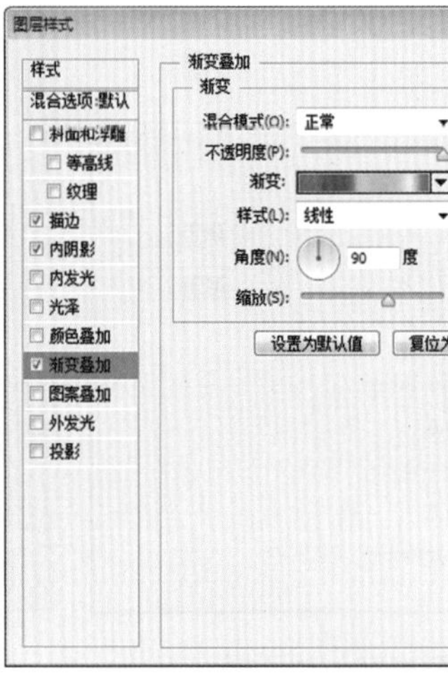

图 15-52　设置“渐变叠加”图层样式

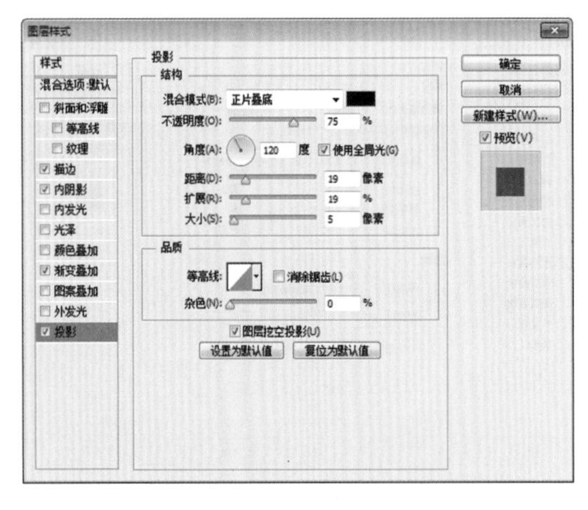

图 15-53　设置“投影”图层样式

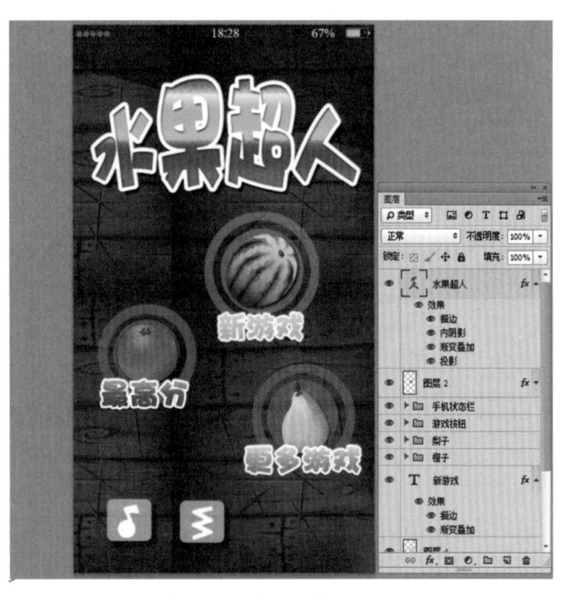

图 15-54　应用图层样式效果

步骤 15 新建“自然饱和度1”调整图层，展开“属性”面板，设置“自然饱和度”为20，最终效果如图15-55所示。

图层
类型
正常
不透明度：100%
锁定：
填充：100%
自然饱和度 1
水果超人
效果
描边
内阴影
渐变叠加
投影
图层 2
手机状态栏

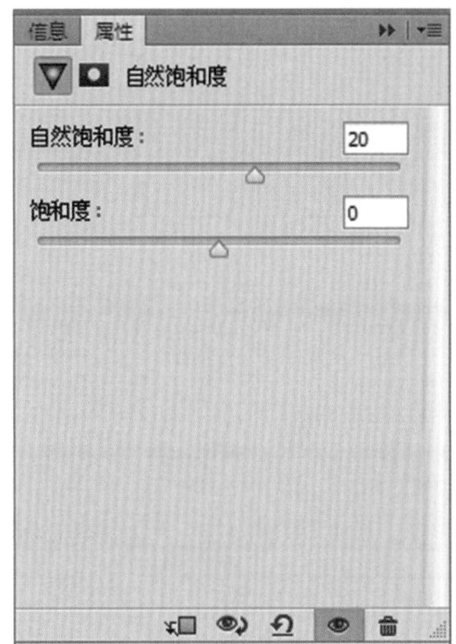
信息
属性
自然饱和度
自然饱和度：
20
饱和度：
0

18:28
67%
水果超人
新游戏
最高分
更多游戏

图 15-55　最终效果

第 16 章 媒体平台：豆瓣与小程序 UI 设计

学习提示

在设计媒体平台类 APP UI 时，需要注意界面中各元素的摆放及协调关系。本章将通过制作豆瓣 APP 书店 UI、婚纱摄影小程序 UI 等实例，为读者讲解媒体平台类 UI 的设计方法。

本章重点导航

◎ 制作豆瓣书店页面广告主体效果
◎ 制作豆瓣书店页面广告文字效果
◎ 制作婚纱摄影小程序彩色导航栏
◎ 制作婚纱摄影小程序服务中心效果
◎ 制作婚纱摄影小程序首页广告效果

- 最新客照 -
Customer Photos

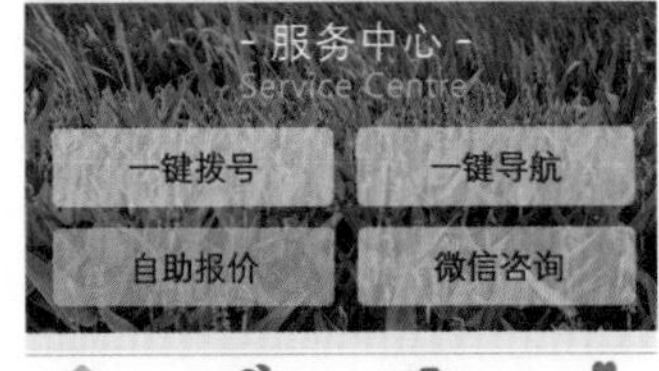

首页

最新客照

样照欣赏

关于我们

16.1 豆瓣设计：书店页面广告设计

在制作豆瓣平台的文章页面广告时，首先打开并拖曳素材图像，调整图像的亮度，输入相应的商品信息，然后再将图像拖曳至豆瓣界面中，即可完成设计。

本实例最终效果如图 16-1 所示。

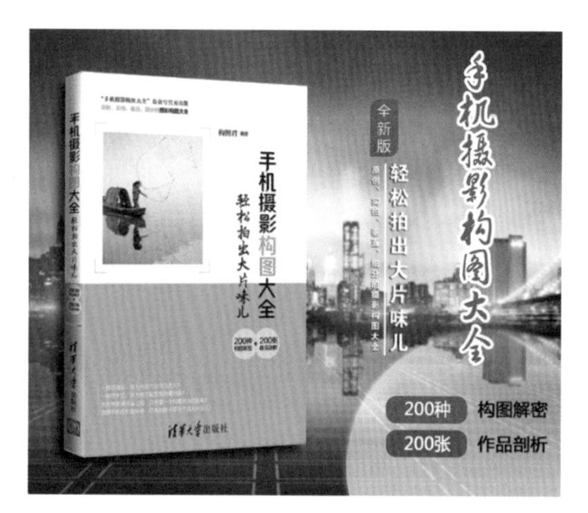

图 16-1 实例效果

16.1 内容
请扫二维码

16.1.1 制作豆瓣书店页面广告主体效果

下面介绍制作豆瓣书店页面广告主体效果的方法。

步骤 01 按 Ctrl ＋ O 组合键，打开一幅素材图像，效果如图 16-2 所示。

步骤 02 选择“滤镜”|“模糊”|“高斯模糊”命令，弹出“高斯模糊”对话框，设置“半径”为 1 像素，如图 16-3 所示。

步骤 03 单击“确定”按钮，即可模糊图像，效果如图 16-4 所示。

步骤 04 新建“亮度 / 对比度”调整图层，在“属性”面板中设置“亮度”为 28、“对比度”为 5，调整背景图像的亮度和对比度，效果如图 16-5 所示。

步骤 05 打开“图书 .psd”素材图像，运用移动工具将其拖曳至当前图像编辑窗口中的合适位置处，效果如图 16-6 所示。

步骤 06 双击“图层 1”图层，弹出“图层样式”对话框，选中“投影”复选框，参数设置如图 16-7 所示。

图 16-2　打开素材图像

图 16-3　设置“高斯模糊”选项

图 16-4　模糊图像

图 16-5　调整图像亮度和对比度

图 16-6　添加图书素材

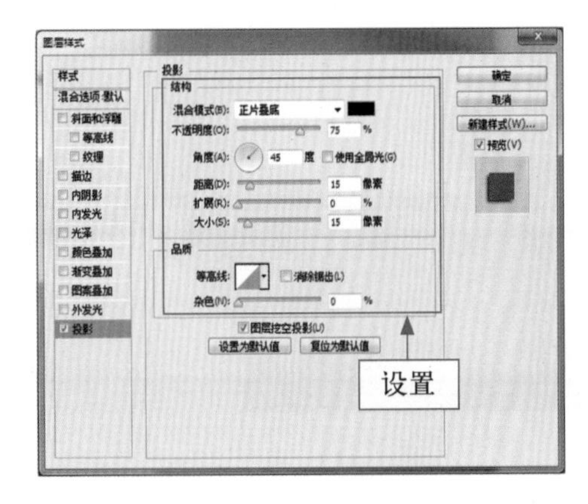

图 16-7　设置“投影”参数

专家指点

应用“模糊”滤镜，可以使图像中清晰或对比度较强烈的区域产生模糊的效果。

步骤 07 单击“确定”按钮，应用“投影”图层样式，效果如图 16-8 所示。

步骤 08 选取工具箱中的椭圆选框工具，在右下角创建一个椭圆选区，适当调整其位置，如图 16-9 所示。

步骤 09 新建“图层 2”图层，为选区填充白色，并取消选区，如图 16-10 所示。

步骤 10 设置“图层 2”图层的“不透明度”为 80%，调整图像的不透明度，效果如图 16-11 所示。

图 16-8　应用“投影”图层样式

图 16-9　创建椭圆选区

图 16-10　填充白色

图 16-11　调整图像的不透明度

步骤 11 为“图层 2”图层添加一个图层蒙版，运用渐变工具从上至下填充黑色至白色的线性渐变，效果如图 16-12 所示。

步骤 12 双击“图层 2”图层，弹出“图层样式”对话框，选中“外发光”复选框，参数设置如图 16-13 所示。

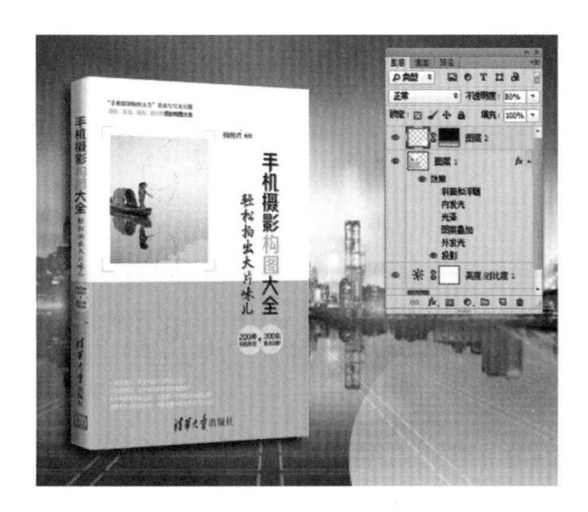

图 16-12 图像效果

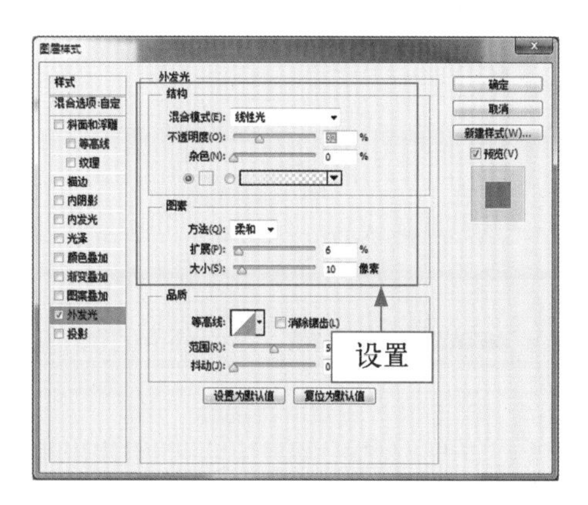

图 16-13 设置“外发光”参数

步骤 13 单击“确定”按钮，应用“外发光”图层样式，效果如图 16-14 所示。

步骤 14 按 Ctrl+O 组合键，打开“宣传文字 .psd”素材图像，运用移动工具将图层组的图像拖曳至当前图像编辑窗口中，适当调整图像的位置，效果如图 16-15 所示。

图 16-14 应用“外发光”图层样式

图 16-15 添加文字素材

16.1.2 制作豆瓣书店页面广告文字效果

下面介绍制作豆瓣书店页面广告文字效果的方法。

步骤 01 选取工具箱中的直排文字工具，在“字符”面板中设置“字体系列”为“方正黄草简体”、“字体大小”为“15 点”、“设置所选字符的字距调整”为 -24、“颜色”为红色 (RGB 参数值分别为 237、23、98)，并激活仿粗体图标，如图 16-16 所示。

步骤 02 在图像编辑窗口中输入相应文字，如图 16-17 所示。

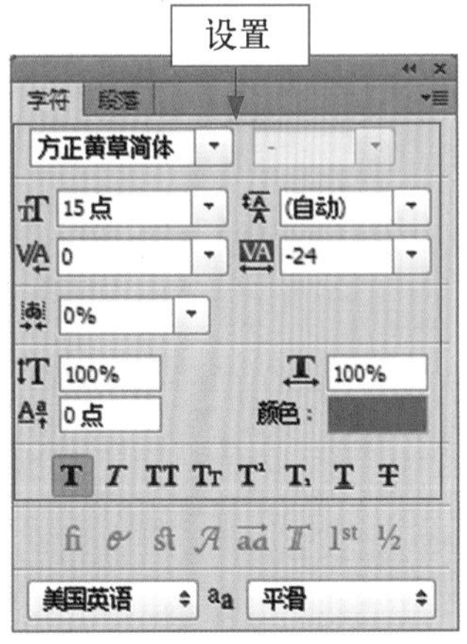

图 16-16　设置字符属性

图 16-17　输入文字(1)

步骤 03 双击文字图层，弹出“图层样式”对话框，选中“描边”复选框，设置“颜色”为白色，其他参数设置如图 16-18 所示。

步骤 04 单击“确定”按钮，应用“描边”图层样式，效果如图 16-19 所示。

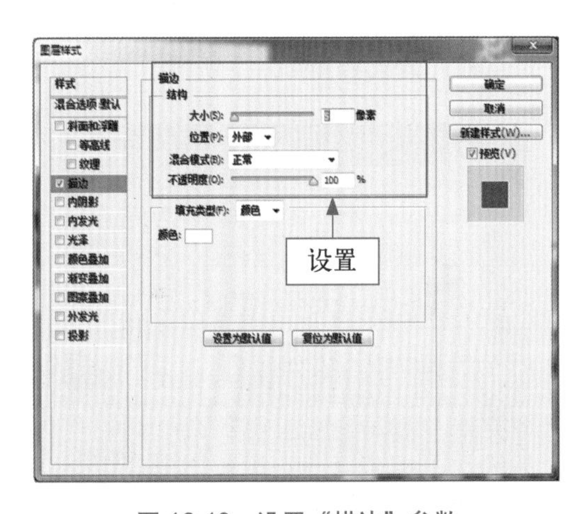

图 16-18　设置“描边”参数

图 16-19　应用“描边”图层样式

专家指点

拖曳普通图层中的“指示图层效果”图标，可以将图层样式移动到另一图层。使用“缩放效果”命令可以缩放图层样式中所有的效果，但对图像没有影响。

创建图层样式后，可以将其转换为普通图层，并且不会影响图像整体效果。在效果图层上单击鼠标右键，在弹出的快捷菜单中选择“创建图层”命令，即可将图层样式转换为普通图层。另外，选择“图层”|“图层样式”|“创建图层”命令，同样可以将图层样式转换为图层。

步骤 05 选取工具箱中的圆角矩形工具，在工具属性栏中选择工具模式为“形状”，设置“半径”为 15 像素、“填充”为红色 (RGB 参数值分别为 237、23、98)，绘制一个圆角矩形形状，如图 16-20 所示。

步骤 06 选取工具箱中的矩形工具，在工具属性栏中选择工具模式为“形状”，设置“填充”为红色 (RGB 参数值分别为 237、23、98)，绘制一个矩形形状，如图 16-21 所示。

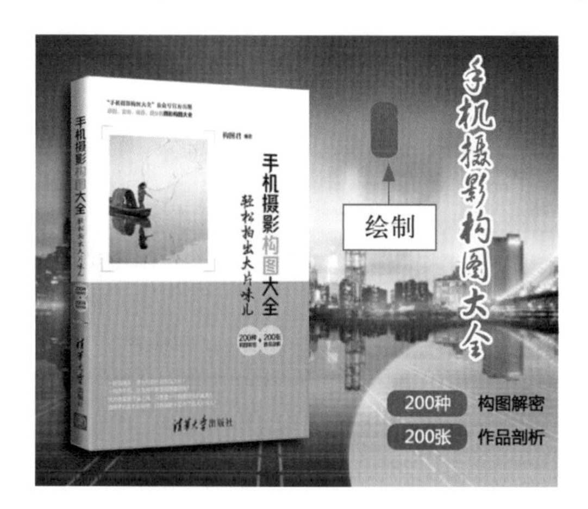

图 16-20　绘制一个圆角矩形形状

图 16-21　绘制矩形形状

步骤 07 复制该矩形图像，并适当调整其位置，效果如图 16-22 所示。

步骤 08 选取工具箱中的直排文字工具，输入相应文字，在“字符”面板中设置“字体系列”为“微软雅黑”、“字体大小”为“5 点”、“设置所选字符的字距调整”为 200、“颜色”为白色，效果如图 16-23 所示。

图 16-22　复制矩形形状

图 16-23　输入文字 (2)

步骤 09 选取工具箱中的直线工具，在工具属性栏中选择工具模式为“形状”，设置“填充”为白色、“粗细”为 3 像素，绘制一个直线形状，效果如图 16-24 所示。

步骤 10 选取工具箱中的直排文字工具输入相应文字，在“字符”面板中设置“字体系列”为“方正大黑简体”、“字体大小”为“7点”、“设置所选字符的字距调整”为200、“颜色”为白色，效果如图16-25所示。

图16-24 绘制直线形状

图16-25 输入文字(3)

步骤 11 双击文字图层，弹出“图层样式”对话框，选中“投影”复选框，其他参数设置如图16-26所示。

步骤 12 单击“确定”按钮，应用“投影”图层样式，效果如图16-27所示。

步骤 13 选取直排文字工具，输入相应文字，在“字符”面板中设置“字体系列”为“方正大黑简体"、“字体大小”为“3点”、“颜色”为白色，并激活仿粗体图标，效果如图16-28所示。

步骤 14 双击文字图层，弹出“图层样式”对话框，选中“投影”复选框，设置“距离”为1像素、“大小”为1像素，单击“确定”按钮，效果如图16-29所示。

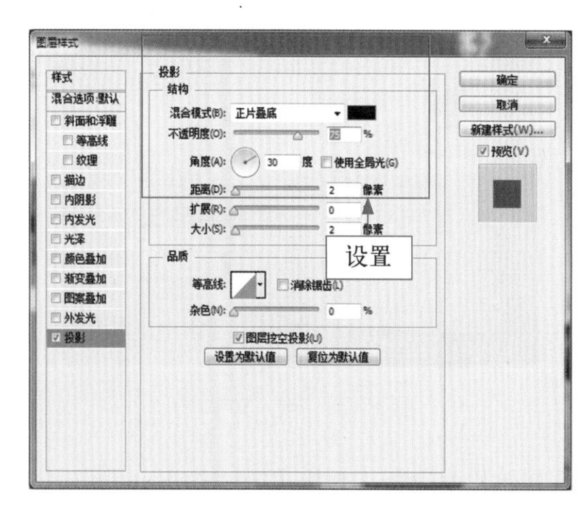

图16-26 设置“投影”参数

图16-27 应用“投影”图层样式

图 16-28　输入文字 (4)

图 16-29　添加“投影”图层样式

16.2 小程序设计：婚纱摄影小程序界面设计

在制作婚纱摄影小程序界面时，运用两张婚纱主题照片来设计程序界面，让人一眼明白页面的经营内容；色彩主要使用各种浅色来搭配，营造出浪漫唯美的氛围。

本实例最终效果如图 16-30 所示。

图 16-30　实例效果

16.2 内容
请扫二维码

16.2.1　制作婚纱摄影小程序首页广告效果

下面详细介绍制作婚纱摄影小程序首页广告效果的方法。

步骤 01 按 Ctrl + O 组合键，打开“婚纱摄影小程序背景 .jpg”素材图像，如图 16-31 所示。

步骤 02 按Ctrl + O组合键，打开“婚纱人物.jpg”素材图像，如图16-32所示。

图16-31　打开背景素材图像

图16-32　打开婚纱素材图像

步骤 03 选择“图像”|“调整”|“曲线”命令，弹出“曲线”对话框，在曲线上单击鼠标左键新建一个控制点，在下方设置“输入”值为156、“输出”值为180，如图16-33所示，单击“确定”按钮。

步骤 04 选择“图像”|“调整”|“自然饱和度”命令，弹出“自然饱和度”对话框，设置“自然饱和度”为71，单击“确定”按钮，效果如图16-34所示。

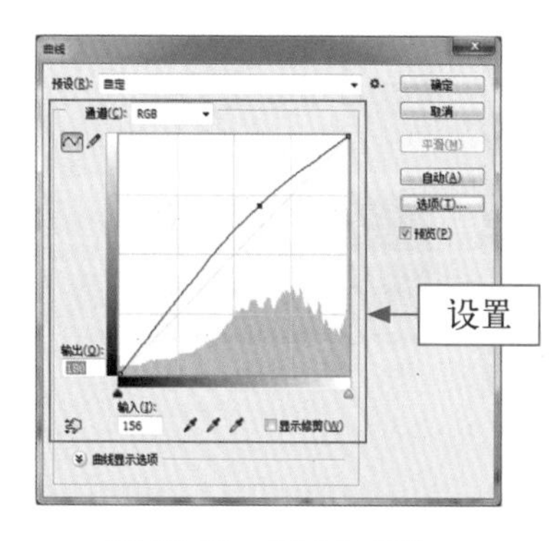

图16-33　设置各参数

图16-34　调整饱和度效果

步骤 05 运用移动工具将素材图像拖曳至背景图像编辑窗口中，适当调整图像的大小和位置，效果如图16-35所示。

步骤 06 选取工具箱中的横排文字工具，设置“字体系列”为“方正大标宋简体”、“字体大小”为“50点”、“颜色”为深灰色(RGB参数值均为27)，并激活仿粗体图标T，在图像编辑窗口中输入文字，如图16-36所示。

图 16-35　拖曳图像

图 16-36　输入文字

步骤 07 选取工具箱中的矩形工具，在工具属性栏中设置“选择工具模式”为“形状”、“填充”为无、“描边”为灰色 (RGB 参数值均为 151)、“描边宽度”为 2 像素，在图像编辑窗口中的适当位置绘制一个矩形形状，如图 16-37 所示。

步骤 08 按 Ctrl + O 组合键，打开“婚纱文字 1.psd”素材图像，运用移动工具将素材图像拖曳至背景图像编辑窗口中，适当调整图像的位置，效果如图 16-38 所示。

图 16-37　绘制矩形

图 16-38　添加文字素材

专家指点

在设计小程序UI时，需要对界面中的各个元素进行恰当的摆放，使画面看上去更有冲击力和美感，这就是构图。构图起初是绘画中的专有术语，后来广泛应用于摄影和平面设计等视觉艺术领域。

一个成功的小程序UI作品，大多是拥有严谨的构图，能够使作品重点突出，有条有理，富有美感，赏心悦目，而且适当的构图形式还能够提高设计效率。

16.2.2 制作婚纱摄影小程序服务中心效果

下面详细介绍制作婚纱摄影小程序客服中心背景效果的方法。

步骤 01 新建图层，选取工具箱中的矩形选框工具，在图像编辑窗口中绘制一个矩形选区，如图16-39所示。

步骤 02 为选区填充灰色(RGB参数值均为239)，并取消选区，如图16-40所示。

图16-39 绘制矩形选区

图16-40 填充选区

步骤 03 按Ctrl + O组合键，打开"客服中心背景图.jpg"素材图像，运用移动工具将素材图像拖曳至背景图像编辑窗口中，适当调整图像的位置和大小，效果如图16-41所示。

步骤 04 按住Ctrl键的同时，单击"图层3"图层的图层缩览图，载入选区，新建一个图层并填充黑色(RGB参数值均为0)；设置图层的"不透明度"为30%，取消选区，效果如图16-42所示。

步骤 05 选取工具箱中的圆角矩形工具，在工具属性栏中设置"填充"为浅黄色(RGB参数值分别为255、251、203)、"描边"为无、"半径"为10像素，在图像编辑窗口中绘制一个圆角矩形，并设置其"不透明度"为65%，如图16-43所示。

步骤 06 选取工具箱中的横排文字工具，设置“字体系列”为“方正细黑一简体”、“字体大小”为 40 点、“颜色”为黑色 (RGB 参数值均为 0)，并激活仿粗体图标，在图像编辑窗口中输入文字，如图 16-44 所示。

图 16-41 拖入背景素材

图 16-42 图像效果

图 16-43 绘制圆角矩形

图 16-44 输入文字

步骤 07 选择圆角矩形图像和文字图层，复制相应图层，并将其移动至合适位置，如图 16-45 所示。

步骤 08 选取工具箱中的圆角矩形工具，设置“填充”为蓝色 (RGB 参数值分别为 207、245、255)，效果如图 16-46 所示。

专家指点

把小程序界面的配色设计好，让界面更好看一点，更漂亮一点，这样就会在视觉上吸引用户，给小程序带来更多的流量。小程序的配色首先要精简，然后尽可能地反映品牌特性。对于进入小程序的用户来说，他们首先会被界面中的图片色彩所吸引，然后根据色彩的走向对画面的主次进行逐一的了解。另外，为了让用户快速获知页面中的信息，在设计小程序界面时可以使用空间和组块有意识地突出重点内容，让界面看上去更加干净整洁。

图 16-45 复制并移动图层

图 16-46 调整填充色

步骤 09 选取工具箱中的横排文字工具，修改文本内容，效果如图 16-47 所示。

步骤 10 按 Ctrl + O 组合键，打开“婚纱文字 2.psd”素材图像，运用移动工具将素材图像拖曳至背景图像编辑窗口中，适当调整图像的位置，效果如图 16-48 所示。

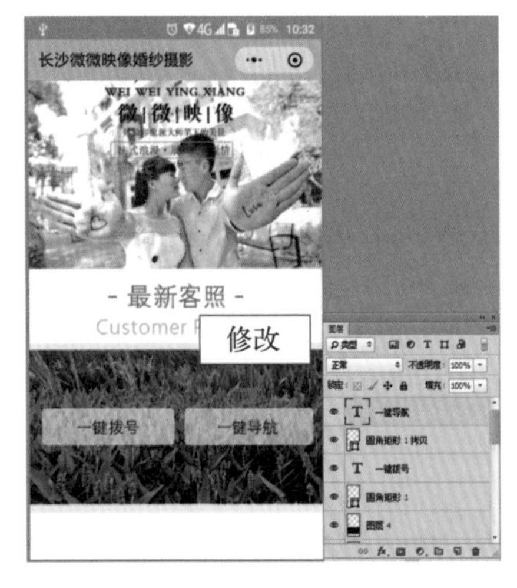

图 16-47 修改文本内容

图 16-48 拖曳图像

16.2.3 制作婚纱摄影小程序彩色导航栏

下面详细介绍制作小程序彩色导航栏的方法。

步骤 01 选取工具箱中的直线工具，在工具属性栏中设置“选择工具模式”为“形状”、“粗细”为 2 像素、“填充”为灰色 (RGB 参数值均为 195)，在图像编辑窗口中绘制一个直线形状，如图 16-49 所示。

步骤 02 按 Ctrl+O 组合键，打开“导航栏图标 .psd”素材图像，运用移动工具将素材图像拖曳至背景图像编辑窗口中，适当调整图像的位置，效果如图 16-50 所示。

图 16-49 绘制直线

图 16-50 拖曳图像

步骤 03 单击前景色色块，弹出“拾色器 (前景色)”对话框，设置 RGB 参数值分别为 213、191、141，如图 16-51 所示，单击“确定”按钮。

步骤 04 选取工具箱中的魔棒工具，在图像编辑窗口中适当位置单击鼠标左键，创建选区，并按 Alt+Delete 组合键为选区填充前景色，如图 16-52 所示，再取消选区。

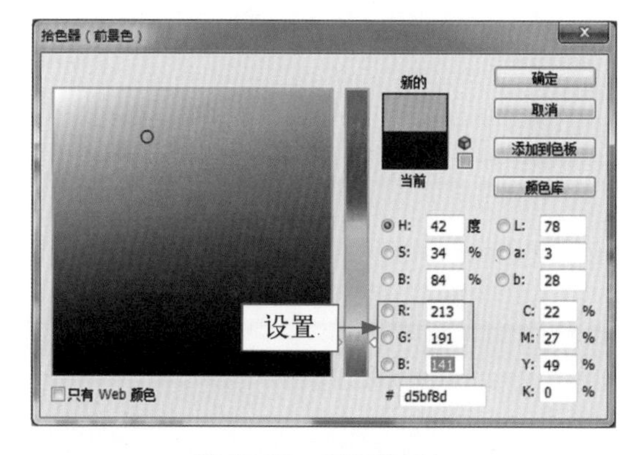

图 16-51 设置前景色

图 16-52 填充选区

步骤 05 选取工具箱中的横排文字工具，设置“字体系列”为“方正细黑—简体”、“字体大小”为25点、“设置所选字符的字距调整”为-25、“颜色”为深灰色(RGB参数值均为34)，并激活仿粗体图标，在图像编辑窗口中输入文字，如图16-53所示。

步骤 06 选中相应文字，并修改颜色为棕色(RGB参数值分别为179、152、133)，如图16-54所示，按Ctrl+Enter组合键确认输入。

图16-53 输入文字

图16-54 修改颜色